Mauricio J. de A. Castro

Rodrigo Hemerly

Gilberto Arpini Sipioni

Entendendo a Tecnologia

Entendendo a Tecnologia

Copyright© Editora Ciência Moderna Ltda., 2012

Todos os direitos para a língua portuguesa reservados pela EDITORA CIÊNCIA MODERNA LTDA. De acordo com a Lei 9.610, de 19/2/1998, nenhuma parte deste livro poderá ser reproduzida, transmitida e gravada, por qualquer meio eletrônico, mecânico, por fotocópia e outros, sem a prévia autorização, por escrito, da Editora.

Editor: Paulo André P. Marques
Supervisão Editorial: Aline Vieira Marques
Assistente Editorial: Laura Santos Souza
Capa: Paulo Vermelho
Diagramação: Janaína Salgueiro
Copidesque: Eveline Vieira Machado

Várias **Marcas Registradas** aparecem no decorrer deste livro. Mais do que simplesmente listar esses nomes e informar quem possui seus direitos de exploração, ou ainda imprimir os logotipos das mesmas, o editor declara estar utilizando tais nomes apenas para fins editoriais, em benefício exclusivo do dono da Marca Registrada, sem intenção de infringir as regras de sua utilização. Qualquer semelhança em nomes próprios e acontecimentos será mera coincidência.

FICHA CATALOGRÁFICA

CASTRO, Mauricio José de Almeida; HEMERLY, Rodrigo; *SIPIONI*, Gilberto Arpini.

Entendendo a Tecnologia

Rio de Janeiro: Editora Ciência Moderna Ltda., 2012.

1..Tecnologia
I — Título

ISBN: 978-85-399-0224-8

CDD 600

Editora Ciência Moderna Ltda.
R. Alice Figueiredo, 46 – Riachuelo
Rio de Janeiro, RJ – Brasil   CEP: 20.950-150
Tel: (21) 2201-6662/ Fax: (21) 2201-6896
E-mail: LCM@LCM.COM.BR
WWW.LCM.COM.BR

03/12

"Uma tecnologia suficientemente avançada
é indistinguível da magia."

Arthur Clarke

Quem deve ler este livro?

Este é um livro escrito para técnicos de fim de semana, pessoas que detestam a mecânica de automóveis, pessoas que adoram a mecânica de automóveis, estudantes aplicados, estudantes apáticos e todos aqueles que encaram a moderna tecnologia como algo misterioso, fascinante ou, simplesmente, interessante. E, por fim, e não menos importante, para todos os curiosos em geral.

Como ler este livro?

Os capítulos são independentes, podendo o livro ser lido em qualquer ordem. No entanto, a leitura fica mais fácil na ordem em que foram dispostos os capítulos.

Tudo o que você sempre quis saber sobre tecnologia, mas não tinha a quem perguntar.

O livro tem por objetivo oferecer uma visão panorâmica das tecnologias que encontramos em nosso dia a dia, com paradas breves e outras mais longas, pelos caminhos que os cientistas e técnicos percorreram, em cada uma das conquistas tecnológicas aqui analisadas. Mesmo não sendo um livro técnico (no sentido estrito da palavra) pode, quem sabe, despertar vocações.

Nos bastidores da tecnologia, jaz a história da própria Ciência. Dissecar um televisor e perceber que, na verdade, se trata de um amontoado de partes simples que, em seu conjunto, tornam o aparelho quase um milagre e descobrir que a evolução da lâmpada elétrica esconde os segredos da eletrônica moderna é uma viagem fascinante.

Mãos à obra!

O livro foi o resultado de intensa pesquisa bibliográfica e experiência prática com montagens e (pode ter certeza disso!) desmontagem de uma infinidade de equipamentos e seus sistemas componentes com o auxílio de técnicos em eletrônica, refrigeração e mecânica automobilística, que tiveram um pouco de sua experiência traduzida para os capítulos do presente trabalho.

Autoria

Mauricio J. de A. **Castro** é o idealizador da obra inteira. Permaneceu grande parte do curso de Oceanografia, sua atual formação, dedicado aos estudos de temas ligados à tecnologia, conhecimento que se esmerou para transmitir ao leitor. Rodrigo **Hemerly** é engenheiro químico de formação, tricolor de coração e sempre se interessou por temas ligados às aplicações tecnológicas do conhecimento científico. Contribui, nesta obra, com comentários imprescindíveis para um texto mais claro e objetivo. Gilberto Arpini **Sipioni** tem na Eletrotécnica, um de seus muitos campos de interesse e formação profissional, com vasta experiência em manutenção de equipamentos eletroeletrônicos. Ofereceu assessoramento nos capítulos ligados à Eletricidade e à Eletrônica.

Advertência

Todas as tarefas que envolverem risco para o leitor serão indicadas com o símbolo abaixo:

Esses tópicos nunca devem ser explorados, **na prática**, por crianças. Os experimentos propostos (eletroímã, pilha, motor elétrico etc.) podem ser executados por qualquer pessoa, independentemente da idade, desde que as crianças que praticam os experimentos estejam acompanhadas por um adulto. A manutenção de aparelhos eletroeletrônicos e motores, claro, **não é permitida** aos pequenos, mas nada impede que o leitor adulto mostre-lhes como as coisas funcionam. Nunca permita que os menores manipulem substâncias químicas nocivas, objetos perfurocortantes e circuitos "vivos" (com corrente circulando).

O fato de ser adulto não isenta o leitor de danos físicos. Portanto, muita atenção e cuidado quando estiver lidando com temperaturas e pressões elevadas, eletricidade e objetos em movimento (correias, polias, eixos, engrenagens etc.). Lembre-se: a partir do momento que você abre um aparelho eletrodoméstico ou manipula as peças de um motor, não existe mais a proteção que o fabricante criou para que o usuário comum não sofra queimaduras, eletrocussão (choque) ou ferimentos (em alguns casos, até mutilações). Para a realização de manutenção, montagens ou ensaios, utilize roupas apropriadas e, se for o caso, equipamentos de proteção adequados, conservando a área de trabalho limpa, organizada e isolada. Assim, você aprenderá como as coisas funcionam, sem perder de vista a sua segurança.

Sempre:

- Utilize sapatos fechados para a realização das tarefas propostas no livro;
- Use óculos de proteção, quando as atividades envolverem substâncias químicas, corte ou perfuração de materiais;
- Use protetor auricular em atividade que envolva a emissão de ruídos intensos (manutenção automotiva, por exemplo);
- Realize uma tarefa de cada vez;

Nunca :

- Nunca manipule substâncias químicas diretamente com as mãos;
- Nunca trabalhe com fogo ou eletricidade na presença de material inflamável;
- Nunca deixe objetos aquecidos inadvertidamente expostos;
- Nunca execute manutenção em equipamentos elétricos ou mecânicos com roupa e cabelos soltos ou portando adereços (correntes, cordões etc.);
- **Nunca** permita que crianças manipulem ferramentas (alicates, chaves de fenda, limas, serras, martelos etc.) ou quaisquer objetos perfurocortantes;
- **Nunca ("nunca mesmo")** permita que crianças participem das tarefas de manutenção propostas no livro ou que realizem os experimentos propostos sem o acompanhamento de um adulto.

Sumário

1. Os elétrons e seus efeitos 1
2. A corrente elétrica e seu controle 19
2. A silenciosa revolução dos semicondutores 39
4. Circuitos Clássicos 59
5. Os mistérios do eletromagnetismo 69
6. Visão além do alcance 101
7. As micro-ondas 129
8. A refrigeração 139
9. Os motores automotivos 159
10. Processos de fabricação 229
11. Curiosidades tecnológicas 261

1. Os elétrons e seus efeitos

O que você vai aprender neste capítulo?

No capítulo inaugural do livro, mostraremos a você os princípios básicos da eletricidade, suas fontes e usos. Você será capaz ainda, após a leitura do capítulo, de diferenciar corretamente os princípios de funcionamento de equipamentos analógicos e digitais.

O universo da Eletricidade (Por que começar por ele? Porque, além de interessante, é o fundamento de toda moderna tecnologia).

Apesar de ser incapaz de impressionar diretamente os nossos sentidos, a eletricidade se revela por meio dos efeitos mecânicos, térmicos, luminosos, magnéticos e fisiológicos que produz. Como assim? Um liquidificador em movimento; um ferro de passar roupas; a lâmpada; o rádio; e o desagradável choque elétrico são exemplos da ação da eletricidade. Mas esta não é uma lista terminal de suas possibilidades. Aplicações na indústria e na Medicina são exemplos da influência da eletricidade na vida do ser humano. Tudo isso é possível em função das propriedades dos materiais e de seus ínfimos constituintes: **os átomos**. Os átomos são formados por um grande número de partículas, mas são **os elétrons** que se destacam como os grandes protagonistas do mundo dos fenômenos elétricos.

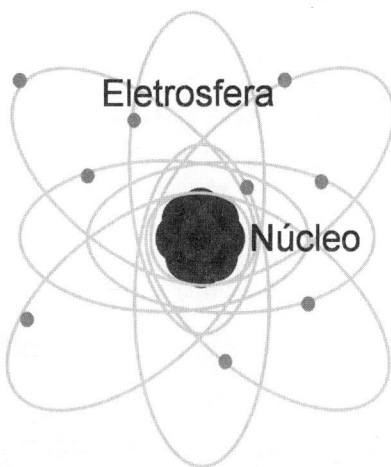

Figura 1.1. Modelo atômico muito difundido - o átomo como um "minissistema solar" - é mostrado na figura acima, com um núcleo composto de prótons e nêutrons. Os elétrons "orbitam" em torno do núcleo, delimitando uma região denominada eletrosfera.

Uma odisseia no espaço atômico

Os átomos são formados por muitas outras partículas, além dos elétrons. A propósito, o átomo passou a ser considerado **divisível** há relativamente pouco tempo. No final de século XIX, a existência dos **elétrons** foi determinada a partir dos estudos das propriedades dos raios catódicos. A descoberta dos **prótons** também foi resultado das pesquisas com esses raios. A hipótese de um átomo indivisível foi substituída pela ideia de um átomo formado por partículas dotadas de massa e carga elétrica. Os experimentos realizados em 1911 pelo físico *Ernest Rutherford* e seus colaboradores reforçaram essa ideia e ainda forneceram uma boa visão da distribuição das partículas no átomo: um núcleo positivo que concentraria a massa do átomo e uma região do espaço onde se encontrariam dispersas as cargas negativas: os elétrons. *Rutherford* profetizou, ainda, que o núcleo seria formado por partículas com massa e sem carga, que hoje denominamos **nêutrons**. Em resumo: temos um **núcleo positivo formado por prótons e nêutrons, e em torno do núcleo, "orbitam" elétrons numa região conhecida como eletrosfera.**

As descobertas de novas partículas continuam sucedendo-se com o avanço das pesquisas, mas, por enquanto, vamos focar nossa atenção no elétron. É bom não deixar de mencionar um fato: o modelo atômico que você está analisando é apenas uma **representação** de um átomo real, pois o átomo, na prática, não foi definitivamente descrito. Talvez a concepção do átomo esteja além das possibilidades da linguagem - inclusive da Matemática - e nunca compreenderemos o átomo como ele é... por conseguinte, a matéria e tudo mais. Afinal, "somos apenas crianças brincando na praia"... Mas, não despreze esse modelo que, apesar de imperfeito e limitado, nos auxilia na explicação de muitos fenômenos.

O experimento de Rutherford

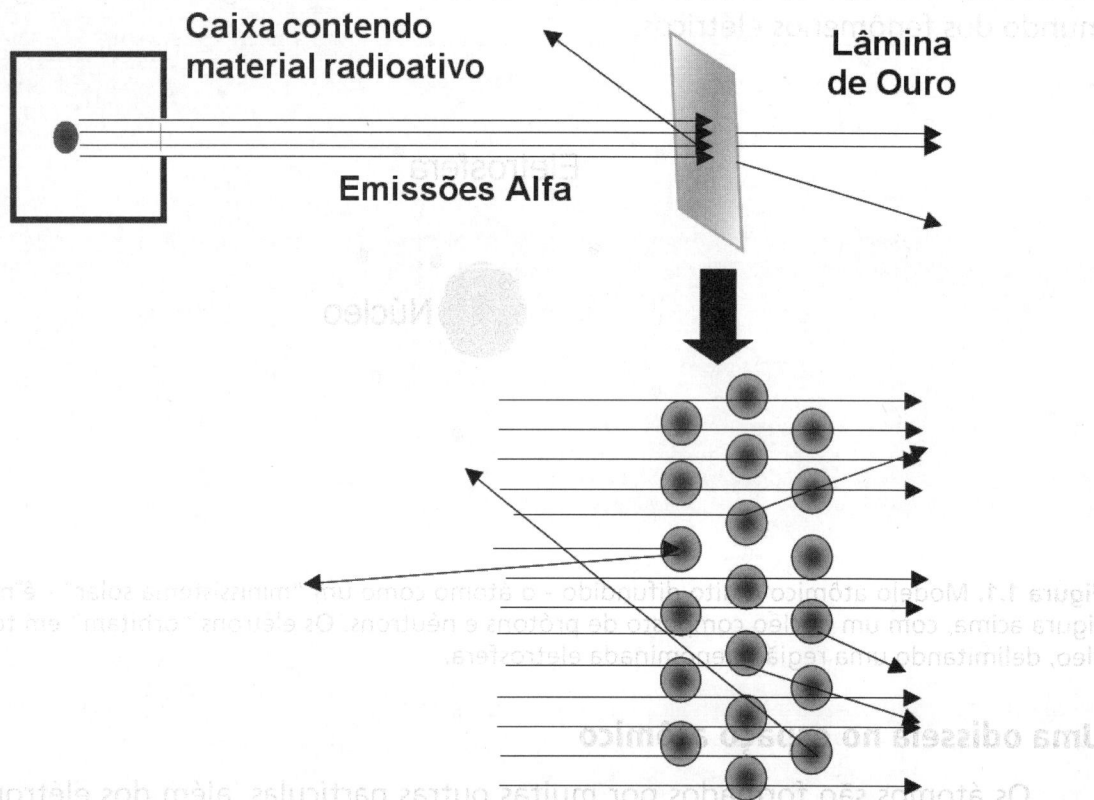

Figura 1.2. A parte superior da figura mostra uma pequena amostra de material radioativo encerrado (dentro) em uma caixa com uma pequena abertura pela qual as radiações Alfa (α) são lançadas contra uma delgada (fina) lâmina de ouro. A parte inferior da figura representa uma visão ampliada da placa de ouro, na qual se identifica sua estrutura atômica e os raios Alfa (α) incidentes com suas diversas trajetórias (alguns atravessam a placa sem nenhum desvio em sua trajetória; outros o fazem com um pequeno desvio e uma pequena amostra dos raios se choca com os núcleos e não atravessam a lâmina).

Na época em que **Rutherford** e sua equipe realizaram seus célebres experimentos sobre a estrutura do átomo, os fenômenos radioativos já eram conhecidos pelos cientistas. Esses fenômenos se manifestam pela emissão de partículas ou ondas eletromagnéticas pelo núcleo atômico. "Como são geradas tais emissões?". As emissões (partículas e ondas eletromagnéticas) que um átomo emite resultam de complexos fenômenos de modificação da estrutura do núcleo com o objetivo de torná-lo mais estável. As emissões de um núcleo podem ser de três tipos: Alfa (α), Beta (β) e Gama (γ). As partículas **Alfa** são as mais "pesadas" e têm **carga positiva** (sua trajetória é facilmente bloqueada). As partículas **Beta** têm velocidade compatível com a luz, mas, apesar disso, uma chapa fina de metal ou até de madeira é capaz de detê-las. As radiações **Gama** viajam a 300.000.000 m/s (atravessam chapas de aço com facilidade) e são paradas, apenas, por obstáculos espessos ("grossos"), tais como paredes de concreto ou chumbo. O experimento de *Rutherford* consistiu em "atirar" partículas Alfa (α) (emitidas por material radioativo) contra uma delgada (fina) lâmina de ouro de 0,0001 mm e monitorar as trajetórias das partículas. *Rutherford* ficou surpreso quando percebeu que algumas partículas **não** atravessaram a lâmina (algumas partículas voltaram em ângulos de quase 180°). Para o cientista, o experimento equivalia a "atirar com um canhão em uma folha de papel e a bala ricochetear". "O que ele observou?" Os experimentos provaram que a maioria das partículas Alfa (α) - carga positiva, lembra? - atravessou a lâmina; poucas partículas sofreram deflexão (desvio) em seu movimento e muito poucas partículas **não** conseguiram atravessar a lâmina. *Rutherford*, em função de tudo que observou, concebeu um modelo em que o átomo seria formado por um núcleo densamente concentrado e positivo (o que explicaria o comportamento de deflexão e o bloqueio da trajetória de algumas partículas Alfa) e uma **região** (eletrosfera) muito maior que o núcleo e carregada de partículas negativas (elétrons), onde predominariam espaços vazios, o que explicaria a passagem de grande parte das partículas Alfa através da lâmina e o equilíbrio elétrico do átomo (os elétrons, negativos, compensariam os efeitos do núcleo, positivo). Outros modelos atômicos mais aperfeiçoados foram criados deste então, mas, para isso, os trabalhos iniciais de *Rutherford* foram decisivos.

Você sabia?
Alguns fatos extraordinários sobre os átomos

1- Os átomos são incrivelmente pequenos. O diâmetro de um átomo está para o tamanho de uma laranja assim como o diâmetro da laranja está para o tamanho do planeta Terra. Para tentar visualizar o átomo, pense assim: uma laranja repleta de átomos seria o equivalente, em termos de proporções, ao nosso planeta cheio de laranjas!

2- O núcleo atômico é ainda menor, sendo, pelo menos, 10.000 vezes menor que o diâmetro do átomo (núcleo + eletrosfera). Se o núcleo tivesse o mesmo diâmetro de uma moeda de 10 centavos (2 cm), o diâmetro do átomo correspondente seria de 200 metros. Ou seja, o átomo é formado, principalmente, de espaço vazio.

3- O núcleo é extremamente denso: se pudéssemos comprimir vários núcleos atômicos, sem espaço entre eles, até formar uma esfera de 1 cm de diâmetro, seu peso seria de 133 milhões de toneladas!

4- Um grama de água possui 100.000.000.000.000.000.000.000 átomos, ou seja, existem mais átomos em um grama de água do que gotas de água em todos os rios e lagos do mundo.

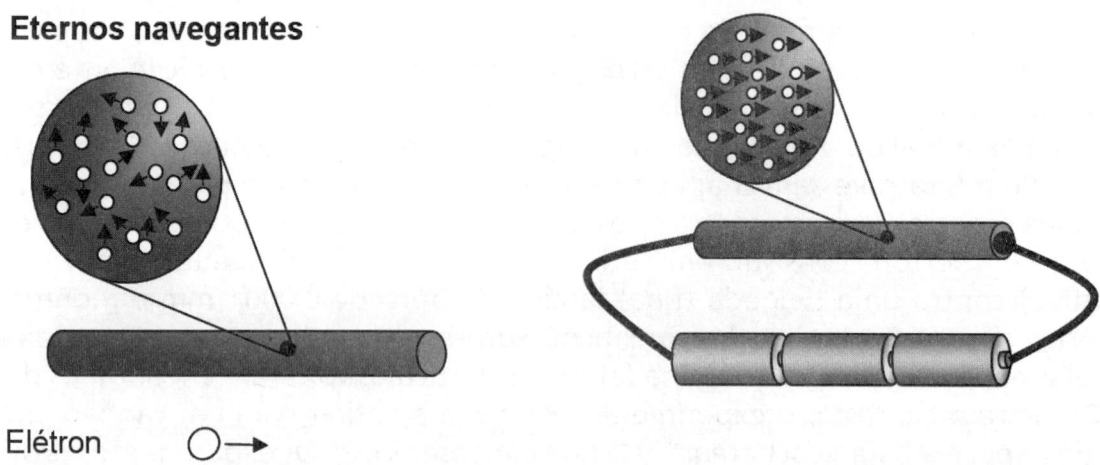

Figura 1.3. O lado esquerdo da figura representa um pedaço de fio (condutor) no qual os elétrons se movimentam aleatoriamente. O lado direito representa o condutor ligado a pilhas. Nesse caso (esquema com pilhas), os elétrons se "alinham" e passam a se movimentar ordenadamente. O movimento ordenado de elétrons denomina-se **corrente elétrica**.

O que é um elétron?

O autor da resposta é sério candidato ao prêmio Nobel de Física, já que ninguém jamais definiu o que é um "mísero" elétron. Sabemos que ele tem massa; descobrimos que ele é uma partícula eletrizada (atribuímos ao elétron **carga negativa**), que "orbita" (circula) em torno do núcleo atômico e que se comporta ora como partícula, ora como onda, mas não conseguimos definir o que é um elétron "em si mesmo" ou, em outras palavras, a essência de um elétron. Talvez porque sejam ariscos e ninguém conseguiu perguntar isso a eles. Entretanto, se não sabemos o que é um elétron, sabemos do que ele é capaz e podemos, em certas circunstâncias, controlar os efeitos que produzem. Os elétrons são os protagonistas dos fenômenos elétricos. Todos os materiais possuem muitos elétrons, mas somente nos metais eles têm "passe livre" para transitar (nos materiais isolantes, os elétrons transitam com mais dificuldade). E, mesmo assim, é preciso "pressioná-los" para que sigam ordenadamente num único sentido pelos intrincados espaços entre os átomos da matéria. Essa "pressão" é fornecida por uma pilha, bateria ou rede elétrica doméstica. Essa "pressão", que passaremos a chamar de **tensão elétrica**, fornece energia para a "marcha ordenada dos elétrons", que denominamos **corrente elétrica**. Essa marcha se dá em "terrenos mais ou menos acidentados", ou seja, cada material opõe certa resistência à passagem dos elétrons. Essa tal **resistência** à marcha dos elétrons recebe o nome de **resistência elétrica**. A grande notícia é que essas grandezas (**tensão, corrente e resistência**) estão relacionadas pela seguinte expressão: $R = \dfrac{V}{I}$, definida por George Ohm, que ficou conhecida, claro, como **lei de Ohm**. Simples e elegante assim, onde **R** é a resistência elétrica, **I** a corrente e **V** a tensão, entendeu? NÃO! Fique tranquilo, pois não vamos submetê-lo a nenhuma tortura matemática nos próximos capítulos e prometemos não o aborrecer com nada mais complexo do que as quatro operações fundamentais e um pouco de Geometria elementar.

Você sabia?

Correntes e tensões

As correntes e as tensões elétricas podem ser contínuas ou alternadas. As correntes e as tensões fornecidas por pilhas e baterias são contínuas. Aquelas fornecidas pela rede elétrica de uma casa são alternadas. Para o seu funcionamento, os circuitos da maioria dos equipamentos eletrônicos convertem tensão e corrente alternadas em tensão e corrente contínuas. Entretanto, alguns equipamentos (motores, lâmpadas, aquecedores etc.) trabalham diretamente com a energia fornecida por fontes alternadas.

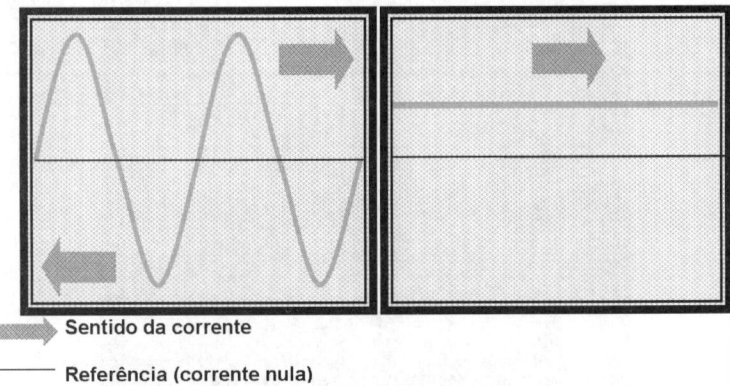

Figura 1.4. O gráfico da esquerda representa uma corrente alternada e o gráfico da direita representa uma corrente contínua.

Como a energia elétrica é produzida?

Existem processos químicos (baterias), processos de captação e conversão de energia solar (**células fotoelétricas**), processos que utilizam cristais especiais (fenômenos piezoelétricos), entre alguns outros para a produção de energia elétrica. Entre os métodos, vamos analisar aqueles que são mais utilizados.

A França, por exemplo, adota maciçamente a **energia nuclear** como fonte de geração de eletricidade. O Brasil, ao contrário, tem a quase totalidade de sua geração de eletricidade relacionada ao **potencial hidrelétrico** de seus rios, enquanto a energia elétrica proveniente de usinas consumidoras de combustíveis convencionais e nucleares são soluções menos adotadas em nosso país.

Em todos os processos que analisaremos neste tópico, o princípio da geração de energia é o mesmo: transformar energia mecânica em energia elétrica. Ainda não falamos sobre o assunto, mas podemos adiantar que, quando um condutor atravessa um campo magnético (criado por ímãs ou por bobinas), há geração de uma força (denominada força eletromotriz) capaz de criar uma corrente elétrica no condutor. Quanto mais condutores atravessam ("cortam") o campo magnético, maior a produção dessa "tal" força eletromotriz e maior a corrente elétrica gerada. Para potencializar (aumentar) o efeito, enrola-se o condutor em "carretéis" (bobinas) e eles são dispostos em torno de um eixo de tal modo que, no seu movimento, os enrolamentos da bobina "cortam" as linhas do campo magnético para que haja máxima produção de corrente ou, em outras palavras, o movimento (**energia mecânica**) dos fios enrolados no eixo, atravessando as linhas de campo magnético, gera **energia elétrica**.

Você sabia?

Lá vem o Sol...

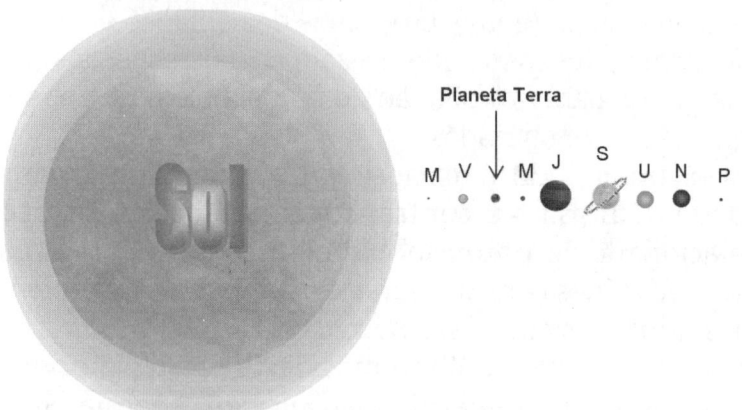

Figura 1.5. A energia solar está presente em nossas vidas de várias formas, algumas delas de maneiras surpreendentes. E o mais impressionante é que o nosso planeta recebe apenas uma pequeníssima fração da energia irradiada pelo Sol. Da esquerda para a direita: Mercúrio, Vênus, Terra, Marte, Júpiter, Saturno, Urano, Netuno e Plutão*. Se o Sol fosse do tamanho aproximado de uma bola de basquete, a Terra seria menor do que uma semente de feijão.

* Plutão foi rebaixado à "segunda divisão" e não é mais considerado planeta.

Se o nosso Sol não existisse, é provável que você não estivesse lendo este livro agora, pois a temperatura média do nosso planeta estaria abaixo dos 200° C negativos!

A grande maioria da energia que o Sol produz e emite, "perde-se" no espaço e uma pequeníssima parcela é projetada na Terra. Essa "pequena" injeção de energia solar, além de manter a temperatura da Terra em níveis confortáveis, cria formas **indiretas** de energia como, por exemplo, o potencial hidrelétrico (é a energia solar que vaporiza a água e a conduz até as cabeceiras dos rios - locais mais elevados em relação ao nível do mar - criando a energia potencial utilizada na produção de eletricidade); energia eólica - vento - (é a energia do Sol, incidente na atmosfera, que cria as correntes de ar); energia solar condensada nas ligações químicas das moléculas dos vegetais, que realizam a fotossíntese (utilizados como lenha ou na produção de combustíveis, tais como o álcool); formação das reservas de combustíveis fósseis (carvão mineral e petróleo), que são provenientes de transformações físico-químicas pelas quais foram submetidas grandes massas de organismos em condições geológicas apropriadas. Esses organismos, claro, direta ou indiretamente, foram "consumidores" de energia solar. As plantas dependem do Sol para a realização da fotossíntese e os animais sobrevivem consumindo vegetais. Mesmo os animais carnívoros dependem, indiretamente, das plantas, sem as quais não existiriam os animais herbívoros, seu alimento. Ou seja, todos dependem da energia solar. Em suma, grande parte da energia que consumimos (inclusive os alimentos que ingerimos) tem no Sol a sua origem.

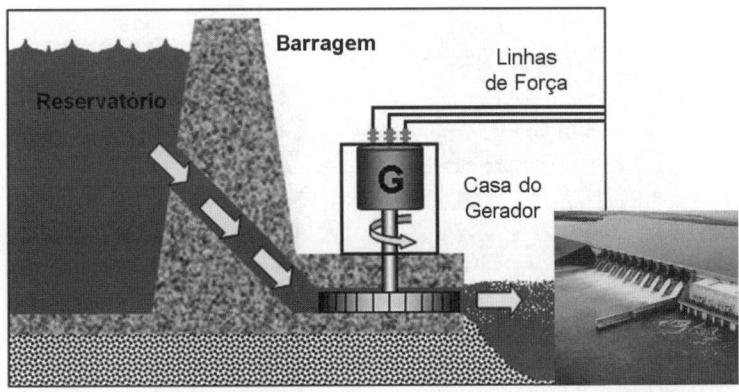

Figura 1.6. As hidrelétricas utilizam a **energia potencial** da água que é convertida em **energia cinética** (energia do movimento) para a movimentação de turbinas. As turbinas acionam os geradores (G) que convertem energia cinética em **energia elétrica** a ser distribuída para a indústria, comércio e residências. Perceba que em nenhum momento houve a criação de energia, mas sim, a conversão de uma forma em outra.

Você deve estar imaginando que a usina hidrelétrica é sempre a melhor saída para os países detentores de abundante potencial hidrelétrico, mas a verdade é que a implantação dessas usinas não é necessariamente algo positivo, pois o represamento da água forma enormes lagos, cobrindo vastas áreas de vegetação e áreas agricultáveis, gerando, muitas vezes, o deslocamento de populações, entre outros problemas.

Aquecendo a água

Nem todo país dispõe de um vasto potencial hidrelétrico como o Brasil, mas a solução para a geração de energia continua sendo a água. "Como é possível?" A água pode ser utilizada sob altas temperaturas e pressão para a produção de energia elétrica. As termelétricas convencionais e as usinas nucleares têm exatamente este fato em comum: suas instalações utilizam o calor gerado por uma fonte primária para aquecer a água que será utilizada sob pressão para acionar turbinas. No caso das termelétricas convencionais, são utilizados combustíveis, tais como o carvão, ou combustíveis derivados do petróleo e, nas usinas nucleares, a energia é proveniente das reações nucleares. Para você ter uma ideia do que estamos falando, saiba que um grama de urânio (apenas um grama!) é capaz de produzir a energia equivalente a 3.000 kg de carvão. E tem mais. As usinas termelétricas convencionais possuem uma grande desvantagem: poluem cronicamente a atmosfera e contribuem para intensificar o efeito estufa. As usinas nucleares **não** favorecem tão intensamente o aquecimento global, mas podem provocar graves acidentes e poluição relacionada à sua operação e ao descarte do denominado lixo nuclear.

Ainda existe muito potencial hidrelétrico disponível; muito petróleo para ser queimado e a energia nuclear parece, virtualmente, inesgotável. Mas, tendo em vista as limitações e os perigos de cada uma dessas matrizes energéticas, seria melhor repensar não a produção, mas o consumo de energia.

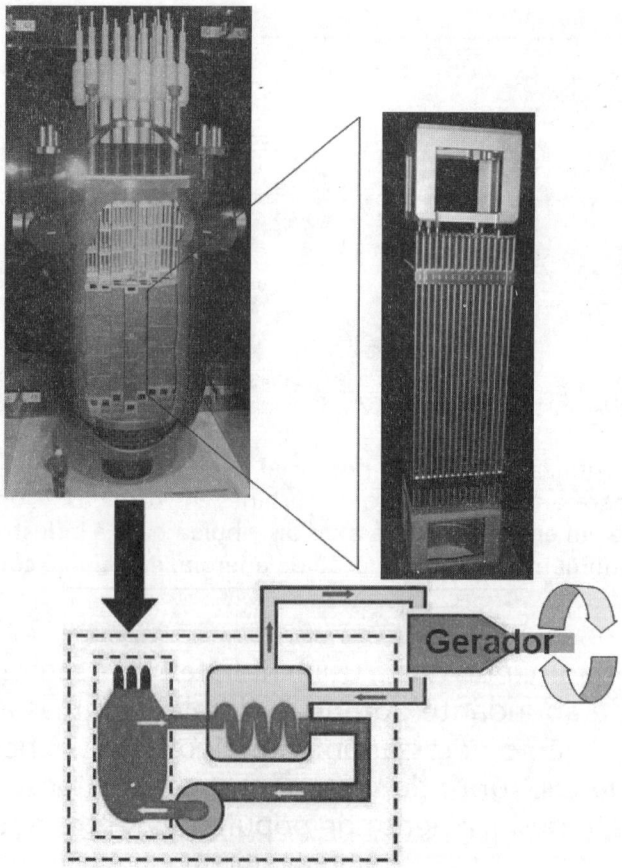

Figura 1.7. Maquete da estrutura interna do núcleo de um reator nuclear, no qual as reações nucleares, com liberação de energia, acontecem. As barras com elementos combustíveis são mostradas em destaque. Abaixo, um esquema simplificado do reator: à esquerda o circuito primário aquecido pelo núcleo do reator. O elemento central é o circuito secundário com água aquecida e pressurizada que aciona o gerador, à direita.

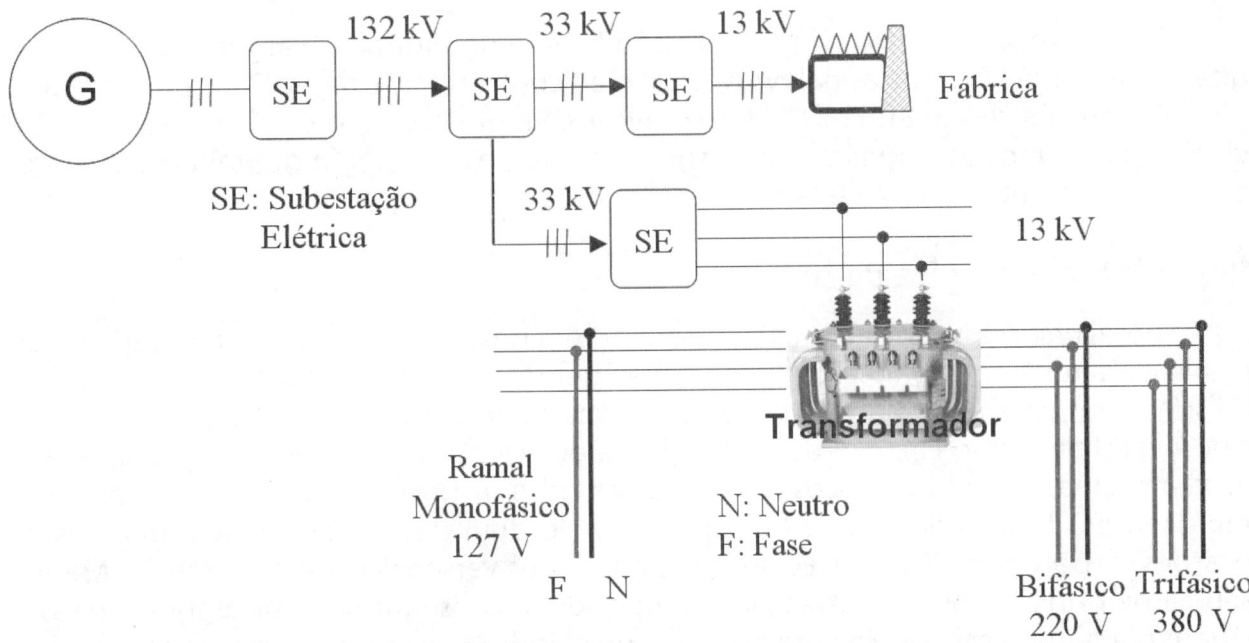

Figura 1.8. Representação esquemática da rede de distribuição de energia elétrica, da geração até os consumidores típicos. Os consumidores residenciais, comerciais e industriais de pequeno porte são servidos com a rede de baixa tensão que sai dos terminais do transformador. "G", no esquema acima, representa a usina geradora.

Agora que você foi apresentado aos conceitos mais gerais e básicos da Eletrodinâmica (estudo das causas e dos efeitos das correntes elétricas), vamos conhecer os componentes responsáveis pelo controle de correntes elétricas, não sem antes entender a diferença entre eletrônica e eletricidade, analógico e digital.

Antes de qualquer coisa: Qual é a diferença entre eletricidade e eletrônica?

Quando aciono o interruptor de uma companhia, ela emite som. Quando ligo um rádio, ele também emite som. Então, qual é a diferença? A diferença é que depois que você deixa de apertar o interruptor, cessa o som da campainha: ela executou o trabalho de produzir som, mas por intermédio de um operador externo. No entanto, quando você aciona um rádio, isto é só o começo de uma série de fenômenos que se **autorregulam** e permitem que a energia captada pela antena seja amplificada e convertida em som: as correntes elétricas que circulam pelo rádio passam a sofrer a influência e os efeitos da eletricidade que os próprios circuitos do aparelho produzem. Em resumo, nos circuitos elétricos (circuito de uma campainha, por exemplo), o controle da corrente depende de ativação/desativação alheias ao circuito, enquanto que em circuitos eletrônicos (circuitos de rádio), o controle da corrente é efetuado a partir das próprias correntes geradas no circuito.

Analógico e Digital

Com certeza, você já ouviu a expressão "aparelho digital". Mas, se ele não for digital, será o quê? Em outras palavras, qual é o "contrário" de digital? Resposta: analógico. Qual a diferença, afinal? Vamos começar com um exemplo de circuito analógico, o toca-discos, e depois analisaremos, sucintamente, a tecnologia digital para a reprodução de sons, para que você tenha um termo de comparação.

Reprodução analógica de sons

O precursor dos "toca-discos" – aparelho em desuso, em voga até a década de 90 e absolutamente desconhecido pelas novas gerações - foi desenvolvido por Thomas Edison e consistia num **diafragma** ligado a uma **agulha** e um **cilindro de latão** giratório. À medida que o cilindro de latão girava em torno de seu eixo, a agulha, ligada ao diafragma, desenhava sulcos na face do cilindro. A profundidade desses sulcos era moldada em função das vibrações captadas pelo diafragma. "De onde vinham as vibrações?". Da voz de Thomas Edison que narrou os versos do poema infantil "Mary e seu carneirinho" sobre o diafragma. "Será que ele conseguiu gravar alguma coisa?". Quando a agulha foi posicionada no início do cilindro e este foi posto a girar, as vibrações da agulha, que acompanhava o perfil dos sulcos gravados previamente, na face do cilindro, foram transferidas para o diafragma a ela ligado e de onde se podia ouvir os versos: "Mary tem um carneirinho. Sua lã é branca como a neve..." Edison realizara uma façanha: aprisionou o passado na lâmina de latão. Se você tiver um toca-discos à disposição, faça a seguinte experiência: coloque um LP, quero dizer, disco de vinil, sobre o prato do aparelho, posicione o fonocaptor ("agulha") e **desligue as caixas de som**. Se você ouvir com atenção, poderá captar, com perfeição, a informação musical impressa no vinil, segundo os mesmos princípios descobertos por Edison em 1877! A sofisticação das "modernas pick ups" fica por conta do mecanismo de captação e amplificação. Nos tempos áureos da discoteca, os modelos mais populares funcionavam com um fonocaptor de cristal que utilizava o princípio do efeito piezoelétrico (alguns cristais, submetidos a vibrações mecânicas, respondem, criando uma diferença de potencial entre suas faces). Essa diferença de potencial é capaz de gerar uma corrente que será proporcional à intensidade e à frequência das vibrações. As vibrações que a agulha capta ao passar pelos sulcos do disco são convertidas em sinais elétricos pelo cristal, sendo este sinal amplificado e reproduzido como som, que corresponde à informação (música, ruídos, fala etc.) impressa no vinil.

Portanto, nos sistemas analógicos, uma grandeza que varia continuamente com o passar do tempo (o som é um bom exemplo) é transformada em sinal elétrico, que acompanha todas as variações da grandeza original. Os sistemas digitais "trabalham", em geral, com apenas dois tipos de estados: ligado ou desligado. Convenientemente combinados, esses sinais têm uma espantosa capacidade de representar informações, como você poderá comprovar no tópico a seguir.

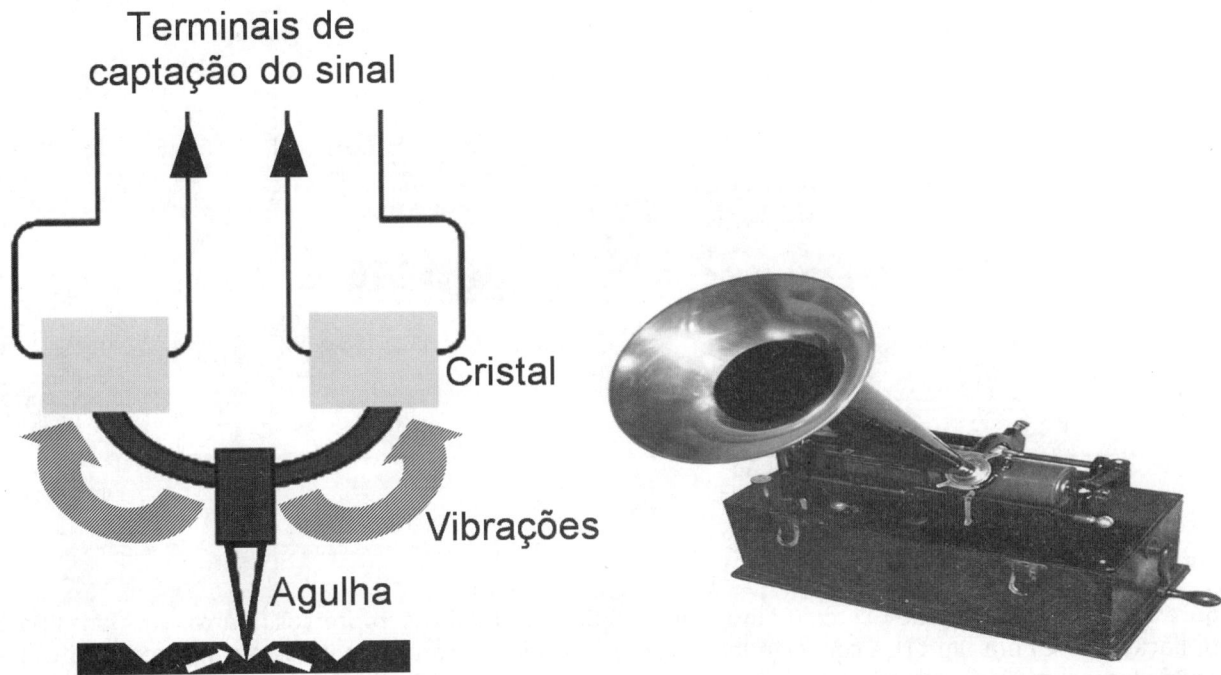

Figura 1.9. Representação esquemática de um fonocaptor ("agulha") de toca-discos com dois canais. As vibrações causadas pelas irregularidades dos sulcos do disco de vinil são transmitidas para cristais piezoelétricos, via agulha. O cristal vibra e produz uma diferença de potencial (tensão elétrica) entre suas faces. Essa tensão varia em função das vibrações transmitidas pela agulha, formando um sinal elétrico que é amplificado e convertido em som. Veja, na figura, o aspecto de um aparelho semelhante ao utilizado por *T. Edison*.

O som na era digital

Na década de 80, a Sony e a Philips apresentaram ao mundo um disquinho prateado, que tinha o objetivo inicial de substituir os discos de vinil. Foram lançados com o nome *Compact Disc* (CD). Os CDs de áudio armazenam apenas sons em formatos digitais e o fazem da seguinte maneira: padrões de marcas microscópicas alinhadas são impressas em uma de suas faces e um feixe de *laser* "varre" (percorre) as referidas marcas, sendo seu reflexo captado por uma lente que direciona o feixe até os fotodiodos, que convertem o sinal luminoso em sinais elétricos que são convenientemente processados até a sua conversão em sons nos alto-falantes.

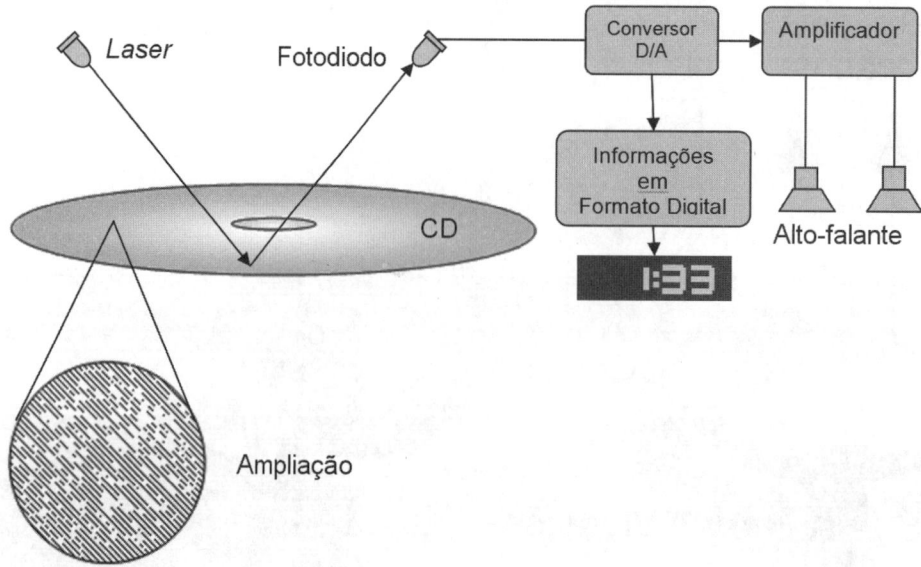

Figura 1.10. Um aparelho de CD tem como "missão" decifrar os sinais impressos (marcas reveladas pela ampliação acima) em um CD e convertê-los em som. Um diodo (componente semicondutor) emite um feixe de laser que é refletido na superfície do CD e captado por um fotodiodo, que converte o sinal luminoso em sinais elétricos que são amplificados e direcionados para o sistema de alto-falantes do aparelho. Os aparelhos de CD são constituídos, também, por circuitos que convertem parte dos sinais captados em informações alfanuméricas, tais como a duração da música que está sendo executada.

Em um CD, as áreas marcadas (são "riscos" microscópicos) correspondem a uma informação ("0") e as áreas não marcadas correspondem a outro tipo de informação ("1"). Um CD padrão pode armazenar 1 hora e 14 min de som. Como as informações "numéricas" são convertidas em som? Bem, na verdade, os números 1 e 0 são utilizados na eletrônica digital para representar o estado de um circuito, sendo que 1 representa um circuito fechado (circula corrente) e zero representa um circuito aberto (a corrente está ausente). À primeira vista, fica difícil entender como dois números – uns e zeros – podem representar uma gama tão grande de informações, tais como imagens, textos ou sons. Para entender como isso ocorre, teremos que fazer um pequeno experimento.

O milagre da multiplicação

Você ainda deve estar surpreso com o fato de que apenas dois estados (ligado e desligado) representados por "1" e "0" podem representar tanta informação. Para que você possa visualizar o fenômeno, vamos imaginar a seguinte situação: você deseja criar um novo sistema de comunicação utilizando lâmpadas. Deseja representar o nosso alfabeto com sinais luminosos para criar palavras e frases (sequências de sinais luminosos). A primeira pergunta que se faz é: Quantas lâmpadas devo utilizar para representar as 26 letras do nosso alfabeto? Alguém, mais ansioso, poderia dizer, "**26 lâmpadas, claro**...". Talvez, possamos ajudá-lo a economizar algum dinheiro, mostrando que apenas **cinco lâmpadas** são suficientes para criar o seu projeto de comunicação com sinais luminosos.

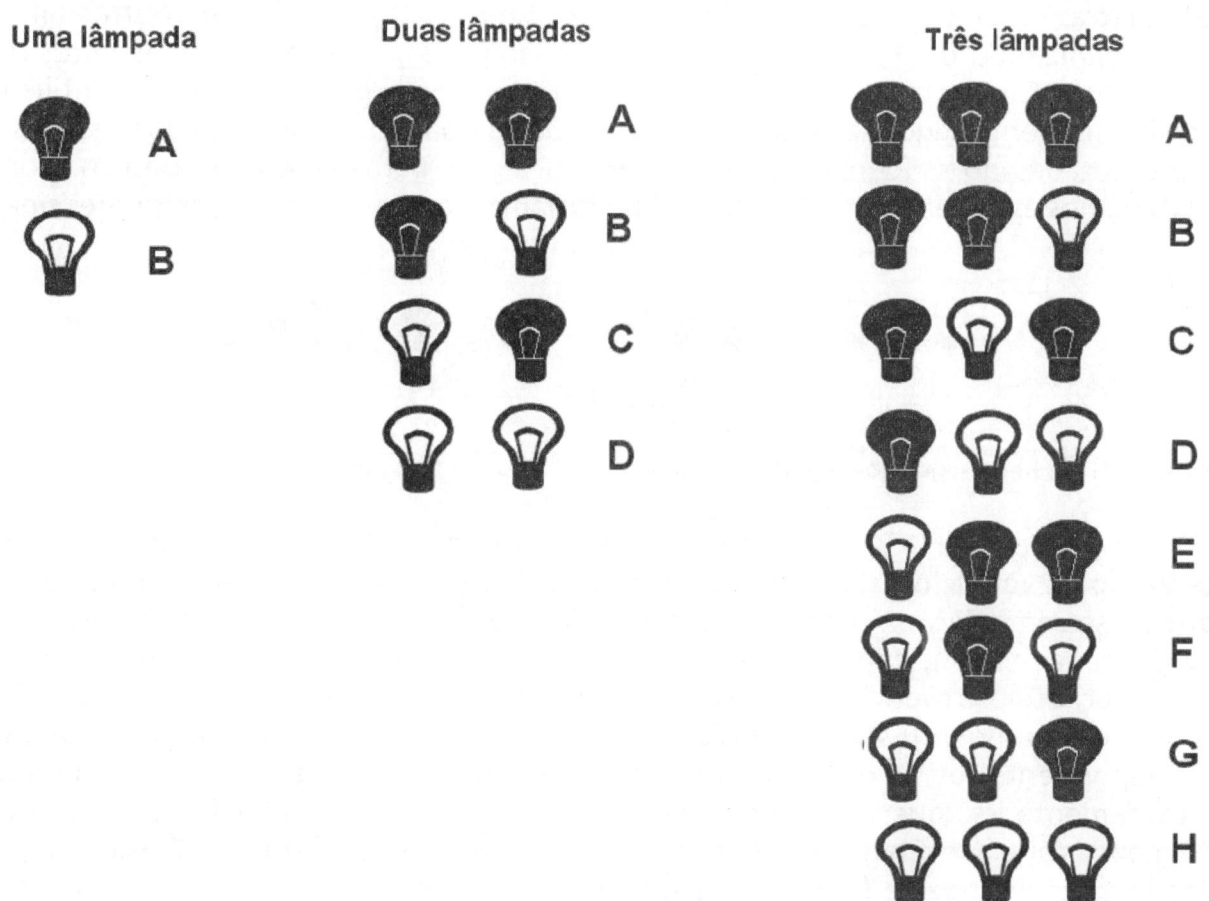

Figura 1.11. A capacidade de representação, com as lâmpadas acima cresce segundo a função 2^n, onde n é o número de lâmpadas. Com apenas cinco lâmpadas, temos a possibilidade de representar até 32 (2^5) símbolos, como as letras do alfabeto, por exemplo. Esse é o princípio em que se baseiam os aparelhos digitais, inclusive os computadores, para o processamento e o armazenamento de informações. A diferença é que, no lugar de lâmpadas, se utilizam transistores (milhares deles em circuitos integrados).

Com apenas **uma lâmpada** você pode representar duas letras. Vamos dizer que você escolheu o seguinte: **lâmpada apagada** representa o "A" e **lâmpada acesa** representa o "B". Não foi suficiente para representar todo o alfabeto; então, vamos acrescentar mais uma lâmpada. Agora, acompanhando a figura acima (esquema central), você percebe que é capaz de representar **quatro letras**. Ainda assim, é muito pouco para o seu objetivo e você resolve acrescentar mais uma lâmpada ao esquema. Agora, já é capaz de representar **oito letras.** Existe algo interessante nessa história. Repare que o número de letras que você consegue representar é exatamente igual a 2 elevado ao número de lâmpadas utilizadas. "Como?" Veja: com **uma lâmpada**, você representa **duas** letras (2 elevado ao número de lâmpadas = quantidade de letras representadas, ou seja, com apenas uma lâmpada, temos duas letras representadas: 2^1 lâmpada = 2 **letras**). No caso de **duas lâmpadas**, temos **quatro letras** representadas ($2^2 = 4$). No caso de **três lâmpadas**, temos **oito letras** representadas ($2^3 = 8$). Então, quantas letras **quatro lâmpadas** são capazes de representar? A resposta é 16 ($2^4 = 16$). E com **cinco lâmpadas**? A resposta é 32 ($2^5 = 32$). Então, com apenas **cinco lâmpadas** você consegue representar as 26 letras do alfabeto e ainda "sobram" 6 combinações possíveis para outros símbolos. Organizando uma sequência coerente de lâmpadas, podemos, com as letras que as mesmas representam, construir palavras e frases, e você pode comunicar-se utilizando simplesmente sequências de lâmpadas acesas e apagadas. Digamos que as 8 letras representadas no esquema acima fossem suficientes para os seus propósitos. Como poderíamos escrever a palavra "FACA"? Emitiríamos, em sequência, os seguintes sinais:

Figura 1.12. Representação da palavra faca por meio de sinais luminosos.

Já, a palavra "FOCA", estaria fora do nosso vocabulário porque não temos a representação da vogal "**o**". Com uma sequência de cinco lâmpadas, poderíamos escrever o que quiséssemos. Mas, deve ser bastante incômodo ter que decorar a sequência correta de lâmpadas acesas e apagadas para escrever e traduzir uma mensagem (imagine como seria maçante escrever com esse código luminoso). E se uma "máquina" fizesse todo o trabalho para nós, ou seja, ao invés de aparecer lâmpadas acesas e apagadas, a letra correspondente fosse exibida, ficaria mais fácil entender a mensagem, não é mesmo? É exatamente isso que ocorre dentro de um aparelho de CD: ao invés de aparecerem "lâmpadas acesas e apagadas" ou "1 (s)" e "0(s)", você capta a informação (sinal digitalizado) já convertida na forma de mensagem musical a partir de simples marquinhas na face do CD. A conversão entre o sinal analógico e o digital é realizada por amostragem, ou seja, determinados pontos do sinal analógico são convertidos em sinal digital. Para que você tenha uma ideia, a codificação do sinal analógico (som) em um CD é realizada por meio de 44.100 amostras de um segundo da informação sonora. Esses pequenos fragmentos são transformados em números digitais de 16 bits (um bit corresponde à unidade mínima de armazenamento de dados em um sistema digital). Em outras palavras, cada segundo de informação sonora é "fatiada" 44.100 vezes e a cada uma dessas "fatias" (amostras) é conferido um valor binário que corresponde a um determinado som a ser interpretado pelo conversor interno do aparelho e amplificado para, finalmente, ser captado pelo ouvinte.

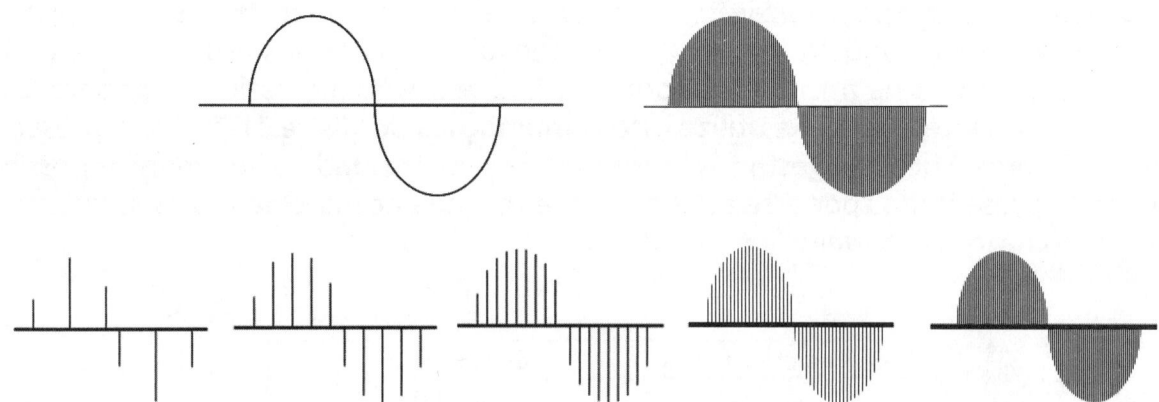

Figura 1.13. Uma curva (como uma onda senoidal) pode ser representada como uma série de segmentos de reta. Quanto maior o número de segmentos, mais aperfeiçoada será a representação da curva. Os conversores analógico-digitais associam **uma sequência de números binários a cada valor de tensão da onda,** de modo que os circuitos digitais possam lidar perfeitamente com este tipo de informação e o sinal possa ser processado e armazenado.

Os computadores, por seu turno, utilizam os estados ligado e desligado de milhares de transistores componentes de seus "chips" (circuitos integrados) para a representação de letras e números. Como você pode notar, a representação é convencional, ou seja, uma pessoa poderia vincular a uma sequência de zeros e uns, uma letra ou um número qualquer. O exemplo das lâmpadas poderia ser:

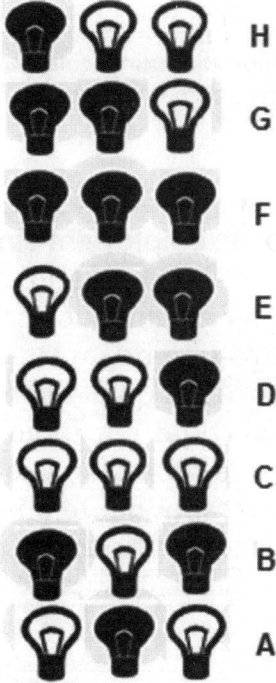

Figura 1.14. A representação binária é convencional, ou seja, atendidas as regras básicas da "gramática digital", você pode criar uma linguagem com qualquer combinação de símbolos.

Se não houvesse padronização, seria equivalente a cada um falar sua própria língua, ou seja, uma verdadeira torre de Babel tecnológica. Um dos esquemas de codificação mais utilizados na informática, por exemplo, é o ASCII (**A**merican **S**tandard **C**ode for **I**nformation **I**nterchange) e **utiliza oito combinações de "0s" e "1s"** para representar letras e números. Você deve estar perguntando-se a quantidade de elementos possíveis de serem representados por esse sistema. Use a fórmula acima e descubra. Resposta: 2^8 = 256 combinações possíveis.

Caracteres	Código ASCII
A	01000001
B	01000010
C	01000011
...	...
a	01100001
b	01100010
c	01100011
...	...
0	00110000
1	00110001
2	00110010
3	00110011
...	...

Tabela 1.1. Observe na tabela acima, algumas das combinações de "0s" e "1s" que representam letras e números no sistema ASCII. Repare que maiúsculas minúsculas são diferenciadas. Símbolos, tais como "# $ % ¨ & * ? ;", também têm a sua representação, mas não foram indicados aqui. O fato é que esse sistema suporta até 256 representações.

Para concluir, podemos dizer que os sistemas analógicos convertem grandezas que variam continuamente (o som, por exemplo) em sinais elétricos que também variam continuamente. Os sistemas digitais, ao contrário, "trabalham" apenas com poucos valores (em geral dois) que podem ser encadeados para formar códigos, utilizados para representar letras, números ou outro tipo de informação. A eletrônica digital também tem a capacidade de lidar com grandezas que variam continuamente, desde que essas grandezas sejam previamente convertidas em códigos binários de "0s" e "1s" que os circuitos digitais possam "entender" e processar. O armazenamento da informação digital é mais simples do que a sua correspondente analógica e o processamento do sinal digital também é menos sujeito a interferências por ruídos.

2. A corrente elétrica e seu controle

O que você vai aprender neste capítulo?

Você aprenderá a identificar os componentes eletrônicos mais comuns e dominar algumas de suas aplicações. Entenderá os princípios da soldagem de componentes e realizará um experimento interessante no final do capítulo: a montagem de um alto-falante fabricado com materiais facilmente encontrados em sua residência.

Os componentes eletrônicos e suas aplicações

Os **componentes eletrônicos** foram desenvolvidos como resultado de pesquisa e experimentação para, em conjunto ou isoladamente, controlar tensões e correntes ou, em outras palavras, o fluxo de elétrons. Conhecendo alguns componentes e a sua forma de "domesticar" os elétrons, entenderemos mais facilmente como os circuitos funcionam.

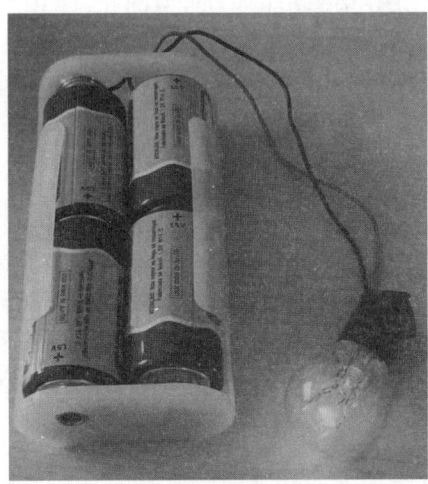
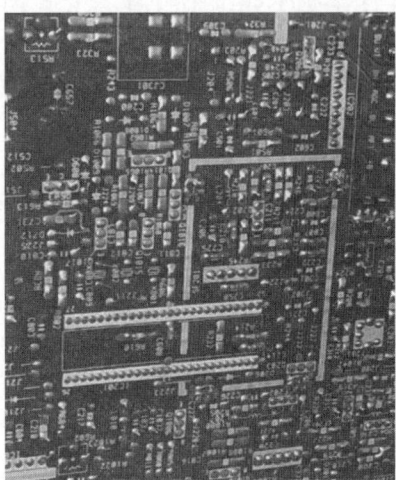

Figura 2.1. Os circuitos podem ser simples ou complexos, mas sua missão é sempre controlar o fluxo de elétrons. Como os circuitos conseguem fazer isso? Leia os próximos tópicos e descubra como é possível.

Os resistores: quem são, como identificá-los e para que servem

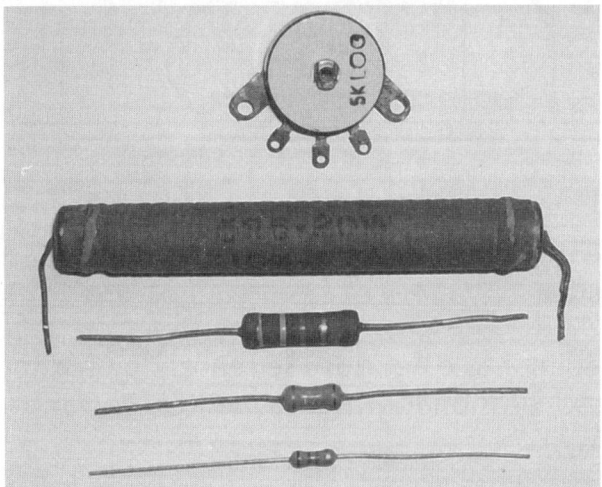

Figura 2.2. De baixo para cima, estão representados os **resistores fixos** (cujos valores **não** variam) com capacidades crescentes de dissipação de calor. O menor pode trabalhar com potências de 1/8 de Watt (0.125 W), enquanto o resistor maior pode operar com até 20 W de potência. Existem resistores com potência de dissipação ainda maiores. O resistor circular e com cinco terminais é um **resistor variável** utilizado como "volume" de um pequeno rádio.

Os resistores são utilizados cotidianamente com duas finalidades distintas: a primeira e mais difundida nos circuitos eletrônicos é a limitação de corrente para o perfeito funcionamento dos demais componentes, tais como transistores e circuitos integrados. A segunda aplicação dos resistores é a produção de calor. São encontrados em chuveiros elétricos e ferros de passar roupas. Observe que todo condutor apresenta certa resistência à passagem de corrente elétrica. Esse fenômeno é conhecido como **efeito Joule**. Esse efeito é "potencializado" nos resistores utilizados em chuveiros e ferros de passar (para que possam gerar calor!) e é minimizado nos resistores utilizados em circuitos, pois a sua função não é gerar calor e sim, limitar a corrente e reduzir a tensão.

"Então, os resistores usados em circuitos não se aquecem?". Eles se aquecem sim, mas o calor deve ser convenientemente dissipado para evitar danos ao componente.

O efeito Joule na prática

Quando a corrente elétrica se estabelece em um condutor, **efeitos térmicos** são gerados. No experimento apresentado a seguir, você pode comprovar esse fato: feche um circuito formado por pilhas e fios utilizando palha de aço, conforme a ilustração. O resultado é o aquecimento dos finíssimos fios da palha de aço, promovendo a sua "queima".

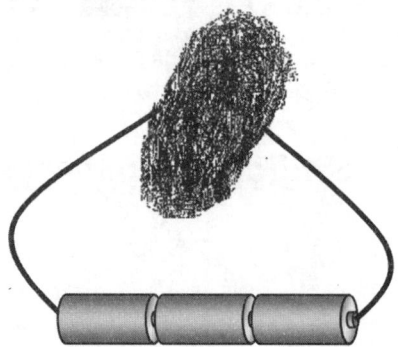

Palha de aço

Figura 2.3. Experimento que demonstra o efeito Joule, ou seja, o aquecimento dos condutores pela passagem de uma corrente elétrica.

Advertência. Esse procedimento **é perigoso** se realizado próximo a materiais combustíveis, podendo, neste caso, ocasionar graves acidentes. Portanto, muito cuidado!

O chuveiro elétrico

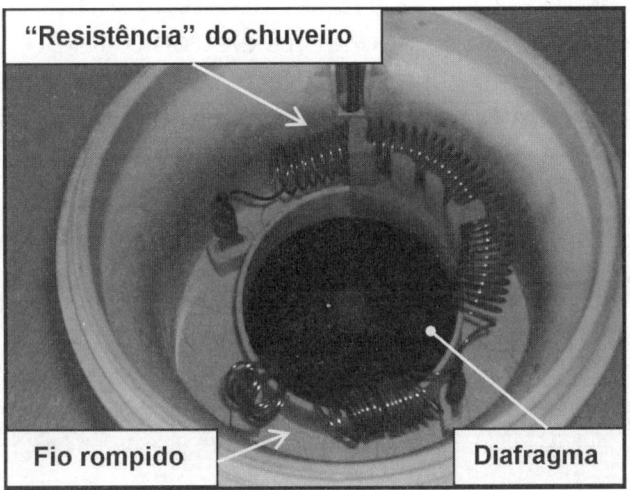

Figura 2.4. A "resistência queimada" é um dos problemas mais recorrentes em chuveiros elétricos, sendo um defeito de fácil solução. Observe que o fio está rompido (parte inferior da figura). Para reparar um chuveiro nessa condição, basta trocar a "resistência", que pode ser facilmente adquirida em supermercados.

O funcionamento de um chuveiro elétrico é explicado pela presença de um resistor dentro de sua carcaça. O **resistor** ("mola" feita com material que se aquece muito quando atravessado por corrente elétrica) é responsável pelo aquecimento da massa de água que atravessa o chuveiro. Esse resistor é popularmente denominado "resistência". A água que entra na câmara de aquecimento (onde fica o resistor) força o diafragma para cima, "fechando" (ligando) o circuito elétrico do chuveiro, ou seja, só passa corrente pelo resistor se houver um determinado volume de água dentro da câmara. Isso é necessário para evitar o aquecimento excessivo do resistor, que pode danificá-lo. O princípio do funcionamento de um chuveiro é o mesmo aplicado na construção de **ferros de passar** e **secadores de cabelo**, com a diferença de que o primeiro aquece uma superfície metálica e o segundo, uma massa de ar, claro.

 **Atenção.** Desligue a chave geral ou o disjuntor antes de realizar os procedimentos de reparo indicados e mantenha o chuveiro na posição de desligado até que a câmara de aquecimento do mesmo esteja repleta de água.

Observe que é muito comum que as pessoas digam resistência como sinônimo de resistor. Parece uma tendência irresistível. Mas é bom lembrar que **resistência** é a propriedade dos materiais quando se opõem à passagem de corrente elétrica, enquanto que **resistor** é o componente especialmente construído com essa finalidade.

Para mostrar mais um exemplo da utilização dos resistores no cotidiano, temos aqui desmontado um ferro de soldar, um dos mais importantes instrumentos de trabalho em reparos e montagens envolvendo componentes eletrônicos. Você deve estar perguntando-se se esse exemplo era mesmo necessário. Não, mas o equipamento já estava desmontado mesmo! Além disso, é útil para você se familiarizar com essa ferramenta.

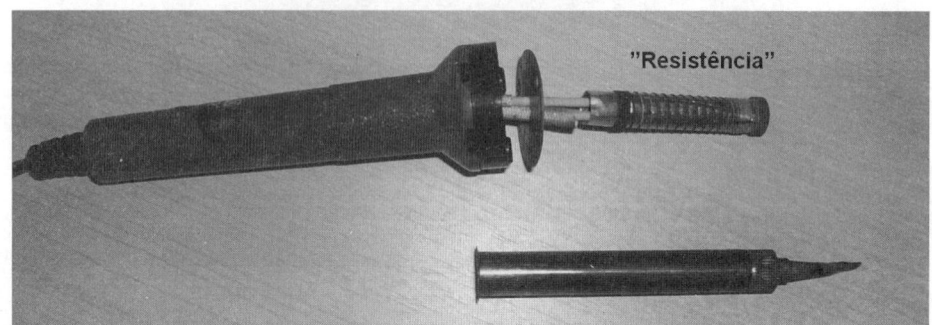

Figura 2.5. O aquecimento de um ferro de soldar também é proporcionado por uma "resistência". O ferro de soldar é uma ferramenta essencial para pequenas montagens e reparos. Um ferro de soldar de 25 Watts de potência dará conta da maior parte dos trabalhos domésticos.

A soldagem na prática

É praticamente impossível realizar reparos em aparelhos eletrônicos sem conhecer a técnica de soldagem de componentes. É muito simples e muito útil. Basta adquirir um ferro de soldar e solda para componentes eletrônicos. Como existem algumas marcas de solda de má qualidade no mercado, fique atento. Se você não tem experiência nessa área, pergunte a um técnico em eletrônica a marca da solda que ele mais utiliza e siga a recomendação (ligas de má qualidade podem comprometer a soldagem).

O processo de soldagem se inicia, claro, com o aquecimento do ferro de soldar. Portanto, aqueça-o (5 minutos são suficientes) e aplique um pouco de solda em sua ponta. Antes de iniciar o processo de soldagem, verifique se os terminais dos componentes, e quaisquer outros pontos que receberão solda, estão limpos e isentos de oxidação. Em todo caso, para garantir uma boa soldagem, raspe levemente com uma lâmina os pontos a serem soldados, removendo possíveis vestígios de oxidação. Encoste, então, a ponta do ferro de soldar nos pontos a serem unidos, aquecendo-os e, logo em seguida, encoste a solda nos pontos aquecidos, para que a mesma se funda (derreta), aderindo firmemente ao conjunto a ser soldado. O ferro de soldar deve permanecer em contato com os terminais o tempo todo, até a fusão - derretimento - da solda. Não mexa nos terminais até que a solda esteja fria. Cuidado com o "fator temperatura": componentes sensíveis, tais como alguns semicondutores, podem ser danificados, durante a operação de soldagem, por exposição excessiva ao calor (soldagens demoradas). Portanto, na operação de soldagem, seja o mais breve possível.

Para a remoção de componentes, basta aquecer os seus terminais simultaneamente e puxá-los aos poucos. Às vezes, no entanto, o componente apresenta muitos terminais, como é o caso dos circuitos integrados. Neste caso, para a sua remoção, utilize um sugador de solda (aqueça o terminal até a fusão da solda e aplique a ponta do sugador nesse ponto). O sugador é um cilindro no qual uma mola força um êmbolo a se mover rapidamente, criando um pequeno vácuo no interior da ferramenta, que suga a solda. O "disparo" é executado por um pequeno botão. E a grande notícia é que o ferro de soldar, sugador e liga para soldar componentes eletrônicos têm um preço muito acessível.

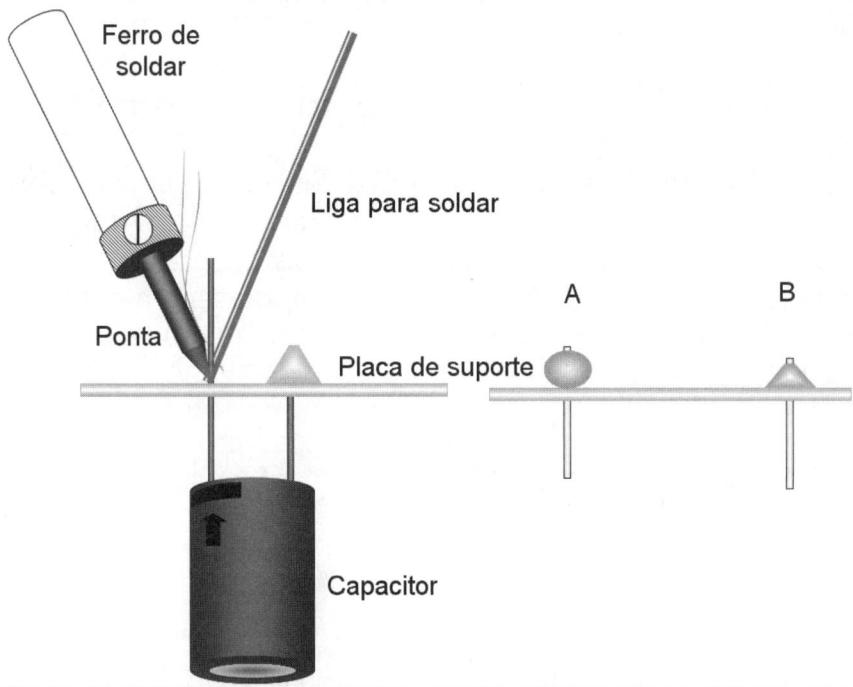

Figura 2.6. A figura da esquerda demonstra como deve ser feita a operação de soldagem. A figura da direita ilustra a aparência de uma soldagem mal executada (A) e uma soldagem de boa qualidade (B).

Identificando resistores

Alguns resistores trazem expresso em seu corpo o seu valor, o que facilita a sua identificação. No entanto, os resistores mais usados na eletrônica são identificados por um engenhoso Código de Cores. O funcionamento do Código é o seguinte: existem 12 cores-padrão, a saber: Prata, Dourado, Preto, Marrom, Vermelho, Laranja, Amarelo, Verde, Azul, Violeta, Cinza e Branco, cada uma representando um valor (**Tabela 2.1**). As faixas dourada e prateada indicam a tolerância do componente, ou seja, o quanto seu valor real (o valor medido) pode variar em relação ao valor indicado em seu corpo. Perceba, então, que o valor que você determina com um ohmímetro (aparelho usado para medir a resistência elétrica) é ligeiramente diferente do valor obtido pela leitura do Código de Cores no corpo do resistor, o que é perfeitamente normal. Para realizar a leitura com o código de cores, proceda assim:

Etapa 01: Determine o valor das duas primeiras faixas do resistor (a leitura deve começar na extremidade mais afastada das faixas de tolerância);

Etapa 02: Efetue a leitura da terceira faixa. Essa faixa representa a "quantidade de zeros" que você acrescenta ao valor determinado na **Etapa 01**. Em outras palavras, a terceira faixa é o fator multiplicativo.

10%	5%	0	1	2	3	4	5	6	7	8	9
		Nenhum	X10	X100	X1000	X10000	X100000	X1000000	$X10^7$	$X10^8$	$X10^9$

Tabela 2.1. Tabela com a relação de cores e valores de conversão para a determinação da resistência elétrica de um resistor.

OBS: Não existindo a faixa de tolerância, essa deve ser considerada como sendo de 20%.

Exemplo: Você tem um resistor com as seguintes cores: marrom, vermelho, laranja e prata. As duas primeiras faixas representam o número 12. O fator multiplicativo é 1000 (laranja). Então, o valor da resistência desse resistor será de 12000 Ohms. A faixa prata indica que esse resistor tem 10% de tolerância, ou seja, medindo o resistor com um ohmímetro, podemos encontrar valores que vão de **10800** (12000 -1200) até **13200 W** (12000 + 1200). Repare que **1200** representa 10% de 12000.

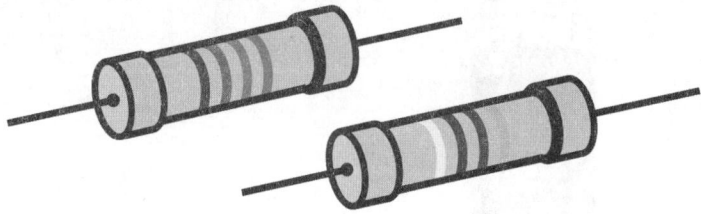

Figura 2.7. O resistor da direita tem 470 ohms de resistência nominal. Use a tabela e a técnica de leitura para identificar suas cores.

Os capacitores: formas e cores

Figura 2.8. Os capacitores cilíndricos (se assemelham a uma pequena pilha) são os denominados capacitores eletrolíticos e têm seus terminais polarizados (a ligação no circuito deve obedecer à polaridade indicada no corpo do capacitor). Os demais capacitores (cerâmicos e de poliéster) podem ser instalados nos circuitos sem essa preocupação.

Nota do Editor: A tabela 2.1 e a Figura 2.7 coloridas estão disponíveis no site da Editora www.lcm.com.br.
Basta clicar em Fontes e Erratas no final da página inicial e buscar pelo título do livro.

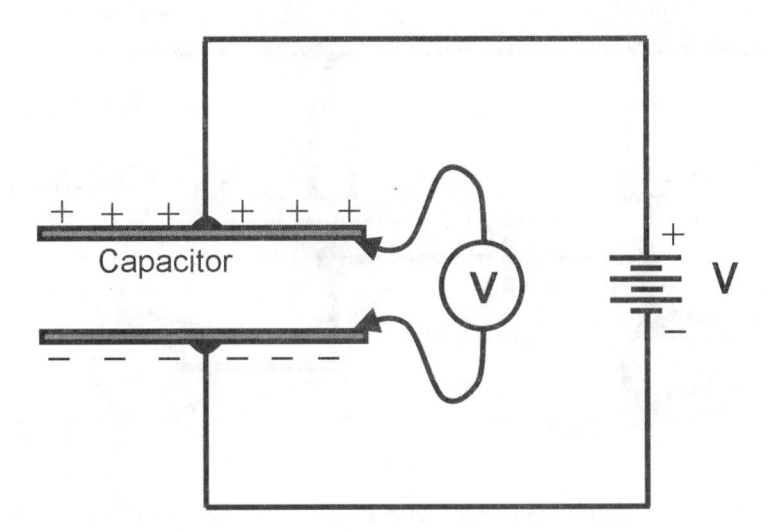

Figura 2.9. Duas placas separadas por um isolante (no caso, o ar) atuam como um capacitor. Repare que as placas não fazem contato entre si. Ligando os terminais de um voltímetro aos terminais do capacitor, teremos uma leitura compatível com o valor da bateria.

Um capacitor é um reservatório de cargas. Sua construção mais simples consiste em duas placas metálicas separadas por um isolante. Na verdade, esse princípio construtivo foi melhorado com arranjos engenhosos das placas e o uso de isolantes cada vez mais sofisticados. A unidade de capacitância adotada é o Farad. No entanto, esse valor é muito elevado para a maioria das aplicações, de modo que utilizamos os seus submúltiplos, cujas relações mostramos na tabela a seguir.

Nanofarad (nF)	Picofarad (pF)	Microfarad (µF)
0,1	100	0,0001
1	1000	0,001
10	10 000	0,01
100	100 000	0,1
1000	1000 000	1
10 000	10 000 000	10
100 000	100 000 000	100

Tabela 2.2. Relação entre Picofarad (10^{-12} F), Nanofarad (10^{-9} F) e Microfarad (10^{-6} F).

Os capacitores são usados em circuitos de sintonia e como elemento de acoplamento de sinais entre as etapas de um circuito. **O capacitor permite somente a passagem de sinais alternados, representando o circuito aberto para a tensão e a corrente contínuas.** São usados, ainda, como filtro de tensão em circuitos retificadores (tornam os pulsos da saída de um retificador mais suaves), entre outras aplicações.

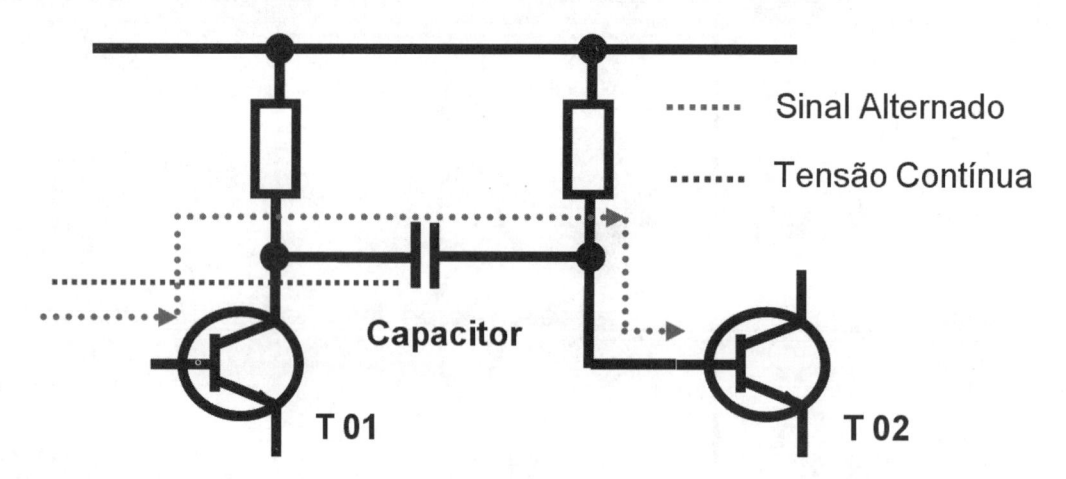

Figura 2.10. T 01 e **T 02** representam dois transistores (serão abordados oportunamente). O sinal alternado passa de **T 01** para **T 02** através do capacitor. A tensão contínua, no entanto, é "barrada". O fenômeno descrito tem aplicações práticas na transferência de sinais entre as etapas dos circuitos amplificadores, por exemplo.

Identificando capacitores

A identificação dos capacitores não é tão simples quanto a identificação dos resistores, mas oferecemos algumas dicas:
- Para os capacitores eletrolíticos, a leitura, em geral, é fácil e vem expressa, em seu corpo, em "µF".

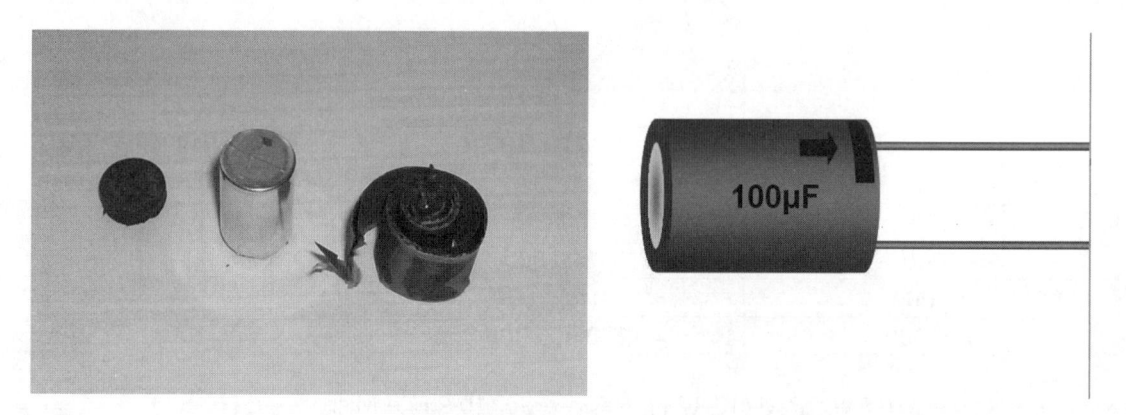

Figura 2.11. Um capacitor eletrolítico típico, com valor de 100 µF. Repare que o terminal negativo está indicado. Os capacitores eletrolíticos têm polaridade que, se não observada durante a montagem, pode ocasionar danos ao componente. Repare no lado esquerdo da figura: um capacitor eletrolítico desmontado, revelando que sua estrutura interna é constituída por um conjunto de placas e isolantes enrolados uns sobre os outros, formando uma espiral.

- Para os capacitores cerâmicos, é comum que a vírgula, presente nos números decimais, seja substituída pelo multiplicativo referente a cada unidade. Por exemplo, 3n3 seria 3,3 nF e 2p7 seria 2,7pF. É comum, ainda, que representações do tipo 100p, representando 100 pF, sejam vistas em alguns capacitores. A letra "K" também pode aparecer algumas vezes e indica que o valor (em picofarads) deve ser multiplicado por mil. Assim, 3,3 KpF significa uma capacitância de 3300 pF. Às vezes, o próprio "K" substitui a vírgula, de modo que as representações do tipo 3K3 (33 000pF) possam ser encontradas. Outra forma de representação é 101 ou 102, por exemplo. O que significa? Os dois primeiros algarismos são significativos e o **terceiro é multiplicativo.** Um "macete" é acrescentar um número de zeros igual ao terceiro organismo após o 10. Os exemplos significam 100 pF (10 e um zero) e 1000 pF (10 e dois zeros), respectivamente.

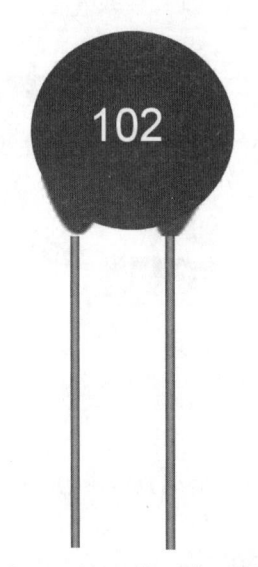

Figura 2.12. Um capacitor de cerâmica típico, com valor de 1000 pF.

- Para os capacitores de poliéster, é possível que você encontre faixas coloridas. A leitura segue o mesmo padrão das faixas coloridas dos resistores e o primeiro algarismo corresponde à faixa mais distante dos terminais do componente. Os valores devem ser expressos em pF.

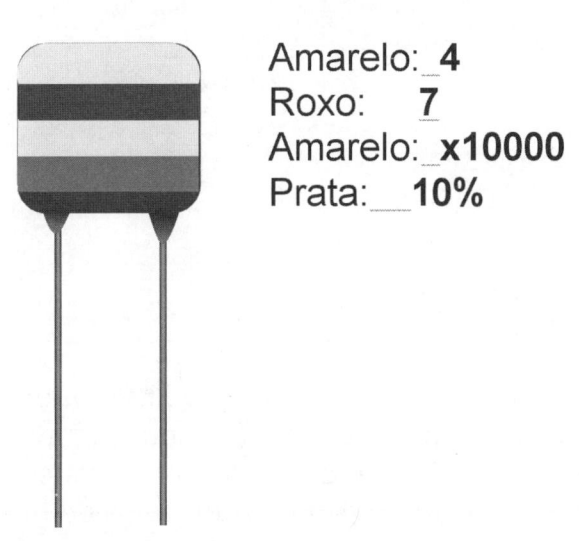

Amarelo: 4
Roxo: 7
Amarelo: x10000
Prata: 10%

Figura 2.13. Um capacitor de poliéster típico, com valor de 470 000 pF.

Mesmo com essas dicas, é possível que você se depare com alguma combinação alfanumérica inusitada.

Experimentos com capacitores

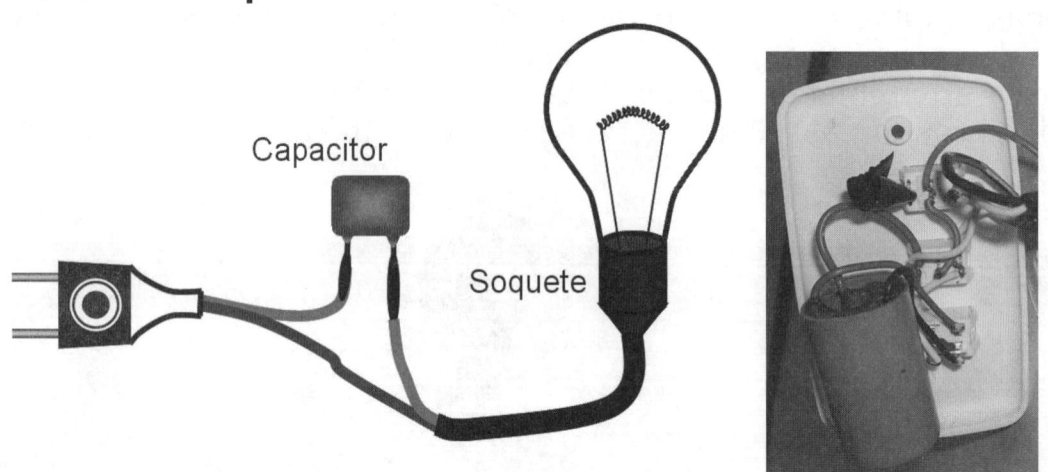

Figura 2.14. A figura representa a ligação do capacitor em série com a lâmpada. Do lado direito, uma situação real: capacitor conjugado (dois em um) utilizado para controlar a velocidade de um ventilador de teto.

Você precisará de um capacitor de 470 nF de poliéster com tensão de trabalho de 250 volts e uma lâmpada incandescente comum. Ligue o capacitor em série com a lâmpada (conforme a Figura 2.14) e perceba que a lâmpada reduz o seu brilho em relação a uma lâmpada acionada em um circuito sem o capacitor. Quando aplicamos a um capacitor um sinal alternado, o componente manifesta oposição à passagem do referido sinal, sendo essa propriedade denominada **reatância capacitiva**. A reatância capacitiva tem como unidade o **Ohm** e a sua fórmula é a seguinte:

$$X_c = \frac{1}{2 \pi f C}$$

Xc: Reatância capacitiva, em Ω (Ohms);
p = 3,1415926...
f : Frequência, em Hz (Hertz);
C: Capacitância em Farad.

Observe o seguinte: Quanto maior o produto $2\pi fC$, menor será X_c ou, em outras palavras, quanto maior a frequência do sinal (f) e\ou quanto maior a capacitância do capacitor (C), menor será Xc, ou seja, menor será a resistência à passagem do sinal alternado. Então, podemos dizer que os sinais alternados de grande frequência passam mais facilmente por um capacitor do que os sinais de frequência menor. Observe os alto-falantes de um carro. Nesses, você encontra vários capacitores. Qual é a sua função? Eles só permitem a passagem de determinadas frequências para os alto-falantes, que são específicos para reproduzir sons graves (frequência baixa), médios (frequência média) e agudos (frequência alta). Essa é uma importante aplicação da reatância capacitiva, ou seja, a separação de sinais em função de sua frequência.

As bobinas (Indutores): correntes e espiras

Figura 2.15. As bobinas são apenas fios condutores enrolados em torno de um núcleo de material ferroso, que reforça as linhas magnéticas produzidas pela bobina. Esses componentes podem ser formados, simplesmente, por espiras paralelas, cujo "núcleo" é o próprio ar.

Os fios percorridos pela corrente elétrica geram um campo magnético ao seu redor. Uma forma de intensificar esse campo, sem a necessidade de aumentar a corrente elétrica, é conferir ao fio o formato de um "carretel", enrolando o condutor em voltas (espiras ou enrolamentos) paralelas. A geometria das espiras e a sua quantidade definem a intensidade do campo magnético formado. Ao contrário dos capacitores, as bobinas representam baixa resistência à passagem de corrente contínua e podem ser empregadas para "barrar" sinais alternados. Encontram aplicação, assim como os capacitores, nos circuitos de sintonia.

As bobinas, assim como os capacitores, também apresentam resistência à passagem de sinais alternados. Essa resistência é chamada de reatância indutiva (a bobina também é conhecida como indutor). A reatância indutiva tem como unidade o **Ohm** e sua fórmula é a seguinte:

$$X_L = 2\pi f L$$

X ^{L} : Reatância indutiva, em **Ohms**;
p = 3,1415926...
f: Frequência, em **Hz**;
L: Indutância, em Henry.

Observe que quanto maior a frequência do sinal que atravessa a bobina e quanto maior o valor da indutância desta última, maior será a reatância indutiva. Em outras palavras, maior será a resistência da bobina à passagem do sinal alternado.

E por falar em bobinas...

Outro assunto relacionado à ação das bobinas são os eletroímãs, que nada mais são do que fios enrolados em núcleos metálicos, cuja ação possibilita a atração de substâncias ferrosas. Os relés são muito utilizados, atualmente, em circuitos de acionamento de máquinas e equipamentos, e são descendentes dos primeiros eletroímãs construídos por volta de 1820.

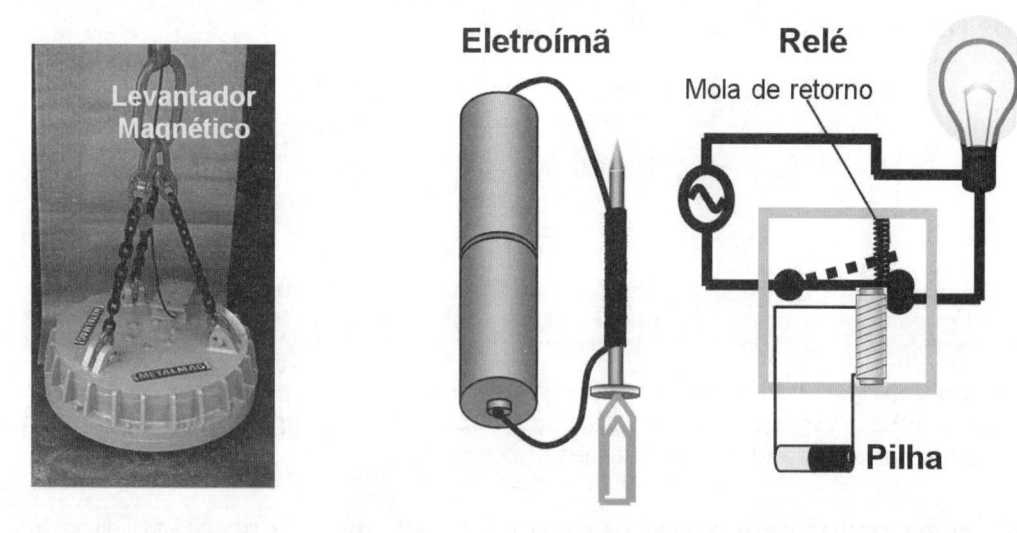

Figura 2.16. O princípio do eletroímã pode ser demonstrado com um experimento simples: algumas "voltas" de fio condutor em torno de um prego (o fio deve estar encapado) é capaz de sustentar um clipe. O levantador magnético, por sua vez, ergue objetos que podem atingir a casa das toneladas. O esquema de um relé, outra aplicação do eletroímã, revela que o componente é capaz de controlar circuitos de grande potência a partir de pequenas correntes.

O eletroímã caseiro mostrado acima tem o seu princípio de funcionamento utilizado em relés. Na verdade, a maior parte dos equipamentos e componentes é uma concepção **prática** elaborada de uma **teoria** simples. Você poderia construir, em casa, bobinas, transformadores, motores elétricos, relés ou alto-falantes com pedaços de metal e fios. Então, por que os adquire no comércio especializado? Porque a indústria produz todos esses componentes com menor custo e com máxima agilidade, tornando-os mais robustos mecanicamente, compatíveis com os circuitos elétricos em toda a sua faixa de operação e muito mais duráveis em relação aos resultados que você obteria numa oficina caseira.

Transformadores

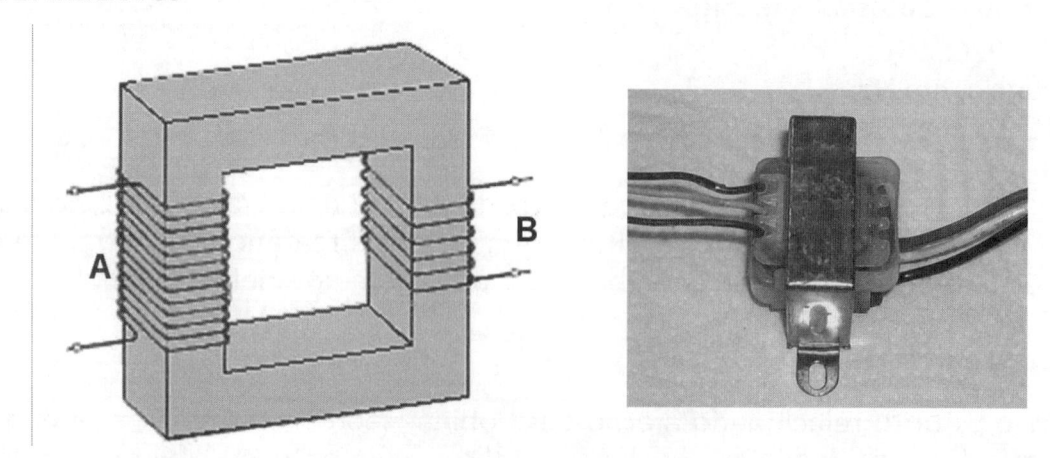

Figura 2.17 Representação de um modelo de transformador. Observe que o número de espiras é diferente para os lados **A** e **B**. A relação de espiras se manifesta também na relação da tensão, ou seja, de **A**

para **B,** a tensão diminui porque o número de espirais também diminui. É assim que um transformador funciona. Do lado direito da figura, aspecto de um transformador típico utilizado em aparelhos eletrodomésticos.

A indução de força eletromotriz (capaz de gerar corrente elétrica) nos condutores submetidos a campos magnéticos variáveis é um fenômeno conhecido desde a primeira metade do século XIX, sendo esse o princípio de funcionamento dos transformadores. O fenômeno pode ser mais bem explicado: Quando um condutor (um pedaço de fio) é submetido a um campo magnético variável (aproximar e afastar um ímã do condutor, por exemplo), aparece uma força eletromotriz (força capaz de gerar corrente elétrica) no condutor. Em um transformador, a variação do campo magnético é obtida pela variação da própria corrente. Uma outra propriedade muito útil desse componente consiste na sua capacidade de elevar e abaixar tensões alternadas, compatibilizando-as com os usos domésticos. Encontramos transformadores em algumas aplicações cotidianas, além de sua clássica função de abaixar tensões. Na televisão, por exemplo, um transformador especial conhecido comumente como *fly-back* é usado na etapa de alta de tensão do circuito. Além disso, o transformador pode ser encontrado nas etapas de áudio dos equipamentos de som, possibilitando que haja compatibilidade entre a saída do amplificador e a entrada do alto-falante. Quando essa compatibilidade existe, dizemos que ocorre o casamento entre as etapas.

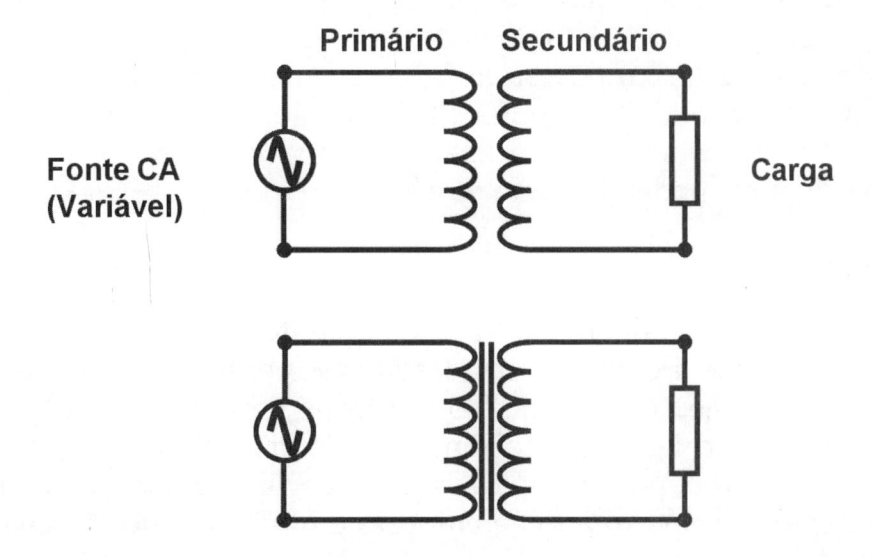

Figura 2.18. Representação gráfica dos transformadores, sendo o inferior munido de núcleo metálico.

Repare que o primário e o secundário de um transformador não possuem ligação elétrica entre si. A fonte de tensão variável ligada ao primário do transformador transfere energia para o secundário, que possui uma carga nos seus terminais. Essa carga pode ser, por exemplo, a etapa a ser alimentada num equipamento qualquer. O sinal de saída mantém uma relação constante com o sinal de entrada, que depende da relação do número de espiras do primário e do secundário. As duas barrinhas paralelas indicam que o núcleo do transformador é constituído por materiais que reforçam as linhas do campo magnético produzidas pelo mesmo.

Um transformador reduz a tensão de 120 volts no primário para 12 volts no secundário. Qual é a relação do número de espiras entre o primário e o secundário? A relação do número de espiras entre o primário e o secundário é igual à relação de tensão que "entra" no primário e "sai" do secundário (120/12), ou seja, 10. Se o primário apresentasse 200 espiras, quantas espiras encontraríamos no secundário? Bom, como vimos, a relação é 10. Logo, encontraríamos 20 espiras no secundário (200/20).

Transformador ou gerador de energia?

Algumas pessoas se confundem quando o assunto é transformador. Quando se fala em aumento de tensão, o que logo nos vem à mente? "Se aumentou a tensão, aumentou a potência disponível e a energia também". Nada disso. Não podemos criar energia, apenas convertê-la de uma modalidade em outra. Se fosse assim, o nome do componente seria "potencializador" ou "energizador" e não transformador. Para que fique bem claro, basta saber que o valor numérico da potência elétrica (P) é o produto dos valores de tensão (V) e corrente (I) de um circuito (P= VI). Quando aumentamos a tensão com um transformador, a corrente disponível diminui, de modo que a potência desenvolvida no primário e no secundário seja a mesma. Se diminuirmos a tensão com um transformador, a corrente aumentará de maneira que a potência desenvolvida seja a mesma no primário e no secundário. "Espere um pouco. Você disse que a potência se conserva constante. E a energia?". Dizer que a potência se conserva é uma maneira indireta de afirmar o mesmo acerca da energia, pois potência é a capacidade que um sistema elétrico (ou mecânico) possui de fornecer energia em um dado intervalo de tempo, ou seja, numericamente, a potência é a razão (divisão) entre o montante de energia pelo tempo em que ela é empregada. Observe que a energia não se cria, apenas se converte de uma modalidade em outra.

O alto-falante

O princípio de funcionamento desse componente é muito simples, ainda que a sua concepção prática seja bastante elaborada. Na teoria, um alto-falante é só uma bobina, um ímã permanente e um diafragma (cone de papelão). A bobina envolve, sem contato mecânico, o ímã. Sem corrente circulando pela bobina, nada acontece. Quando ligamos um rádio, por exemplo, os circuitos de áudio injetam um **sinal variável** (correspondente ao som captado na emissora e transformado em sinal elétrico) **na bobina do alto-falante** e isso cria um campo magnético variável, que acompanha as oscilações do sinal de áudio. Esse campo magnético variável criado na bobina passa a interagir com o campo magnético permanente do ímã. O resultado dessa interação de campos magnéticos é a manifestação de vibrações da bobina, transmitidos ao cone de papelão por um suporte conhecido como aranha (a aranha é uma membrana em forma de disco e mantém a bobina móvel na posição correta). As vibrações produzidas são a tradução mecânica dos sinais elétricos que atravessam a bobina, isto é, a conversão de eletricidade em som. **O processo inverso** é realizado pelos microfones, seguindo os mesmos princípios explicados anteriormente, com uma diferença: agora é o som (energia mecânica) que será convertido em sinais elétricos.

Construindo um alto-falante

O experimento a seguir demonstra que por mais complexos aparentemente sejam os instrumentos ou os aparelhos, eles são, na verdade, a aplicação prática dos princípios básicos conhecidos pelo homem há muito tempo. Um alto-falante, por exemplo, é muito mais simples (depois que o decompomos em suas partes integrantes) do que você pode imaginar. A propósito, montar um alto-falante com materiais encontrados em casa será nossa primeira tarefa para aprendermos juntos que a tecnologia não é tão complicada quanto parece.

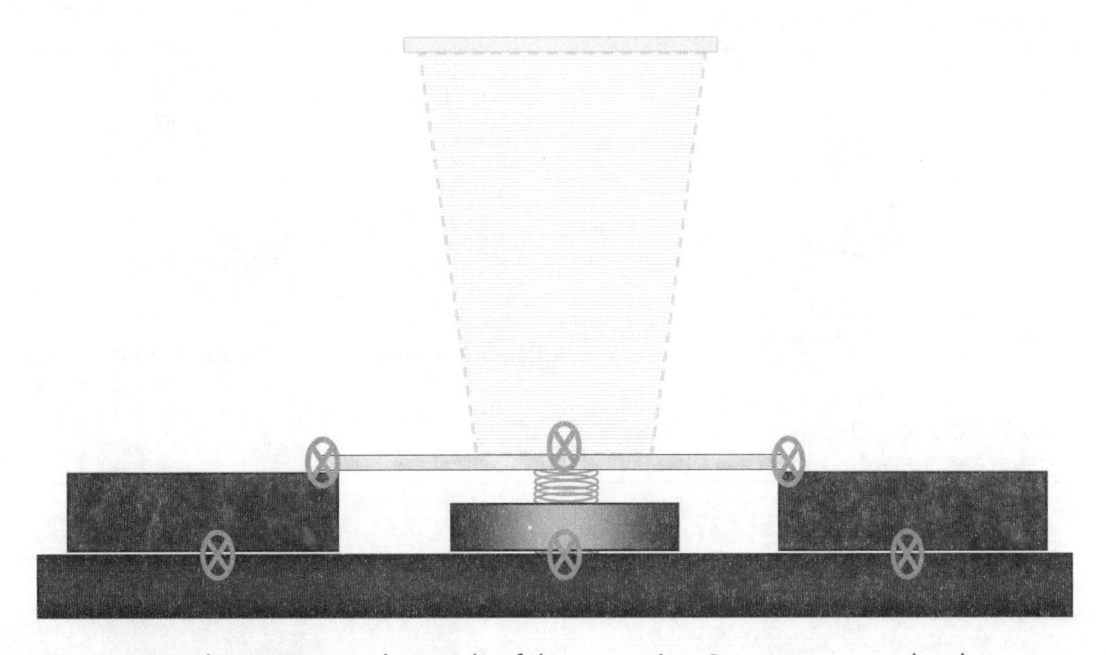

Figura 2.19. Esquema da montagem de um alto-falante caseiro. Os pontos marcados devem ser colados.

Materiais para o experimento

Para a realização do experimento, você vai providenciar um pedaço de papel-cartão ou cartolina; um ímã (de um alto-falante pequeno); 2 (dois) metros de fio esmaltado fino (em motores de brinquedo ou pequenos transformadores, você encontra esse tipo de fio; desenrole-o cuidadosamente para não o partir); uma capa de papelão de CD (ou material com flexibilidade compatível); um caderno de capa dura; duas caixas de fósforo e cola (preferimos o uso de cola de secagem rápida) e um copo descartável. Siga as instruções dos quadros abaixo.

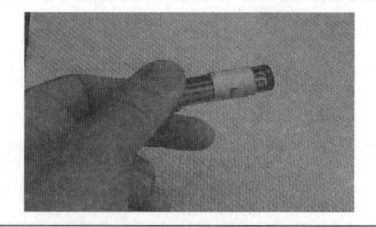 Passo 1: Utilize uma pilha como molde para fabricar um pequeno cilindro de papel-cartão. A pilha não faz parte do experimento. Serve apenas como molde	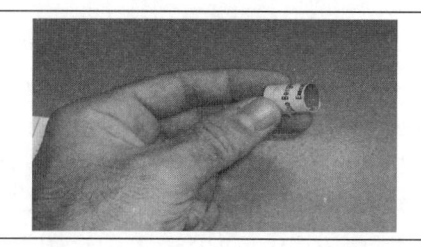 Passo 2: Cilindro de papel-cartão
 Passo 3: Repare que o pequeno cilindro deve ter diâmetro pouco menor que o ímã a ser utilizado no experimento. Se o ímã utilizado for cilíndrico, o papel-cartão deverá envolvê-lo, mas sem contato.	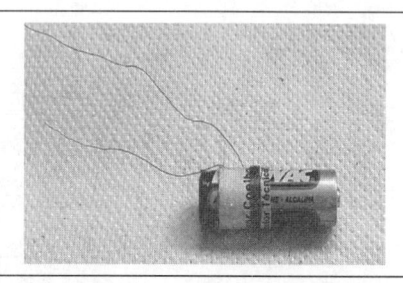 Passo 4: Enrole fio esmaltado fino em volta do cilindro de papelão (30 a 40 voltas). A pilha oferece um bom suporte para essa tarefa.
 Passo 5: Com adesivo de secagem rápida, cole o fio enrolado no cilindro de papel. Os pedaços de fio mostrados aqui (terminais) devem ser desencapados (utilize uma lixa para esse fim).	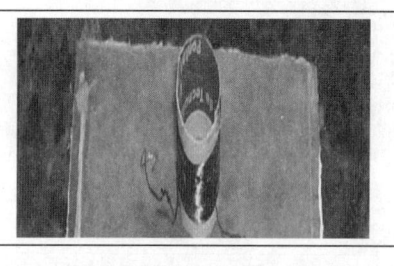 Passo 6: Cole o conjunto (cilindro + bobina) em um retângulo de papel-cartão (um pedaço de embalagem de CD serve bem para esse fim).
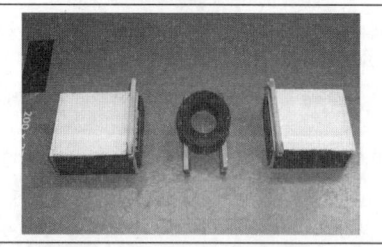 Passo 7: Faça o arranjo mostrado na figura acima, utilizando caixas de fósforo e palitos. Utilize um caderno de capa dura como suporte.	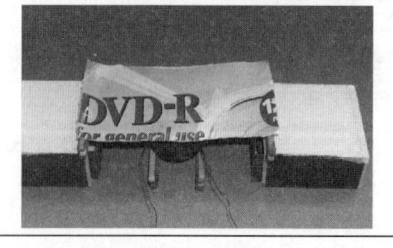 Passo 8: Cole as laterais do retângulo nas bordas da caixa de fósforos, de modo que a bobina fique centralizada no ímã.

 Passo 9: Cole um copo descartável sobre a estrutura anteriormente montada	 Passo 10: Ligue aos terminais desencapados da bobina dois fios suficientemente longos para serem ligados à saída de um aparelho de som.

Tabela 2.3. Fabricação de um alto-falante.

Conectando os terminais desencapados à saída de um aparelho de som, você poderá ouvir a reprodução perfeita de música ou de voz que provém do aparelho como sinal de áudio.

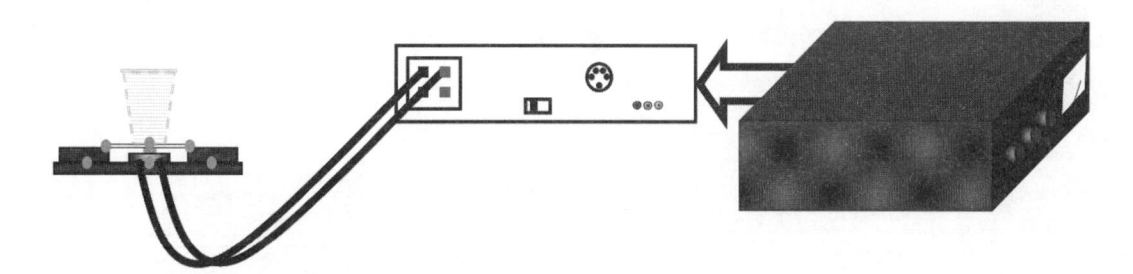

Figura 2.20. Conexão do alto-falante ao aparelho de som.

3. A silenciosa revolução dos semicondutores

O que você vai aprender neste capítulo?

Você compreenderá a importância das válvulas no desenvolvimento da eletrônica e descobrirá que tudo começou como uma curiosidade de laboratório. Conhecerá os componentes baseados na tecnologia dos semicondutores (diodos, transistores, circuitos integrados etc.) e como estão presentes em nosso cotidiano.

"A lâmpada mágica"

A lâmpada que conhecemos hoje nasceu numa época (final do século XIX) em que a luz artificial usada pelo homem era proveniente de velas, lampiões de querosene e gás, sendo que nenhum deles proporcionava boa iluminação. Datam desse período os primeiros experimentos com luzes de arco voltaico: a luz era produzida fazendo saltar uma faísca entre dois bastões de carvão percorridos por corrente elétrica (a lâmpada de arco voltaico é atribuída a *sir Humpry Davi*).

Óleo sobre tela, 82 x 114 cm. Amsterdã, Rijksmuseum Vicent van Gogh.

Figura 3.1. Fragmento da obra "Os comedores de batata" foi produzida em 1885 por Vincent Van Gogh. A forma de iluminação do ambiente era rudimentar e consistia de uma lamparina suspensa emitindo uma luz baça. O artista representou uma tecnologia de iluminação que vigorou até aquele momento em muitos lares e logradouros públicos, e que seria gradualmente substituída pela lâmpada elétrica, descoberta pouco tempo antes da criação dessa obra, mas só difundida muito tempo depois entre os cidadãos comuns.

Eis, então, que brilha o gênio de *Thomas Alva Edison*, já então uma celebridade por suas inúmeras invenções, sobretudo na área de tecnologia do som. *Edison* inventara o precursor do que conhecemos hoje como toca-discos. O **Mago de Menlo Park**, como era conhecido, usou em seu experimento filamentos de algodão carbonizado atravessados por correntes elétricas que causavam o seu aquecimento até o ponto de emissão de luz. Os tais filamentos eram protegidos por um pequeno globo de vidro. Removendo-se quase todo o ar do globo, o filamento ficaria em contato com uma quantidade mínima de oxigênio: a ausência de ar era fundamental para que o carvão não reagisse com o oxigênio atmosférico e se queimasse em minutos, quando aquecido. Ou seja, em contato com uma mínima quantidade de ar no interior do globo, o filamento de carvão persistiria intacto e assim também, a luz que dele emanava. A luz era o resultado da passagem de corrente elétrica pelos filamentos. Bom, era isso que *Edison* imaginava que ocorreria. E foi isto que aconteceu: a lâmpada ou lampião elétrico, como se dizia na época, era a concepção de uma revolução tecnológica: o fogo havia sido redescoberto! Era o ano de 1879. O local, o laboratório de *Thomas Edison*, em Nova *Jersey*. E imaginar que o inventor da lâmpada pensou em usar o tungstênio (**W**) empregado nas lâmpadas modernas. No entanto, sem a tecnologia adequada, não pôde efetivar essa profecia tecnológica. Uma observação cabe aqui: as contribuições de outros estudiosos, tais como *Joseph Swan*, também foram significativas para o desenvolvimento da lâmpada elétrica. No entanto, essa invenção sempre estará associada ao nome de *T.A. Edison*.

"Faça-se a luz"

Figura 3.2. As lâmpadas desenvolvidas por *Thomas Edison* lembram as modernas lâmpadas incandescentes e o seu princípio de funcionamento é o mesmo.

O inventor norte-americano nos deixou outro fabuloso legado. Numa de suas experiências, resolveu colocar uma placa metálica dentro do bulbo de uma lâmpada, sem fazer contato com o filamento. Alimentou convenientemente o filamento e a placa (esta última foi ligada ao polo positivo da bateria) e percebeu que havia passagem de corrente entre os eletrodos (placa e filamento). Esse fenômeno ficou conhecido como "Efeito Edison", sendo o mesmo explicado pela excitação do material do filamento aquecido, que emite elétrons. Esses elétrons formam uma verdadeira "nuvem" em torno do filamento. Essa nuvem é atraída pela placa, com potencial positivo, formando, assim, uma corrente elétrica. Como muitas descobertas científicas e tecnológicas, esse fenômeno não obteve aplicação prática imediata. A partir daí, cientistas ingleses e alemães começaram a pesquisá-lo para detectar os sinais de transmissores telegráficos.

O "efeito gênio da lâmpada"

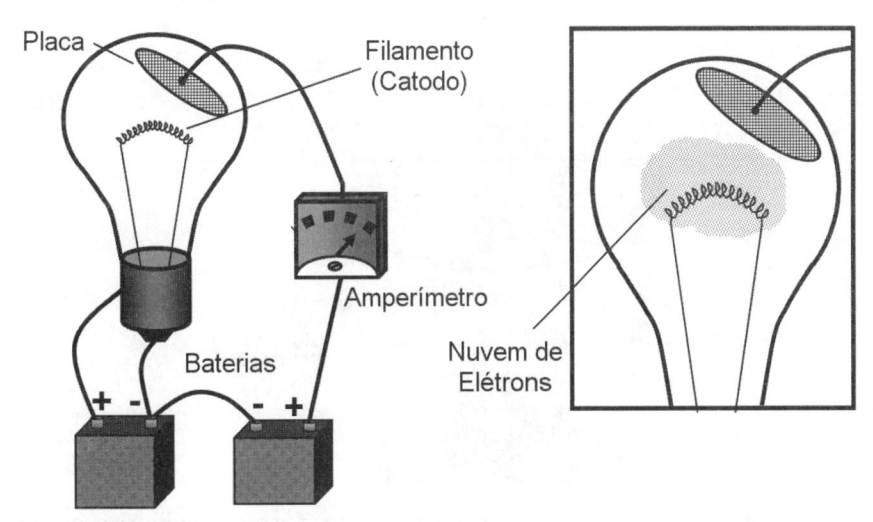

Figura 3.3. O amperímetro indicará a passagem de corrente, mesmo que não haja ligação física entre a placa e o filamento, como ocorre neste caso. Na figura da direita, a representação da "nuvem de elétrons" que se forma em torno do filamento e que é atraída pela placa positivamente carregada (para atrair as cargas negativas, ou seja, os elétrons, a placa deve estar positivamente carregada: os opostos se atraem). Nos meios técnicos, a "nuvem de elétrons" é conhecida como **carga espacial**.

Portanto, estava aberto o caminho para a tecnologia de construção das válvulas eletrônicas. O diodo (válvula de dois eletrodos) foi a primeira conquista desta longa jornada. *John A. Fleming* aperfeiçoou a placa dos diodos, dando-lhe formato cilíndrico e envolvendo o catodo. Era o ano de 1904.

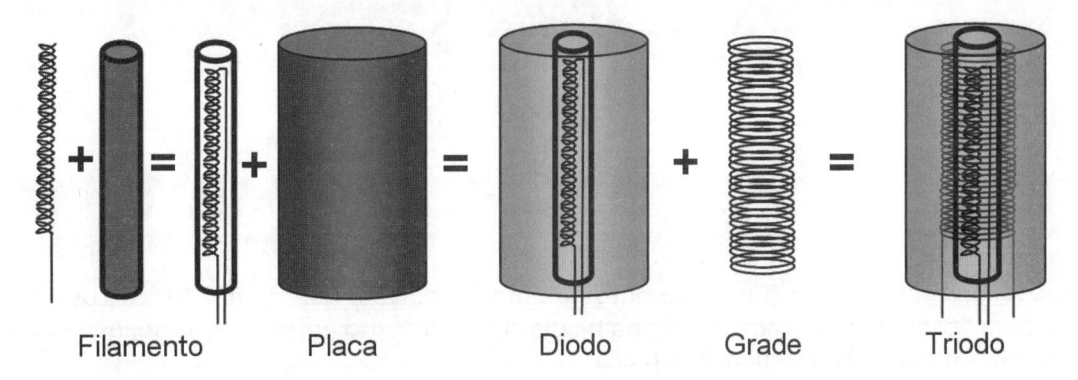

Figura 3.4. Com o catodo revestido pela placa, a eficiência da captação de elétrons da "nuvem eletrônica" aumentou. Nas válvulas de diodo de aquecimento indireto, o filamento é envolvido por um tubinho metálico, que exerce efetivamente a função de catodo, atuando o filamento meramente como elemento aquecedor. A grade introduzida entre o filamento e a placa criou um novo dispositivo: o triodo. A proximidade entre a grade e o filamento é o grande segredo do triodo, como você verá mais adiante.

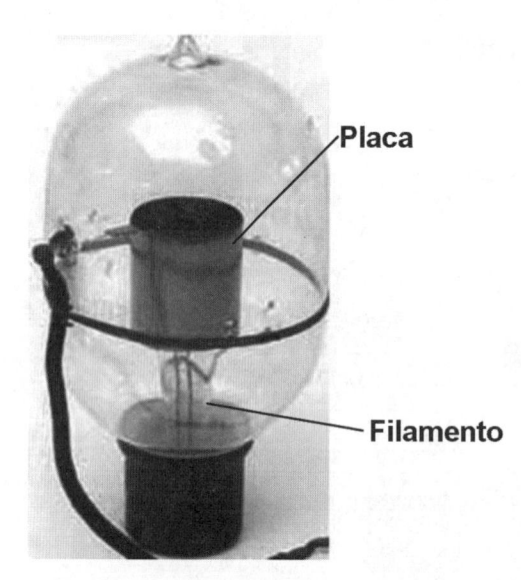

Figura 3.5. Um **diodo** "primitivo", mostrando a sua placa em forma de cilindro em volta do filamento (catodo). O **triodo** possui um eletrodo extra: **a grade**.

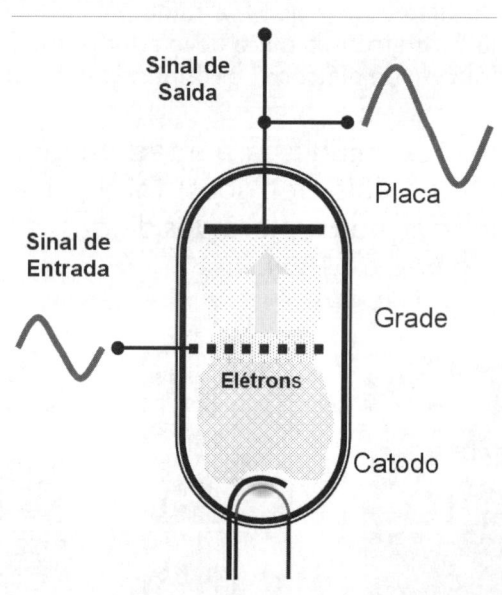

Figura 3.6. A representação do funcionamento de um **triodo**. Note que o sinal "fraco" que entra pela grade cria uma "cópia" amplificada, recolhida na placa. O filamento aquece o catodo, que emite os elétrons, que passam pela grade e chegam à placa.

Um pesquisador, o inventor *Lee de Forest*, introduziu um terceiro elemento entre o binômio catodo - placa, criando, assim, uma nova válvula, patenteada em 1907. O terceiro eletrodo ficou conhecido como grade, em razão de sua forma. Nascia o triodo (três eletrodos). Foi um nascimento histórico: o triodo era capaz de controlar o fluxo eletrônico entre a placa e o filamento (catodo) por meio da variação do potencial elétrico da grade. Em outras palavras, modificando a tensão da grade (a grade ficando mais ou menos negativa), afetava-se o fluxo de elétrons entre o catodo e a placa. Note que a grade **(Figura 3.4)** está muito próxima do filamento (catodo), sendo o seu efeito sobre os elétrons muito maior que o efeito exercido pela placa. Ou seja, uma pequena variação na tensão da grade (a grade ficando mais ou menos negativa) afetará enormemente a quantidade de elétrons que chegam à placa. Em outras palavras, as pequenas variações de tensão da grade afetarão a intensidade de corrente da placa de modo mais que proporcional. Traduzindo... amplificação. Com o triodo, foi possível converter um sinal fraco num sinal forte. Com os triodos, nascem as bases da moderna Ciência Eletrônica, pois, a partir do surgimento desse componente, tornou-se possível desenvolver os mais variados circuitos. Desde então, novos elementos (eletrodos) foram sendo adaptados ao triodo original, tornando-o mais complexo e funcional. Tetrodos (quatro eletrodos) e pentodos (cinco eletrodos) foram a consequência natural da evolução das válvulas eletrônicas. Apesar das melhorias posteriores em termos de materiais empregados para a sua construção, estrutura, número de eletrodos e blindagens, as válvulas funcionavam segundo o mesmo princípio. Hoje, as válvulas têm empregos muito restritos, sendo amplamente substituídas pelos semicondutores.

Figura 3.7. As válvulas modernas, com as suas placas e emaranhados de fios envoltos por uma ampola de vidro, são inconfundíveis e conferem aos circuitos uma aparência interessante. Note a delicadeza das ligações e a complexidade da estrutura. Mesmo com os processos industriais de produção específicos de hoje, uma válvula não poderia competir com os transistores em termos de preço e portabilidade. Se você for um aficionado por equipamentos antigos, acesse alguns dos **sites** disponibilizados abaixo e divirta-se!

- www.bn.com.br/radios-antigos
- www.altanatubes.com
- www.tubeamps.com.br

"Um pequeno passo... Um grande salto"

As válvulas eletrônicas proporcionaram avanços significativos na comunicação à distância, no entretenimento e até esboçaram os primeiros traços da informática como a conhecemos atualmente. No entanto, as válvulas apresentavam alguns inconvenientes: eram mecanicamente frágeis, volumosas e demandavam muita energia para o seu funcionamento. A necessidade, mãe das invenções, instigou mais uma vez a mente humana. Foram criados, então, dispositivos que conseguiam reunir portabilidade, otimização energética e robustez mecânica: eram os **dispositivos semicondutores** que representaram um grande impulso tecnológico para a humanidade.

Figura 3.8. O primeiro transistor funcional tinha aproximadamente 10 cm de altura, nada comparado ao padrão microscópio encontrado hoje nos microprocessadores, que reúnem milhões de transistores. Um microprocessador Pentium, por exemplo, abriga 3.000.000 de transistores. O princípio do funcionamento é o mesmo, porém a mudança de escala é revolucionária.

"A grande família"

As três maiores conquistas da humanidade são a nosso ver: o fogo, a linguagem e a tecnologia dos semicondutores. O alcance desta ainda está sendo compreendido. O fato é que os semicondutores estão em toda parte. Acesse um **site** de venda de componentes eletrônicos e pesquise a palavra **transistor** - a lista é quase interminável. Constate a grande diversidade desses componentes; os transistores são apenas um entre os múltiplos tipos de componentes semicondutores utilizados atualmente para os mais diversos fins.

Como os semicondutores são aplicados na prática?

Os primeiros trabalhos envolvendo a recepção de rádio foram realizados com semicondutores em estado bruto. O processo pode ser reproduzido ainda nos dias atuais com uma simples montagem, utilizando cristais de galena (sulfato de chumbo) e carborundo (carboneto de silício), que tiveram muita utilidade como detectores de sinais de rádio no passado. No entanto, a ampla disponibilidade atual de tecnologias mais práticas e eficientes (os diodos semicondutores são um exemplo) "cristalizou" os antigos rádios de galena nas páginas da história. Hoje, componentes, tais como os diodos, os transistores e os circuitos integrados, estão difundidos nos mais diversos tipos de atividades, encontrando aplicação nas telecomunicações, em processos de automatização na indústria, na eletrônica embarcada (de veículos) e na microinformática.

Afinal, o que são semicondutores?

Materiais **semicondutores** são elementos que possuem uma propriedade elétrica interessante: conduzem corrente elétrica melhor que os materiais isolantes, tais como a **borracha** e a **cerâmica**, e são piores condutores que os metais, como, por exemplo, o **cobre**.

Um semicondutor largamente adotado na indústria é o **silício**. No entanto, o silício encontrado na natureza não é adequado para a confecção de transistores e diodos. É preciso misturá-lo com outros elementos para que o mesmo adquira as propriedades elétricas desejáveis para a fabricação de dispositivos práticos. Aí, existem dois caminhos a seguir: adicionar elementos que confiram elétrons em excesso, formando blocos construtivos que denominaremos de **tipo N**, ou acrescentar elementos que deixem o material com deficiência de elétrons, formando blocos construtivos do **tipo P**. Com as técnicas adequadas de união entre ambos os tipos de blocos, forma-se um componente com propriedades interessantes: o diodo, usado em retificação e detecção de sinais, conforme você verá a seguir.

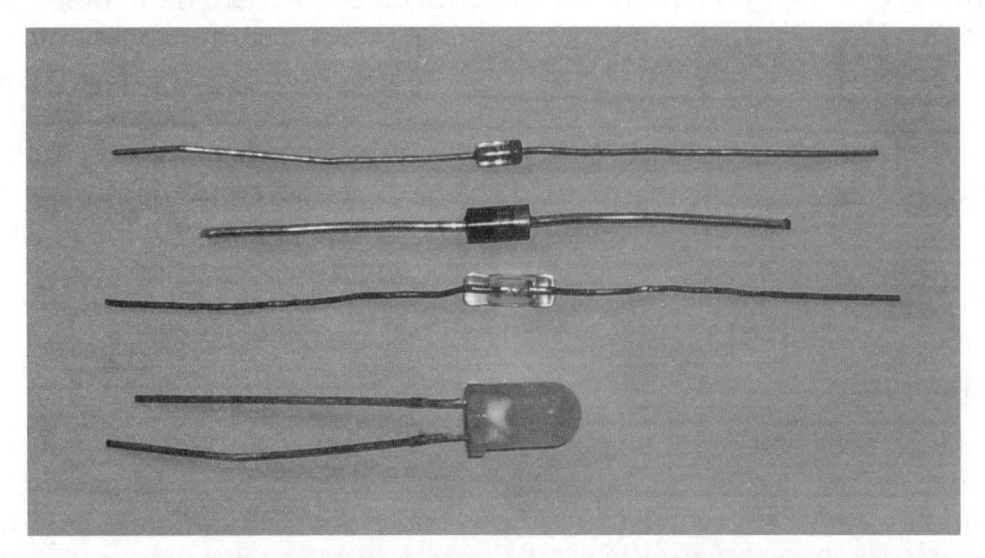

Figura 3.9. Acima, podemos identificar diodos dos mais diversos tipos. De baixo para cima: LED; diodo utilizado como detector de radiofrequência; diodo retificador e diodo zener.

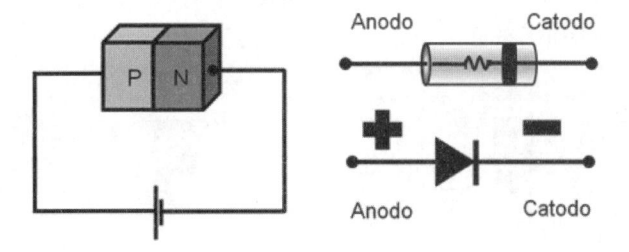

Figura 3.10. Dois blocos - um de material **tipo N** e outro de material **tipo P** - são unidos para a construção de um diodo. Na figura, identificamos o símbolo desse componente e a sua aparência. Observe que o **anodo** corresponde ao bloco **tipo P** e o **catodo** corresponde ao bloco **tipo N**. A faixa localizada numa de suas extremidades representa o catodo (tanto no símbolo, quanto no diodo real).

O diodo semicondutor é o equivalente moderno da antiga válvula diodo, todavia, com uma grande vantagem: realiza o mesmo trabalho com um gasto energético sensivelmente menor. Além disso, o diodo semicondutor tem dimensões mínimas, se comparado às válvulas.

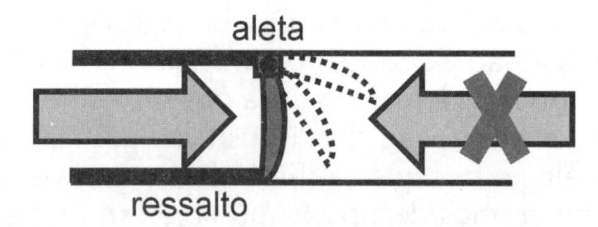

Figura 3.11. Um diodo funciona como uma válvula unidirecional (imagine, num encanamento, uma válvula que permite a passagem da água num único sentido. Pois é assim que a maioria dos diodos funciona, permitindo a circulação de corrente elétrica em apenas um sentido).

Um fluido qualquer poderá escoar somente da **esquerda para a direita**, conforme explicitado na **Figura 3.11**, pois o ressalto impede que a aleta se movimente para a esquerda. No entanto, se a pressão do fluido for muito intensa, ela abrirá passagem em qualquer direção. O mesmo acontece com um diodo: se a tensão de **polarização inversa** (polarizar inversamente o diodo é deixar o catodo mais positivo do que o anodo) superar determinado valor (que depende do modelo de diodo empregado), o mesmo deixará a corrente elétrica passar. Se for um diodo comum, estará inutilizado. Entretanto, em se tratando de uma classe especial de diodos (**diodos *Zener***), tudo ficará bem, como você poderá ver no tópico seguinte.

"Domando diodos"

Para fazer bem o seu trabalho, o diodo deve ser corretamente polarizado. Somente quando o **anodo** está "mais positivo" que o **catodo**, ocorre a condução de corrente. Quando o contrário ocorre (catodo positivo e anodo negativo), o diodo "corta" a corrente elétrica. Para comprovar o fato, faça o seguinte experimento com um LED comum (vermelho).

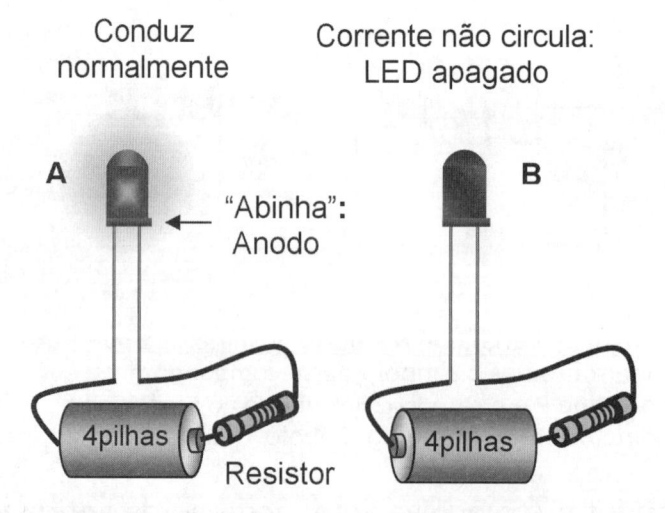

Figura 3.12 Com um LED vermelho, um resistor (470 Ω) e 4 (quatro) pilhas de 1,5 V cada, podemos demonstrar um importante princípio de funcionamento dos diodos. **A:** Com o diodo polarizado diretamente, há a emissão de luz (polo positivo da pilha no anodo e negativo no catodo). **B:** Invertendo a polarização (inverta a pilha), o diodo permanece apagado. Repare que o catodo é o terminal ligado ao lado "achatado" do diodo – sem a "abinha".

Diodos Especiais

"A marca do *Zener*"

Os diodos *Zener* são polarizados da seguinte forma: **catodo** no terminal positivo e **anodo** no terminal negativo. O diodo é usado na estabilização de tensões. Mesmo aumentando a corrente que o atravessa, o diodo *Zener* estabiliza essa tensão num valor predeterminado.

Figura 3.13. Símbolo de um diodo *Zener*.

Diodo Emissor de Luz (LED)

Você já deve ter ouvido falar sobre o LED, mas talvez vocês ainda não tenham sido apresentados: trata-se nada mais, nada menos do que aquela "luzinha", geralmente vermelha, que você encontra em muitos aparelhos domésticos. Mas o LED esconde um segredo... A luz que o diodo emissor de luz produz não é uma luz comum. Veja a explicação: Quando um elétron recebe energia sob a forma de luz, calor ou tensão elétrica, ele é "promovido" a camadas ou níveis mais elevados de energia no interior da eletrosfera. Se o elétron retornar à sua antiga camada, ele "devolverá" a energia que recebeu sob a forma de luz, calor ou outra forma de radiação. Nos diodos comuns, quando os elétrons cedem energia para o meio, eles o fazem na forma de calor. Entretanto, no caso do LED, essa devolução energética se dá na forma de luz. As radiações emitidas por esse tipo de diodo podem ser visíveis ou invisíveis. O LED tem substituído com muita vantagem as lâmpadas incandescentes comuns, funcionando com baixa tensão, baixo consumo energético e longa duração.

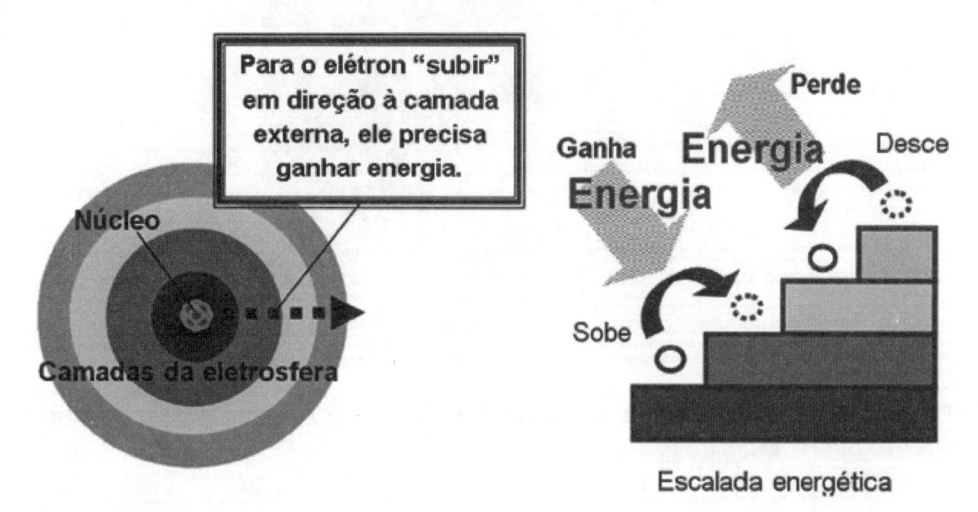

Figura 3.14. Para um elétron "caminhar" para as camadas mais afastadas do núcleo, ele precisa ganhar Energia (E). Quando o elétron retorna à sua "condição de origem", ele emite a energia recebida em

forma de luz, calor ou outro tipo de radiação. No caso do LED, essa devolução de energia para o meio se dá sob a forma de luz.

Figura 3.15. Símbolo gráfico do diodo LED

Figura 3.16. Apenas sete LEDs com uma alimentação de 4,5 volts são empregados nessa lanterna de cabeça. Sua capacidade de iluminação equivale a uma lâmpada de 50 W.

Com quantos blocos se faz um transistor?

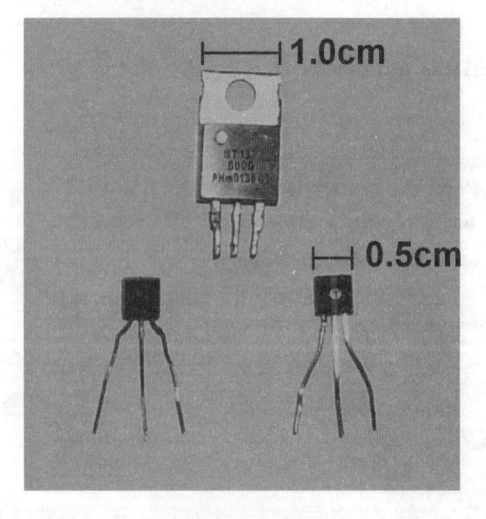

Figura 3.17. É realmente incrível o trabalho que os transistores conseguem realizar, sendo peças tão pequenas e, aparentemente, tão simples.

Que tal adicionarmos mais um bloco ao diodo da **Figura 3.10**. Procedendo dessa maneira, chegamos ao arranjo básico de um transistor. No entanto, os transistores não nasceram assim, digamos... impunemente. A aparência simples dos "três bloquinhos" pode enganá-lo à primeira vista. Essa "pecinha" é, na verdade, um dos maiores quebra-cabeças que o ser humano já montou, depois de muitas batalhas teóricas e ajustes em laboratórios para que a "coisa toda" funcionasse. Observe, por exemplo, que a base é muito mais fina que os outros blocos. Acontece que os pesquisadores descobriram que o bloco central deveria ser mais fino que os blocos laterais para a correta operação do transistor. Assim, dois blocos de materiais iguais, separados por um terceiro mais fino, composto de material diferente, determinam o arranjo básico desse componente. Veja a figura apresentada em seguida:

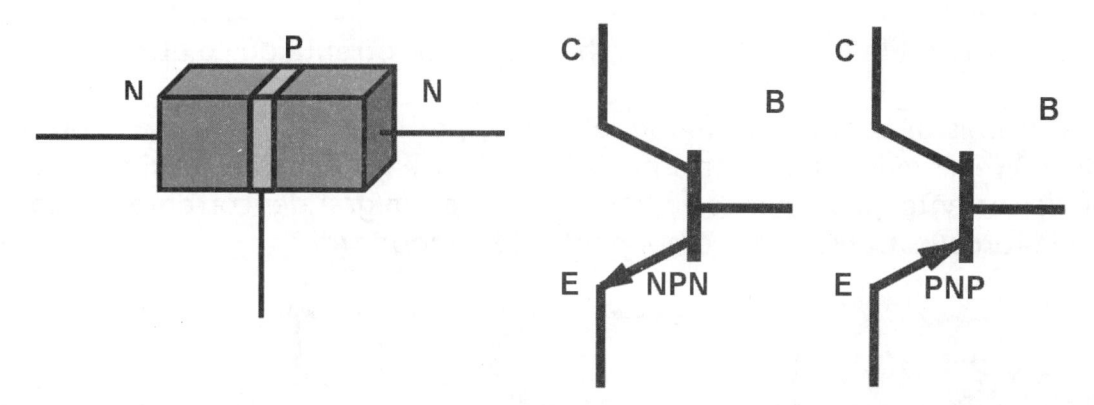

Figura 3.18. "Blocos de montar". Abrindo um transistor, você não vê nada especial - apenas três fiozinhos soldados entre si. No entanto, essa aparente simplicidade esconde uma montanha de cálculos e pesquisas para a concepção do componente. Ao lado, o símbolo dos transistores **NPN** e **PNP**. Cada terminal de um transistor recebe um nome especial. Observe:
C: coletor; E: emissor; e B: base.

Esse arranjo é típico dos transistores conhecidos nos meios técnicos como **transistores bipolares**. O transistor representado é do tipo **NPN** (bloco N em uma extremidade, bloco P no meio e bloco N na outra extremidade). O outro tipo de transistor é o modelo **PNP**. A grande diferença entre esses dois modelos é a forma como são realizadas as suas polarizações (como as ligações elétricas são feitas). A polarização do transistor é mais complexa que a polarização de um diodo comum. Acompanhe o exemplo seguinte.

Vamos usar um transistor do tipo **NPN** para as nossas exemplificações, pois esse é o mais comumente encontrado nos circuitos eletrônicos. Vamos utilizá-lo como uma chave eletrônica, controlando a luminosidade do LED por meio do ajuste de um potenciômetro - resistor variável que controla a corrente de base. Ajuste o potenciômetro de modo que o seu cursor (terminal central) fique posicionado no ponto **B**. Nesse ponto, não haverá diferença de potencial entre os pontos B e C (o LED permanecerá apagado). Gire lentamente o cursor e perceba que, no início do movimento, nada acontece. Isso ocorre porque existe uma pequena tensão entre a base e o emissor (uma barreira de potencial, que é de aproximadamente 0,7 V para o nosso exemplo), que precisa ser superada para que o LED acenda. Girando um pouco mais o cursor, começa a circular uma pequena corrente na base. Nesse instante, o LED acende (uma corrente também começa a circular no coletor). Continue girando lentamente o cursor e perceba que a intensidade da luminosidade aumenta (a corrente do coletor aumenta à medida que a corrente da base aumenta). A partir de certo ponto, a luminosidade do diodo permanece a mesma, independentemente do acionamento do potenciômetro. Dizemos que o transistor entrou em estado de saturação (não importa o quanto aumentamos a corrente da base a partir do ponto de saturação, a corrente do coletor permanecerá constante). Se você "medir" a corrente da base com um amperímetro, perceberá que ela "aciona" uma corrente do coletor muito maior. A corrente do coletor é "x" vezes maior que a corrente da base. O fator "x" recebe o nome de **ganho**. Isso pode ser expresso assim:

Ganho . $I_B = I_C$, onde I_B é a corrente da base e I_C é a corrente do coletor.

Um transistor com um **ganho** igual a 100, por exemplo, gera uma corrente do coletor 100 vezes maior que a corrente da base. O que você percebe? Existe uma amplificação da corrente: pequenas correntes da base geram grandes correntes do coletor. E é isso que torna os transistores componentes tão importantes.

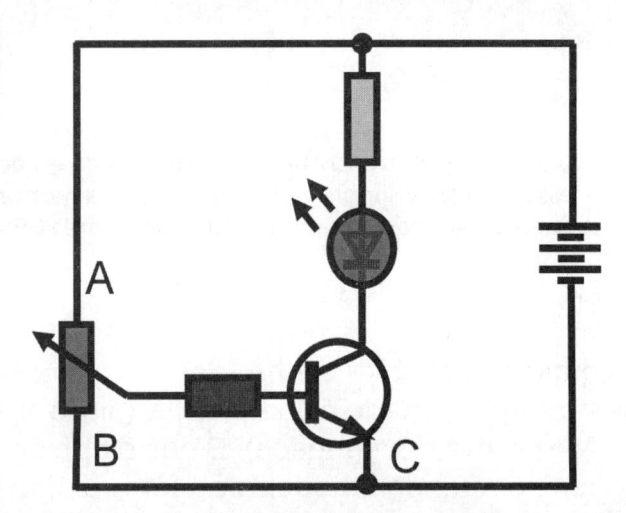

Figura 3.19. Princípios de funcionamento de um transistor com uma montagem simples. O potenciômetro ajusta a intensidade da corrente de base. É a corrente da base que determina a corrente do coletor. É comum que os símbolos de alguns semicondutores venham circunscritos por uma circunferência, como no caso acima.

A evolução dos transistores

Existem outras formas de combinação dos blocos P e N formando outros tipos de transistores, com uma tecnologia de operação diferente dos transistores que acabamos de considerar. Entre esses modelos estão os **J-FET** e **MOSFET** (genericamente denominados transistores de efeito de campo) e os **SCRs** e **TRIACs**.

Transistores de efeito de campo
J-FET

Esses transistores são construídos da seguinte forma: num bloco do **tipo N**, aplicam-se duas regiões do **tipo P**, conforme indicado na **Figura 3.20**. Os blocos do **tipo P** estão ligados internamente, de modo que o componente apresenta apenas três terminais. O funcionamento desse tipo de transistor é o seguinte: o fluxo da corrente entre a fonte e o dreno é controlado pela tensão aplicada à porta. Quanto mais negativa for a tensão da porta, mais estreito se tornará o canal e menor será o fluxo de corrente entre a fonte e o dreno. Em resumo, a corrente do dispositivo é controlada por uma tensão: a tensão de entrada (tensão de porta) controla a corrente de saída (fonte/dreno).

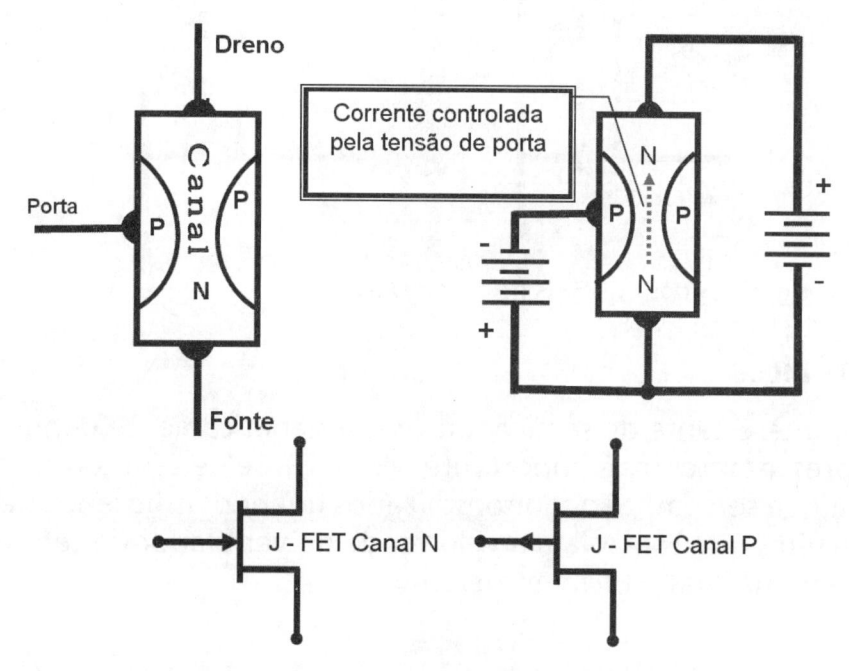

Figura 3.20 O transistor J-FET possui um canal que pode ser "alargado" ou "estrangulado", em função da tensão aplicada à porta. É a tensão da porta que controla a corrente entre a fonte e o dreno. Aqui está representado um J-FET de canal N. Invertendo os blocos construtivos (canal P central e N laterais), temos um J-FET de canal P. O que muda entre os tipos **N** e **P** é a forma de polarização. Na parte inferior da figura, observam-se os símbolos dos respectivos J–FET de canais N e P.

Os FET são especialmente úteis quando se deseja construir uma etapa com alta impedância de entrada. A sua aplicação vai desde a amplificação de áudio até a construção de circuitos de aparelhos de medição, tais como os voltímetros. Nesses aparelhos, o valor elevado da impedância de entrada é importante para evitar a interferência do voltímetro na medida a ser realizada.

MOSFET

O MOSFET apresenta algumas peculiaridades construtivas em relação ao J-FET. O MOSFET possui uma camada isolante (finíssima camada de dióxido de silício) entre a porta e o canal. A porta fica, então, praticamente isolada, o que confere ao dispositivo uma elevadíssima impedância de entrada. Uma outra propriedade importante desse componente é que ele possui grande velocidade de operação - pode operar com sinais de 500 MHz. O princípio de funcionamento é o mesmo de um J-FET, ou seja, a corrente entre a fonte e o dreno é controlada pela tensão aplicada à porta. Os MOSFETs são usados amplamente em circuitos de computadores, pois permitem uma rápida comutação entre os estados de corte e saturação, ou seja, liga e desliga rapidamente, sendo essa a base do processamento de dados dos computadores atuais. Também são encontrados nas denominadas fontes chaveadas, muito utilizadas no circuito de TV.

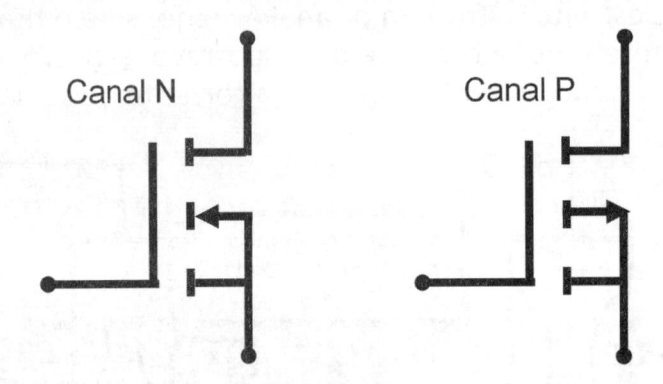

Figura 3.21. Símbolos gráficos dos MOSFETs de canais N e P.

Gatilhos eletrônicos

Um grupo interessante de semicondutores é genericamente denominado **tiristores**. Os dois representantes mais importantes desta classe de semicondutores são o **SCR** e o **TRIAC**. Para que servem? São muito utilizados quando as potências envolvidas são grandes. Os circuitos que controlam a velocidade do ventilador de teto ou o brilho de uma lâmpada, em sua casa, utilizam **tiristores**.

O SCR

É uma "espécie de diodo" que funciona quando "disparado eletricamente". Como é? É assim: Entre o catodo (positivo) e o anodo (negativo) desse componente só circulará corrente se aplicarmos um sinal positivo no gatilho. Veja que interessante: Mesmo depois de cessado o sinal de disparo (aplicado no gatilho, como já dissemos), a corrente entre o catodo e o anodo continua circulando até que o circuito seja interrompido. Você encontra o SCR em fontes de alimentação e circuitos de proteção.

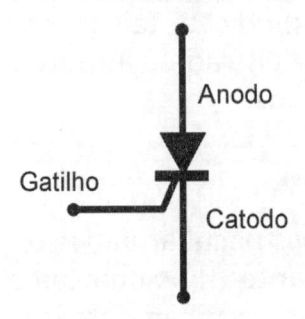

Figura 3.22. Símbolo gráfico do SCR.

O TRIAC

É outro componente da família dos tiristores. A sua construção básica equivale a dois SCR em oposição, como indicado na **Figura 3.23**. O disparo do componente se dá por meio de um sinal aplicado ao gatilho. Como possui dois SCRs em oposição, o sinal aplicado à comporta pode ser positivo ou negativo. Os TRIACs são usados no controle da velocidade do seu ventilador de teto ou no controle da luminosidade de uma lâmpada incandescente.

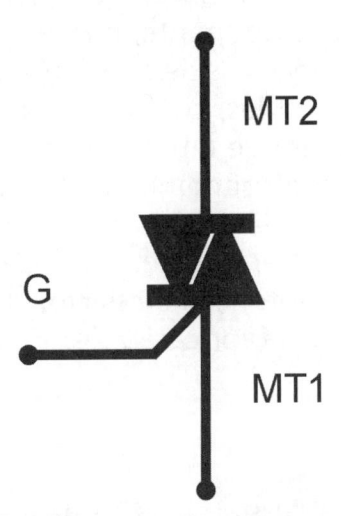

Figura 3.23. Símbolo gráfico do TRIAC.

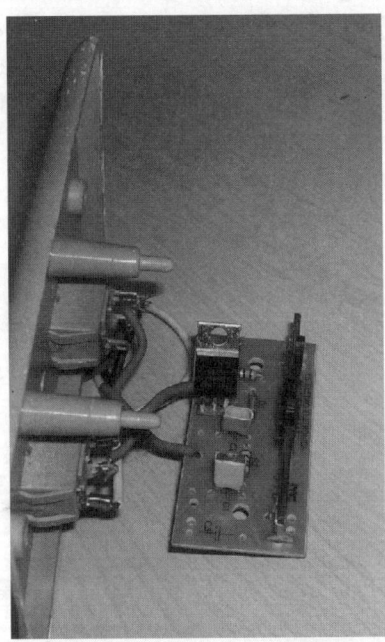

Figura 3.24. Circuito usado para o ajuste de velocidade de um ventilador de teto usando um TRIAC para o controle de potência.

O circuito integrado

Arquitetando o futuro

Você já abriu um transistor para ver o que tem dentro? Faça isso e constatará que a parte funcional (ativa) do componente não é mais do que um conjunto de poucas e milimétricas "chapinhas" de silício. O transistor em si, com seu invólucro e seus terminais, é bem maior do que as "plaquinhas" contidas. "E se houvesse uma forma de associar um número maior dessas "plaquinhas" dentro de um mesmo invólucro, reduziríamos o espaço ocupado pelo componente, não é mesmo"? Bem, foi isso mesmo o que aconteceu com o avanço das técnicas de manipulação dos semicondutores e assim, nasceram os circuitos integrados. "Mas, como é possível?" O processo de fabricação **não** é simples. Tudo começa na mesa de um projetista que elabora os "planos arquitetônicos" de uma "verdadeira cidade" denominada "chip". Acontece que, em suas ruas, não transitam pessoas e sim, cargas elétricas. Na prática, precisamos de um substrato (base) para transformar a "planta" em uma construção de verdade. Nossas matérias-primas são rochas e areia (para a obtenção de silício). "Parece até construção civil!". É, mas as semelhanças param por aí. A fabricação de circuitos integrados envolve outros tipos de tecnologia.

Blocos de silício

Um bloco de silício ultrapuro (obtido a partir de rochas e areia fundida) é misturado a certas substâncias químicas (processo conhecido como dopagem) para a formação materiais do tipo N e do tipo P. O bloco é, então, transformado em cilindros que serão "fatiados" em finíssimas lâminas (conhecidas como "wafers"), que serão polidas até ficarem espelhadas. Todo o processo de fabricação de um CI é extremamente controlado. Uma partícula de poeira pode colocar tudo a perder - as salas de fabricação desses componentes são 100 vezes mais limpas do que uma sala de cirurgia.

A fabricação

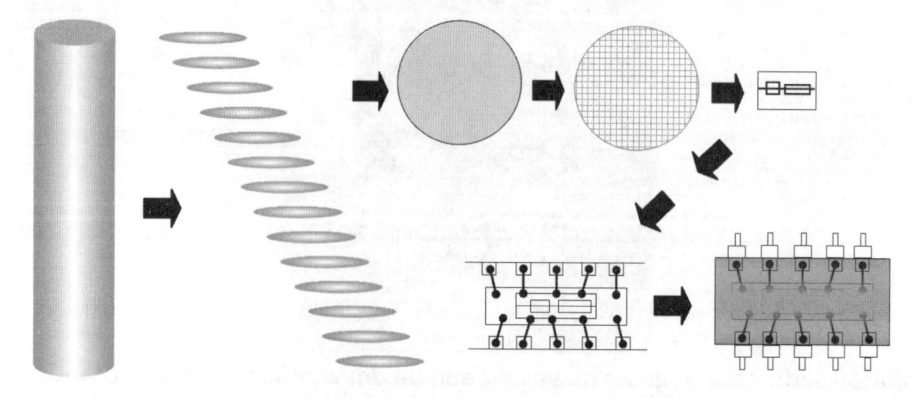

Figura 3.25. Seguindo o fluxo das setas indicativas, vamos, desde um bloco de silício "puro", mostrar, em seguida, uma de suas "fatias" divididas em pequenos setores retangulares, onde são impressos os circuitos componentes do CI, aos quais são adicionados terminais e, finalmente, introduzidos em um invólucro protetor que confere a aparência típica de um "chip".

O que vamos relatar a seguir é uma visão geral do processo de fabricação de um circuito integrado. De posse de um "Wafer" (pastilha) do tipo P, podemos iniciar os trabalhos. Tudo começa com a oxidação da pastilha, colocando-a em uma "fornalha de oxidação", fazendo com que o oxigênio reaja com a pastilha de silício, cobrindo-o com uma camada fina de dióxido de silício. Essa fina camada atua como um isolante elétrico. Acrescenta-se sobre a camada de dióxido de silício uma camada de material fotossensível. Aplica-se sobre essa camada uma máscara com os traçados dos circuitos do futuro "chip". Entenda isso como uma espécie de "tatuagem" sobre a superfície do material fotossensível, ficando com áreas cobertas e outras descobertas que, em seu conjunto, representam os circuitos do "chip". Todo o material é exposto à luz ultravioleta. "O que acontece agora?". As regiões da superfície fotossensível cobertas pela máscara ("superfície mascarada") permanecem intactas, mas as áreas não protegidas ficam gelatinosas e podem ser removidas em banhos químicos. O resultado: trilhas de material fotossensível correspondentes ao padrão impresso na máscara. Em seguida, o dióxido de silício, sobre as camadas do material fotossensível removido, é eliminado por aquecimento. "O que está sobre a camada de óxido de silício?". A própria base da pastilha de silício que, no setor exposto, será dopada com material do tipo N. Finalmente, deposita-se alumínio em determinados pontos do circuito que serão ligados aos terminais de contato do "chip". Lembre, uma única pastilha produz muitos "chips" e cada um deles pode ter milhões (!) de transistores, como é o caso dos processadores de computador.

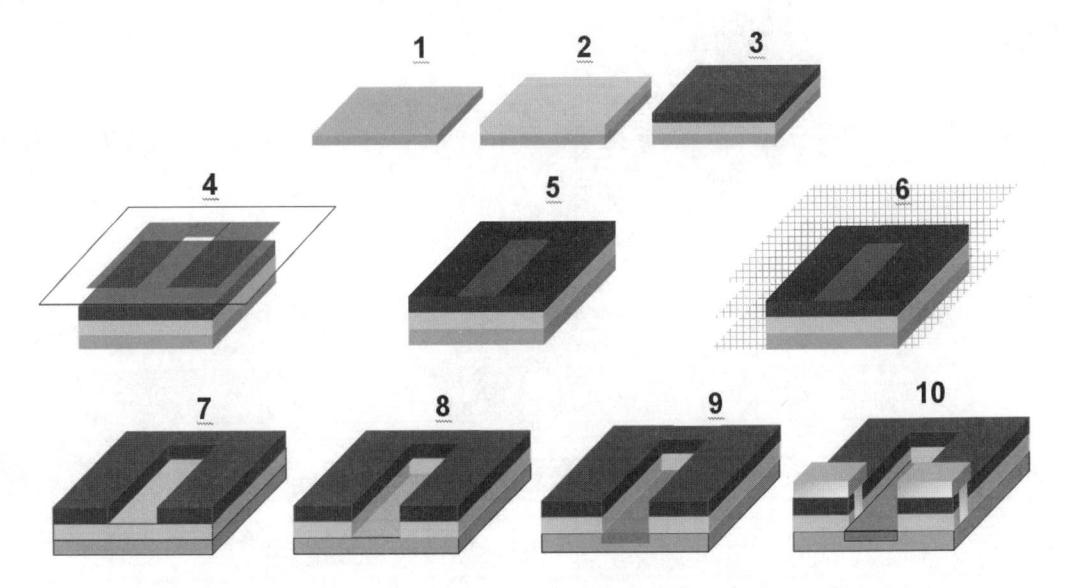

Figura 3.26. 1. Pastilha de silício; 2. Pastilha recoberta com uma camada de óxido; 3. Camada de material fotossensível; 4. Início da aplicação da "máscara" com os traços do futuro "chip"; 5. Máscara" aplicada; 6. Exposição à luz ultravioleta; 7. Remoção química das áreas não protegidas pela "máscara"; 8. Remoção da camada de óxido por aquecimento; 9. Dopagem da placa de silício com material tipo N; 10. Instalação dos contatos elétricos.

4. Circuitos Clássicos

O que você vai aprender neste capítulo?

Amplificadores e osciladores são circuitos importantíssimos e muito típicos de rádios e televisores. Sem nos aprofundarmos em demasia nos componentes e nas configurações, vamos apresentar uma visão panorâmica desses importantes blocos funcionais dos eletrodomésticos.

Alguns circuitos são eternamente empregados em rádios, telefones, televisores e muito outros aparelhos. Esses circuitos estão mudando de "cara" a cada dia, com novos componentes, melhores e menores, mas o princípio de funcionamento é o mesmo. Em seguida, você vai conhecer o mais importante deles: o amplificador e uma de suas variações, o oscilador.

Os amplificadores

Os amplificadores são construídos com um arranjo de componentes, tais como os transistores (o componente protagonista); os resistores (limitam a corrente para que o transistor possa operar corretamente); os capacitores (usados para transferir o sinal amplificado de uma etapa para outra e "barrar" a corrente contínua); e os transformadores (utilizados para o casamento de impedâncias). É claro que esses componentes podem ter outras funções, mas essas são as mais típicas. Nos modernos circuitos amplificadores, predominam os circuitos integrados, que reúnem no seu bloco construtivo, todas as etapas amplificadoras de um circuito transistorizado.

Os amplificadores podem ser usados nas etapas de áudio, trabalhando com frequências de 20 Hz a 20 KHz. A sua função é amplificar os sinais para que possam excitar os alto-falantes. Os amplificadores podem ser usados, também, em etapas de circuitos de rádio e TV, cujo objetivo é amplificar sinais que vão da faixa de centenas de kHz até alguns MHz.

Se ligarmos um microfone a um amplificador e a este um alto-falante, alimentando convenientemente o sistema, o som captado pelo microfone será reproduzido no alto-falante?

Isso dependerá de fatores, tais como as impedâncias de entrada e saída, além da sensibilidade do amplificador. Podemos definir a **impedância** como sendo a resistência que um circuito apresenta à passagem de **sinal alternado**. A impedância de um circuito depende das características operacionais e da forma como os componentes eletrônicos são associados **(Figura 4.1)**. Quando a impedância das etapas do circuito é igual, é transferida uma quantidade máxima de energia entre as etapas. Caso não haja compatibilidade entre as impedâncias de entrada e saída, um circuito amplificador se torna ineficiente ou até inoperante.

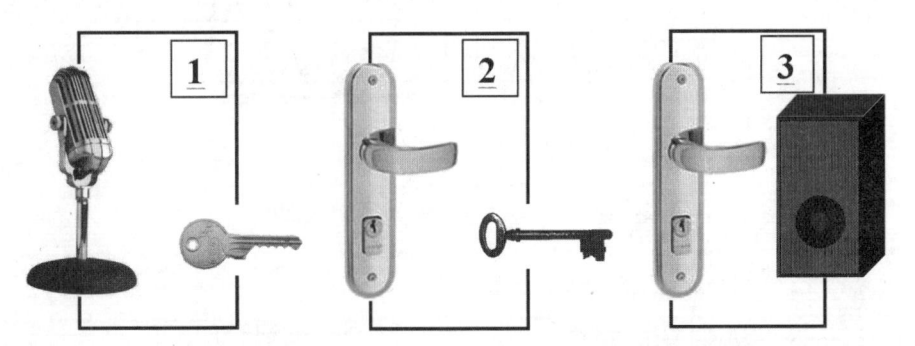

Figura 4.1. A figura é uma representação visual do fenômeno da impedância: Perceba que a saída do microfone (1) se adapta perfeitamente à entrada do amplificador (2) ocorrendo a máxima transferência de sinal entre as etapas. A saída do amplificador, no entanto, não é compatível com a entrada da caixa de som (3). Nesse caso, a transferência de sinal entre as etapas não é eficiente e temos um baixo rendimento do equipamento.

Se não houver uma compatibilidade entre as impedâncias do alto-falante e a saída do amplificador, haverá pouca transferência de energia e o conjunto não funcionará a contento. O mesmo pode ocorrer com um microfone e a entrada do amplificador: quando as etapas de um amplificador têm impedâncias compatíveis, dizemos que ocorre um casamento de impedâncias. E todos vivem felizes!

Além disso, o amplificador precisa receber um sinal intenso o suficiente para a sua operação. Entretanto, quando o amplificador não pode operar com sinais de baixa amplitude (sinal fraco), a solução é intercalar entre a fonte do sinal (um microfone, por exemplo) e o amplificador propriamente dito, uma pequena etapa amplificadora, comumente denominada de pré-amplificador. O pré-amplificador, além de reforçar o sinal de entrada, deve ser construído para promover uma perfeita compatibilidade entre as impedâncias da fonte de sinal e do amplificador principal para se obter o máximo desempenho do sistema.

Amplificador de classe

Os amplificadores podem ser classificados segundo vários critérios, sendo um deles a sua forma de operação. Segundo esse critério, os amplificadores podem ser reunidos em três grupos ou classes: amplificadores **Classe A, Classe B e Classe C.**

Nos amplificadores **Classe A**, a corrente circula todo o tempo de operação do circuito, resultando em um alto consumo de corrente (energia). A vantagem é que a saída é fiel ao sinal de entrada - todo o ciclo do sinal de entrada é amplificado na saída. A **Classe C** se caracteriza por amplificar apenas uma pequena "faixa" do sinal de entrada, apresentando grande eficiência na conversão da potência de alimentação na potência do sinal de saída. No entanto, introduz grande distorção no sinal de saída, não podendo ser aplicado, por exemplo, nas etapas amplificadoras de áudio, pois não reproduz o sinal de entrada com fidelidade. Finalmente, apresentamos o amplificador **Classe B**, muito empregado nas etapas de áudio, já que combina boa eficiência energética e fidelidade na reprodução do sinal, como você verá adiante.

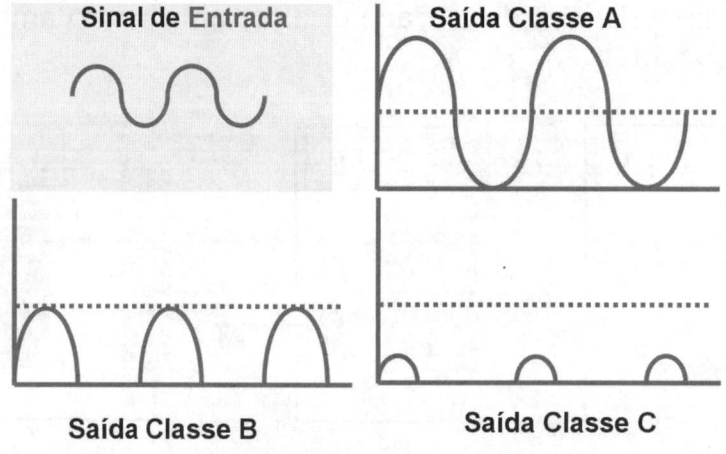

Figura 4.2. A entrada representa um sinal variável de baixa amplitude (fraco). Na saída **Classe A**, o sinal é reproduzido integralmente (toda a "curva") e amplificado (maior amplitude). Na saída **Classe B**, somente metade do sinal é amplificada (aqui, representamos a metade superior, mas o amplificador poderia ser ajustado para reproduzir apenas a metade inferior do sinal). Na verdade, os amplificadores Classe B

são utilizados em um arranjo tal que cada parte do sinal (superior e inferior) é amplificada por um setor diferente do circuito, de modo a obter um sinal integral e amplificado na saída. Na saída **Classe C**, temos apenas um pequeno trecho da "curva do sinal" reproduzido.

Abaixo, apresentamos um arranjo clássico tipo **Classe B**, numa etapa de áudio de um rádio transistorizado:

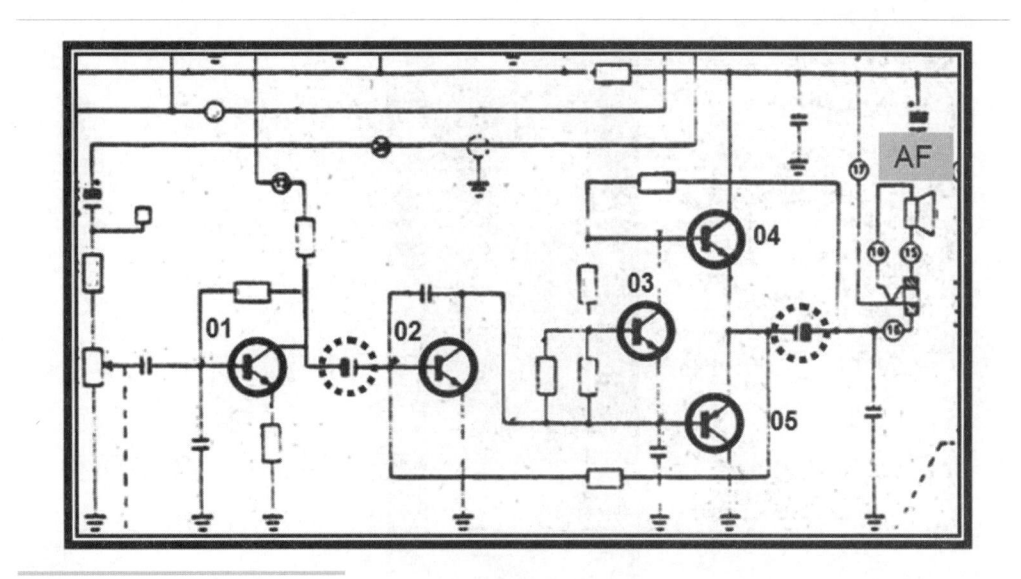

Figura 4.3. Etapa amplificadora de áudio de um radinho comum.

A etapa de áudio apresentada aqui é formada por cinco transistores (circulados com linha cheia), sendo que o sinal entra na base do **transistor 01**, que funciona como a etapa pré-amplificadora. O **transistor 02** recebe o sinal e amplifica-o novamente. O **transistor 03** funciona como estabilizador dos transistores 04 e 05, que estão numa clássica configuração *push-pull* (classe B): enquanto o **transistor 04** vai ao corte, o **transistor 05** conduz e vice-versa, de modo que um transistor reproduz a metade negativa do sinal e o outro transistor reproduz a metade positiva. No alto-falante, os sinais de cada transistor são "somados" e o som é reproduzido com fidelidade. A vantagem desse tipo de arranjo, muito comum nas **etapas de áudio**, é o baixo consumo energético. Nos rádios atuais, essa etapa está geralmente dentro de circuitos integrados especialmente desenvolvidos para esse fim. Os circulados com linhas tracejadas representam os capacitores que deixam passar o sinal de áudio amplificado, mas "barram" a tensão contínua de polarização dos transistores. Se a corrente contínua de polarização do **T01** chegasse ao **T02**, o transistor alteraria o seu ponto de operação. Se a corrente contínua chegasse ao alto-falante, este seria danificado. O sinal de áudio, por seu turno, passa livremente pelos capacitores e é aplicado, previamente amplificado, no alto-falante (AF) para que seja reproduzido como som.

Os osciladores

São circuitos que criam sinais variáveis usados desde a reprodução de sons até a transmissão e a recepção das emissoras de TV e rádio. Os osciladores encontrados nos aparelhos domésticos produzem sinais padronizados e, às vezes, o valor da frequência de oscilação (variação do sinal) é tão importante, que **cristais** são empregados para a rigorosa manutenção da frequência em valores predeterminados. Os **cristais** têm uma frequência natural de oscilação e "comandam" o oscilador, de modo que o mesmo é "obrigado" a oscilar com uma só frequência. Esse arranjo é comum nos aparelhos de TV.

Figura 4.4. Mecanismo de um relógio de pêndulo.

Repare a **Figura 4.4** O mecanismo aqui mostrado é composto por mola espiral que confere energia ao sistema; um pêndulo que recebe impulsos periódicos para a manutenção de seu movimento com liberação gradual da energia mecânica acumulada pela mola em espiral e engrenagens diversas para a concatenação dos movimentos. O pêndulo converte energia potencial (pêndulo "parado no alto") em energia cinética (pêndulo em velocidade) e vice-versa, gerando um padrão oscilatório que pode ser visto como uma analogia (comparação) entre as transferências de energia entre uma bobina e um capacitor, produzindo oscilações em um circuito elétrico.

Como construir um circuito oscilador?

Um oscilador nada mais é que um amplificador com a saída redirecionada para a entrada do próprio amplificador. Os sinais de saída voltam à entrada, sendo amplificados e redirecionados à saída em ciclos predefinidos pelos componentes do circuito. As frequências produzidas podem variar de alguns poucos Hertz até milhões deles. Os sinais produzidos por um oscilador podem ser visualizados num osciloscópio. Saiba mais sobre os sinais variáveis no texto abaixo.

Apresentando a dupla: frequência e período

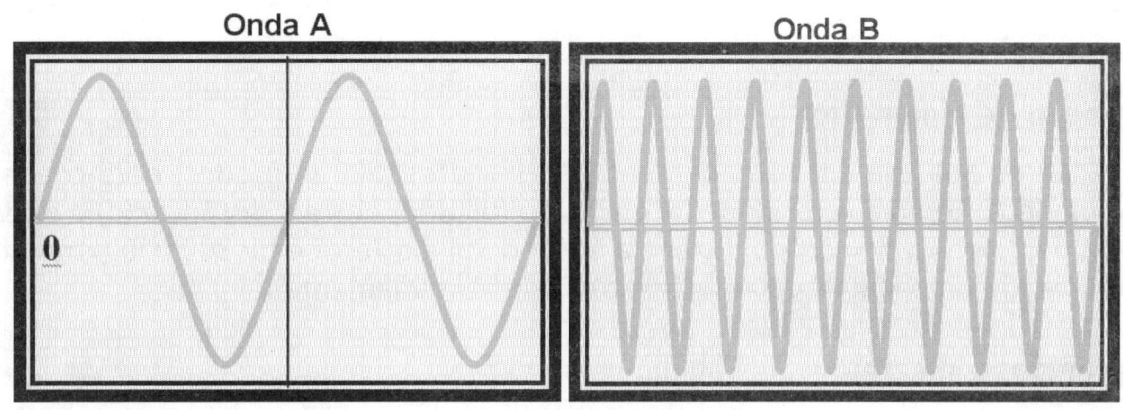

Figura 4.5. Visualização de ondas com frequências diferentes.

Repare que a **Onda A** tem uma forma mais "suavizada" que a **Onda B**. Enquanto a **Onda A** faz dois **ciclos** completos no quadro da esquerda, a **Onda B** faz 10 ciclos no quadro da direita. Criou-se, então, um parâmetro de comparação entre os padrões ondulatórios, que leva em consideração o número de ciclos completados em dado intervalo de tempo. Esse parâmetro é a **frequência** e a unidade adotada é o Hertz (Hz). A frequência, em Hertz, é obtida pela razão do número de ciclos completados por um fenômeno oscilatório em **01 segundo**. Vamos imaginar que para completar dois ciclos, a **Onda A** leve 1 segundo.

Sua frequência, portanto, é de 02 Hz (02 ciclos/1 segundo). Repare que este tempo é suficiente para a **Onda B** concluir 10 ciclos. Logo, a sua **frequência** é de 10 Hertz. A tensão disponibilizada em nossas casas possui um formato aproximado das ondas apresentadas acima e uma **frequência** de 60 Hz (60 ciclos por segundo). E o tal do **período**? Para determiná-lo, é preciso apenas inverter o valor da frequência. Veja:

Uma **frequência** de 60 Hz corresponde a um período de 0,0167 segundos, ou seja, 1/60. O que isto significa? Significa que, para completar **um ciclo**, uma onda de 60 Hz necessita de 0,0167 segundo (isso é mais ou menos 01 segundo dividido por 100 ou um centésimo de segundo). Esse tempo é denominado de **período** da onda. Observe também que as ondas têm o mesmo tamanho (não podemos esquecer: a altura da onda é chamada de **amplitude** nos meios técnicos e não tem nenhuma relação com a frequência). Por outro lado, podemos dizer que existe uma relação bem definida entre a **frequência** e o comprimento de uma onda. Na **Figura 4.5**, meça a distância do ponto zero até a linha vertical que divide o quadro ao meio. A distância obtida é o comprimento da onda. Perceba que quanto maior for o comprimento da onda, menor será a sua frequência. Para o caso das ondas eletromagnéticas, a frequência e o seu comprimento se relacionam do modo indicado a seguir:

$$V = \lambda \cdot f$$

V = Velocidade de propagação da onda
λ = comprimento da onda
f = frequência da onda

O comprimento é expresso em **metros** e a frequência é expressa em Hertz

Você sabia?

Um pouco de cinemática

A luz do Sol leva aproximadamente 8,3 minutos (500 segundos) para chegar ao nosso planeta. Como a velocidade (v) é a razão (divisão) entre a distância (d) e o tempo (t) para percorrê-la, (v = d/t), a distância entre o Sol e a Terra é de 300 000 (km/s) x 500 (s), resultando em 150.000.000 quilômetros, aproximadamente.

Frequências e metros

Em radiodifusão é comum referir-se à frequência ou ao comprimento da onda. Como a velocidade de uma onda eletromagnética é igual a 300.000.000 m/s, basta utilizar a fórmula acima para determinar a frequência a partir do comprimento ou o comprimento a partir da frequência. Por exemplo, uma estação de rádio "trabalha" na faixa dos 100 MHz. Podemos facilmente calcular o comprimento de onda emitido.

$$300.000.000 \text{ (m/s)} = \lambda \cdot 100.000.000 \text{ (hz)} \quad \lambda = 3 \text{ metros}$$

Isso significa que as emissoras de FM que você mais aprecia, transmitem ondas com comprimento da ordem de alguns metros.

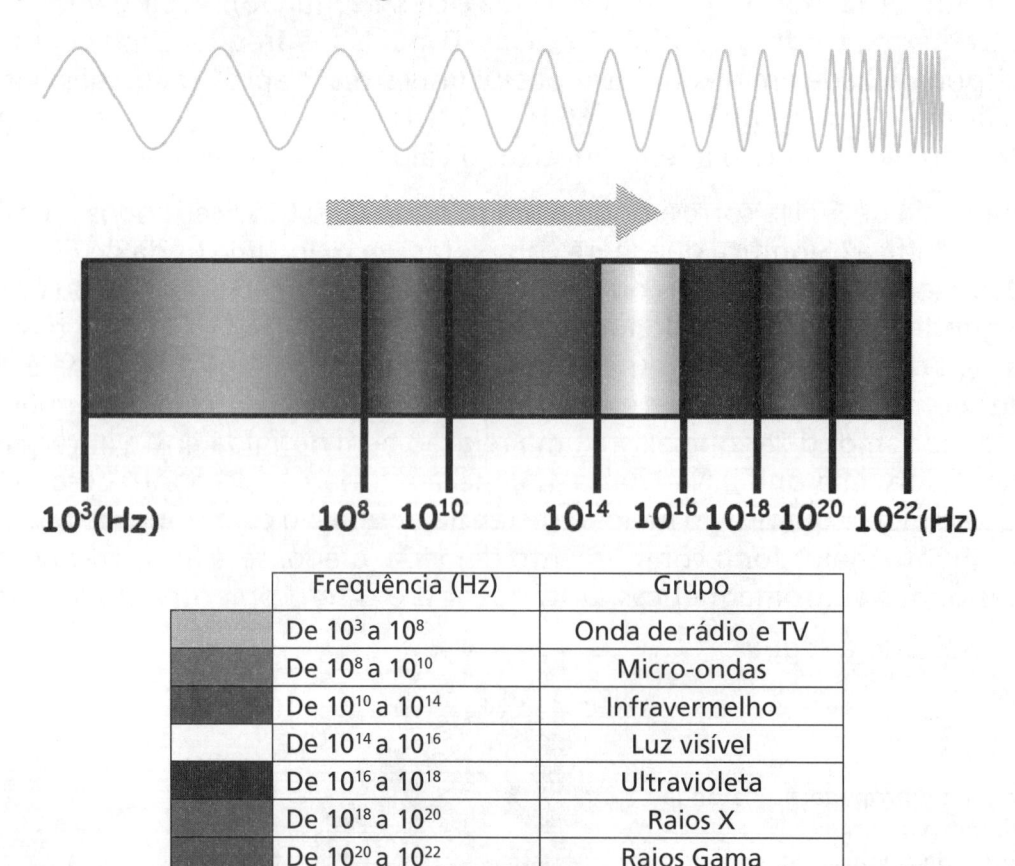

10^3(Hz) 10^8 10^{10} 10^{14} 10^{16} 10^{18} 10^{20} 10^{22}(Hz)

Frequência (Hz)	Grupo
De 10^3 a 10^8	Onda de rádio e TV
De 10^8 a 10^{10}	Micro-ondas
De 10^{10} a 10^{14}	Infravermelho
De 10^{14} a 10^{16}	Luz visível
De 10^{16} a 10^{18}	Ultravioleta
De 10^{18} a 10^{20}	Raios X
De 10^{20} a 10^{22}	Raios Gama

Figura 4.6. O espectro eletromagnético é representado aqui em ordem crescente de frequência e decrescente de comprimento de onda. Quanto maior for a frequência de uma onda, menor será o seu comprimento. A Tabela explicita as características das faixas coloridas que representam os intervalos de ondas.

Dica: 10^2 é 01 seguido de **02** zeros (100); 10^3 é 1 seguido de **3** zeros (1000) e assim por diante. Repare que 10^{22} é 01 seguido de **22** zeros (10.000.000.000.000.000.000.000) ou 10 sextilhões de Hz!

As "faixas amarela e laranja" podem ser agrupadas em outras faixas, como se segue:

Frequência (Hz)	Sigla	Comprimento (m)	Aplicação
3 kHz a 30 kHz	VLF	100 000 a 10 000	Uso militar
30 kHz a 300 kHz	LF	10 000 a 1000	Uso aeronáutico
300 kHz a 3 MHz	MF	1000 a 100	AM (ondas médias)
3MHz a 30MHz	HF	100 a 10	Radioamadorismo
30 MHz a 300MHz	VHF	10 a 1	FM e TV
300 MHz a 3 GHz	UHF	1 a 0,1	TV e celular

Tabela 4.1. Frequências utilizadas na faixa de 10^3 a 10^8 Hz. Destaque para as frequências de rádio e TV.

5. Os mistérios do eletromagnetismo

O que você vai aprender neste capítulo?

A fusão dos conceitos da eletricidade e magnetismo formou mais que um novo conceito. Criou uma nova fronteira para a Ciência e a Tecnologia. Você aprenderá como os rádios funcionam e o que as ondas eletromagnéticas podem fazer. Entenda ainda os motores elétricos. O capítulo ainda traz dois experimentos para você realizar: uma pilha e um motor feitos em casa.

A Era do Rádio

O século que passou produziu armas químicas e biológicas, e também a penicilina e a prevenção da poliomielite. Um século que se horrorizou com *Hiroshima* e *Nagasaki*, e testemunhou o uso pacífico das forças do átomo nas usinas nucleares e na Medicina. Uma época de extrema devastação ambiental, mas também de conscientização ecológica. Um século de prosperidade material e decadência ética. Enfim, uma era que representou muito bem a contradição que é (o) ser humano. Foi nesse cenário que a incrível tecnologia da radiodifusão se firmou (inclusive com fins bélicos) e deixou, apesar de tudo, "saudades do século XX".

Eletricidade + Magnetismo = Eletromagnetismo

Uma simples experiência realizada por *Christian Oersted* por volta de 1820 colocou os cientistas diante de uma nova e grandiosa tarefa: compreender como os fenômenos elétricos e magnéticos interagiam. A experiência de *Oersted* pode ser feita em casa com materiais simples: uma pilha, um pedaço de fio condutor encapado e uma bússola (você pode comprar uma bússola bem simples em papelarias). Ligue os polos negativo e positivo da pilha com o fio enrolado em espiras (15 a 20 voltas em torno de um lápis). A bússola se desorienta quando próxima do circuito formado pelo fio condutor e as pilhas. Aumentando o número de pilhas, você reforça a corrente do circuito, o campo magnético gerado e o efeito sobre a bússola. **Atenção**: Não deixe as pilhas em contato prolongado com o fio condutor. Nesse caso, a drenagem de corrente da pilha é intensa – por causa da baixa resistência do circuito – e, por Efeito *Joule*, há uma rápida dissipação da sua energia, com o seu consequente desgaste, além da possibilidade de outros danos.

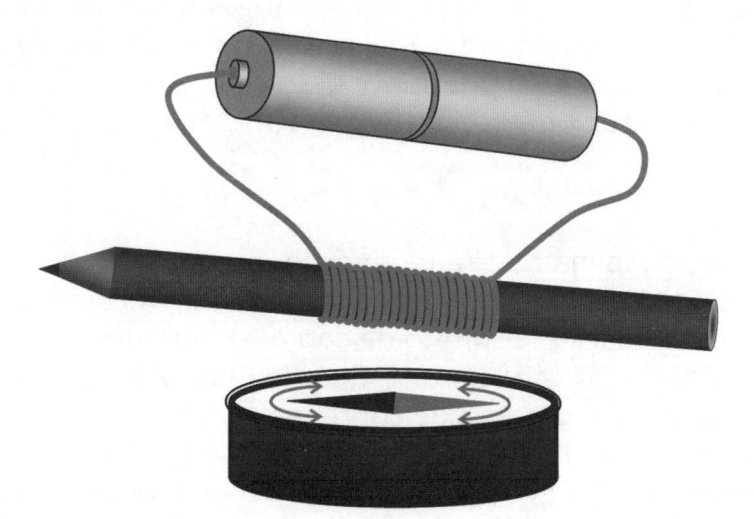

Figura 5.1. A agulha da bússola se desorienta pela aproximação de um condutor percorrido por corrente elétrica. Foram as primeiras pilhas – placas de metal (zinco e cobre) separadas por material embebido em ácido ou solução salina – fabricadas por *Alexandro Volta* no ano de 1800, que possibilitaram a realização deste experimento revolucionário.

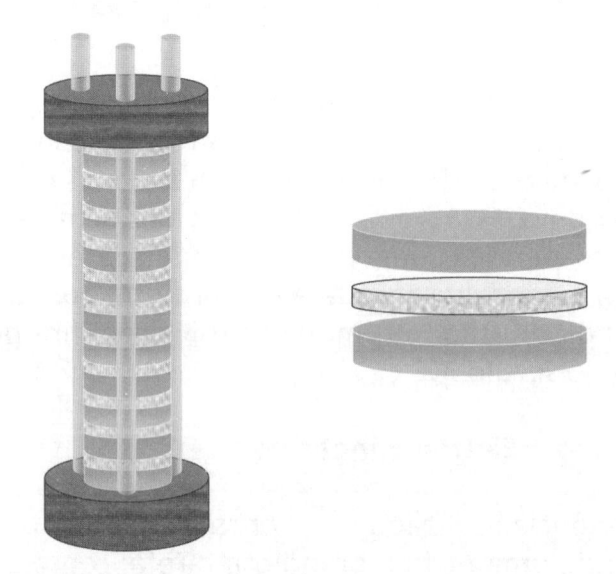

Figura 5.2. Empilhando discos de cobre, zinco e papel embebido em sais ou ácidos, *Volta* criou a primeira bateria de uso prático. O seu princípio de funcionamento é o seguinte: Numa reação eletroquímica, o zinco cede elétrons para a solução e o cobre os recebe da mesma solução. Esse processo de troca de cargas irá gerar uma corrente elétrica se os polos da pilha forem conectados. Hoje, as baterias comuns que usamos em câmeras fotográficas e lanternas não usam discos empilhados, mas o nome **pilha** ficou consagrado.

O experimento abriu portas para aplicações imediatas, tais como o telégrafo *Morse*, mas, em última instância, levou o homem à moderna tecnologia dos motores, dos geradores elétricos e das telecomunicações. Na época, claro, ninguém podia imaginar a vocação dos experimentos de *Oersted*. No entanto, outros cientistas expandiram esses conceitos e formularam teorias que embasaram novas descobertas. Entre eles, figura o nome de *Michael Faraday*. O cientista inglês tinha uma curiosidade avassaladora e um talento natural para a experimentação. Em 1831, após mais uma de suas inúmeras experiências com eletricidade e magnetismo, descobriu que um campo magnético variável induzia, num condutor, uma força eletromotriz capaz de gerar corrente elétrica.

Pilha caseira

A fabricação de uma pilha caseira é um experimento interessante que você pode realizar com materiais simples. Talvez, você tenha alguma dificuldade em obter as substâncias protagonistas da reação: o sulfato de cobre e o sulfato de zinco. Lojas especializadas em produtos químicos vendem esse tipo de material. Você utilizará, ainda, no experimento, duas placas, sendo uma de cobre e a outra de zinco. Uma vela de filtro comum servirá como recipiente para a solução de sulfato de cobre e um recipiente qualquer (aqui utilizamos um béquer, mas pode ser um vasilhame de plástico qualquer). A solução é obtida misturando duas amostras de 150 ml de água destilada com os respectivos sais (uma colher de sopa, para cada solução, é suficiente). Apesar de não serem especialmente perigosas, as substâncias e suas soluções não devem ser manipuladas diretamente com as mãos e não podem, em hipótese alguma, ser mantidas em contato com os olhos ou ingeridas (em caso de contato, lavar o local com água corrente por 15 minutos e no caso de ingestão acidental, ingira bastante água. Caso algum dos acidentes descritos ocorra, procure auxílio médico imediatamente). Não permita que crianças desenvolvam essa experiência sem o acompanhamento de um adulto.

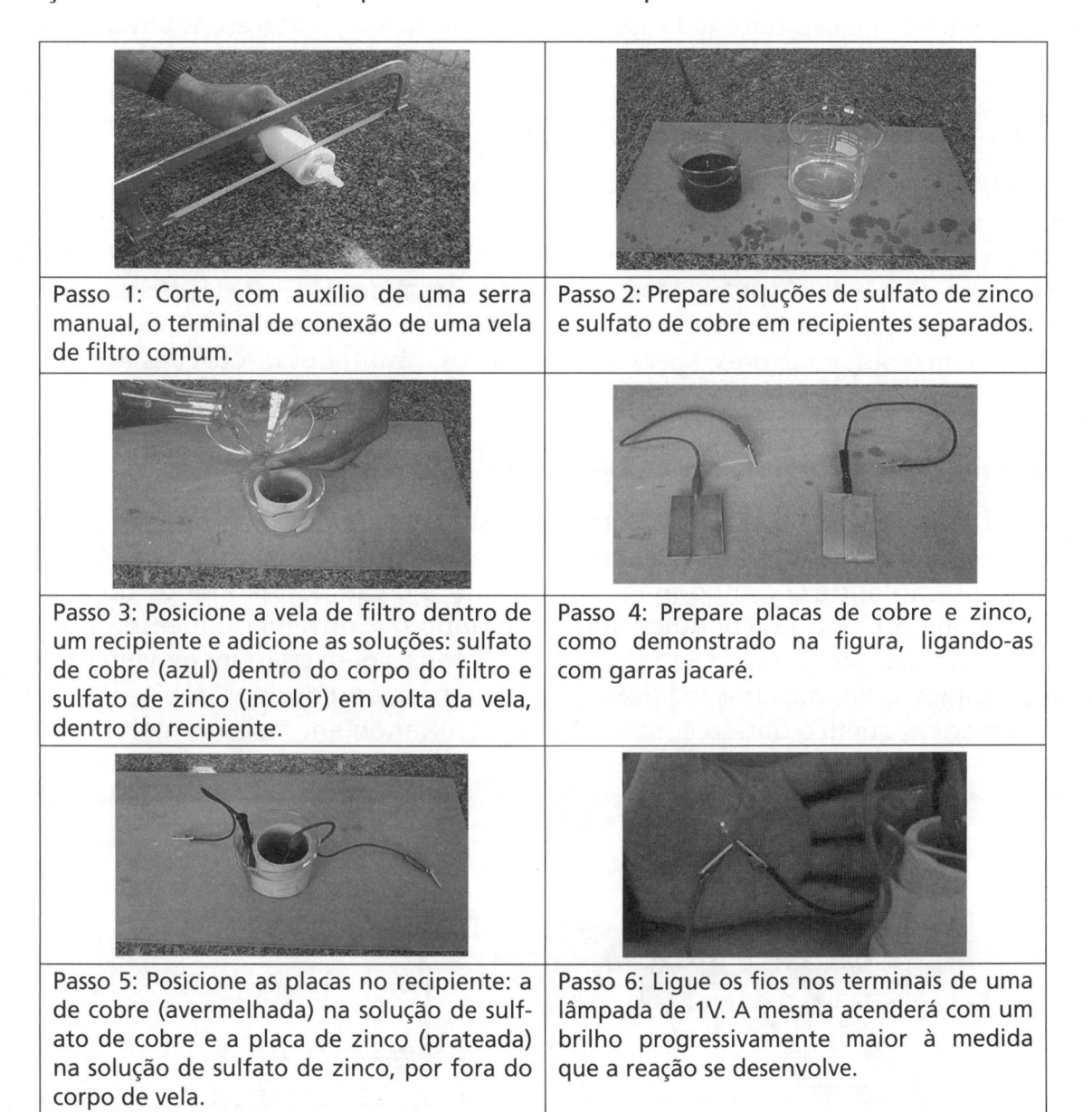

Passo 1: Corte, com auxílio de uma serra manual, o terminal de conexão de uma vela de filtro comum.	Passo 2: Prepare soluções de sulfato de zinco e sulfato de cobre em recipientes separados.
Passo 3: Posicione a vela de filtro dentro de um recipiente e adicione as soluções: sulfato de cobre (azul) dentro do corpo do filtro e sulfato de zinco (incolor) em volta da vela, dentro do recipiente.	Passo 4: Prepare placas de cobre e zinco, como demonstrado na figura, ligando-as com garras jacaré.
Passo 5: Posicione as placas no recipiente: a de cobre (avermelhada) na solução de sulfato de cobre e a placa de zinco (prateada) na solução de sulfato de zinco, por fora do corpo de vela.	Passo 6: Ligue os fios nos terminais de uma lâmpada de 1V. A mesma acenderá com um brilho progressivamente maior à medida que a reação se desenvolve.

Tabela 5.1 Construindo uma pilha "caseira".

Convertendo energia elétrica em energia mecânica

Com o advento das pilhas, muitos trabalhos interessantes puderam ser desenvolvidos. Entre eles, os primeiros experimentos de conversão de energia elétrica em movimento que foram realizados no início do século XIX. Eram motores experimentais, incapazes de acionar polias ou engrenagens. A partir de 1830, muitos motores elétricos começaram a ser fabricados e alguns eram capazes de acionar máquinas. Muitos modelos foram, desde então, produzidos, destacando-se os exemplares projetados por *Nikola Tesla* (1856-1943), que trabalhou, inclusive, com *Thomas Edison*.

Não vamos aprofundar-nos nos termos e conceitos relativos aos diversos tipos de motores (existem modelos de corrente contínua e alternada). Voltaremos a falar sobre motores elétricos no capítulo dedicado ao automóvel. Apresentaremos um projeto de "motor" caseiro a ser executado pelo leitor com materiais de fácil aquisição.

"Para que serve um recém-nascido?"

Michael Faraday, em uma de suas demonstrações públicas dos princípios do eletromagnetismo, revelou à plateia que um ímã movimentado nas proximidades de uma bobina, era capaz de gerar corrente elétrica. Um dos expectadores, então, disse: - "Muito interessante, Sr. Faraday. Mas, para que serve tudo isso?". O cientista, segundo reza a lenda, retrucou impassível: - "Para que serve um recém-nascido?". Pouco tempo depois, seriam criados motores e geradores elétricos, resultados diretos das experimentações "inúteis" de *M. Faraday*.

O princípio de funcionamento de um motor elétrico

Num motor elétrico comum, a corrente elétrica passa por uma bobina e cria um campo magnético que interage com o campo magnético permanente criado por um ímã. A interação entre o campo magnético do fio e o campo magnético do ímã cria uma força que atua no fio condutor, movimentando-o. Convenientemente dispostos, ímã e bobinas permitem o aproveitamento dessas forças para criar um movimento contínuo de rotação. Nos motores maiores, os ímãs são substituídos por bobinas, uma vez que o campo magnético obtido é mais intenso, resultando em motores mais potentes.

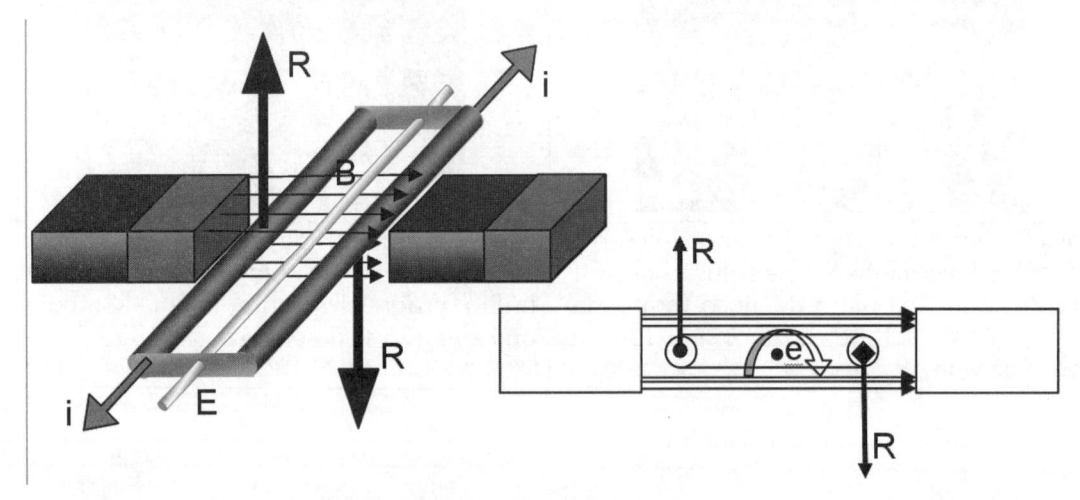

Figura 5.3. À esquerda, temos uma representação da interação de um campo magnético (B), um condutor percorrido por corrente (i) resultando na força (R) sobre o condutor. Na figura da direita, temos uma vista frontal do conjunto e podemos perceber mais claramente que as resultantes (em sentidos opostos) favorecem o movimento de rotação do eixo (E). Se as forças tivessem o mesmo sentido, a bobina se deslocaria para cima ou para baixo, mas não giraria.

Alguns termos relacionados a motores elétricos:

Estator: é a parte fixa do motor onde se encontram ímãs ou bobinas. O estator envolve o rotor.

Rotor: é a parte móvel do motor ligada a um eixo que disponibiliza torque para a realização de trabalho.

Coletor ou comutador: são os terminais de ligação entre as bobinas do rotor e a rede elétrica de alimentação. O comutador é projetado para que a alimentação das bobinas seja realizada no sentido de favorecer o movimento de rotação.

Escovas: são os contatos do comutador. São feitas em grafite que, além de ser um bom condutor de eletricidade, exerce uma função lubrificante. Com o uso, as escovas se desgastam e esta pode ser uma das causas do mau funcionamento do motor (nem todo motor possui escovas).

O projeto

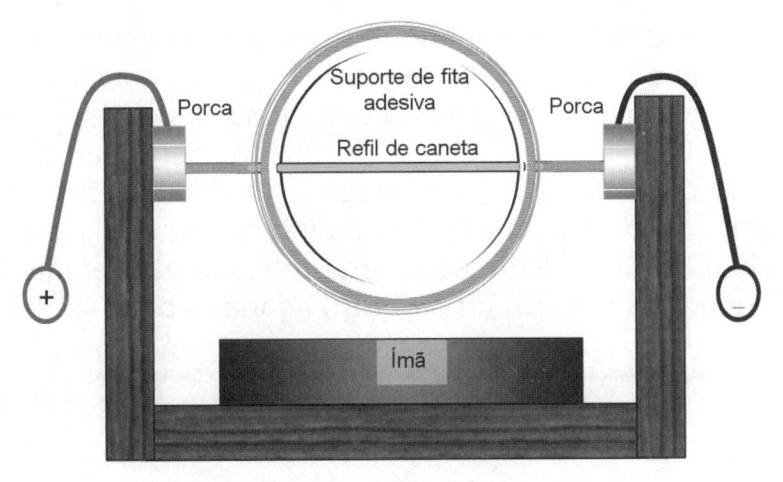

Figura 5.4: Modelo do motor experimental a ser montado.

O projeto a seguir tem por finalidade mostrar, na prática, o funcionamento de um motor. É um experimento extremamente simples e muito instrutivo.

O projeto consiste em enrolar 100 (cem) voltas de fio esmaltado (n⁰ 30) em torno de um suporte de fita adesiva. É importante que, antes de enrolar o fio esmaltado, você fixe um refil de caneta esferográfica no suporte da fita adesiva. O refil deve atravessar o suporte de forma perfeitamente simétrica, pois, sendo o refil o eixo de nosso motor, ele será responsável pela distribuição da massa do "rotor". Para encontrar o eixo que divide o suporte em duas metades perfeitamente simétricas, proceda como indicado abaixo.

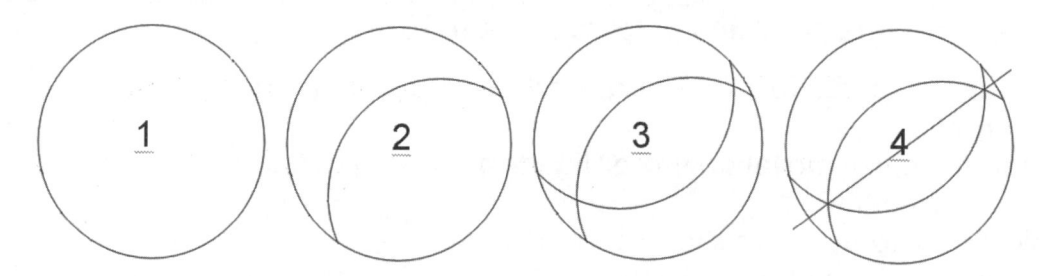

Figura 5.5. Artifício geométrico para a definição do eixo do motor.

(1) Trace uma circunferência utilizando o suporte de fita adesiva. Posicione a ponta seca do compasso aberto em qualquer ponto da circunferência (a abertura do compasso deve ser tal que ele fique um pouco maior do que o centro estimado da circunferência). (2) Trace um arco que deve ter como extremidades, a circunferência. (3) Repita o procedimento do lado oposto, mantendo a abertura original do compasso. (4) Os pontos de encontro nos dois arcos determinam uma reta. Essa reta é a sua referência para o posicionamento do refil de caneta no suporte da fita adesiva.

Dê 100 voltas com o fio esmaltado (nº 30) no suporte, com o refil da caneta já instalado. Para facilitar o trabalho, dê uma ou duas voltas no eixo, deixando um segmento sobressalente de 10 cm aproximadamente. Quando terminar de enrolar a bobina, deixe novamente 10 cm de fio no outro extremo do eixo. Esses segmentos devem **ser desencapados** com uma lixa e enrolados em espiral no segmento do eixo que excede o suporte, formando o contato elétrico que será utilizado para alimentar as espiras por meio do apoio formado por porcas de parafuso ligadas à bateria (veja o esquema).

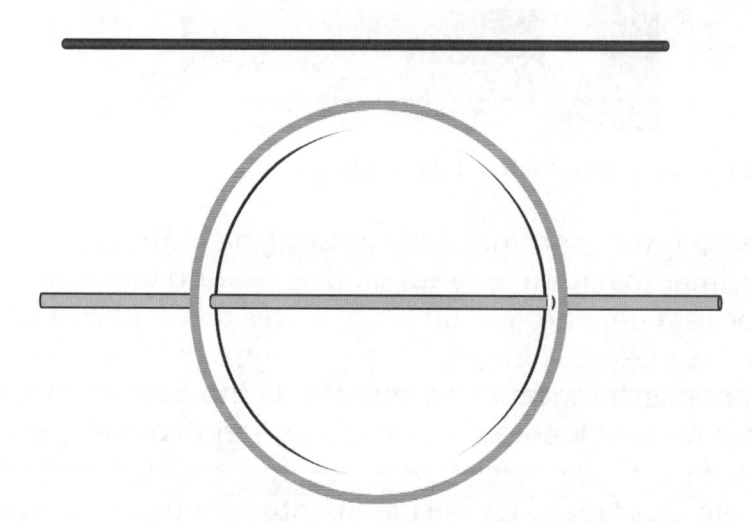

Figura 5.6. O refil (componente da caneta que armazena a tinta) deve atravessar o suporte de fita adesiva para compor o "rotor" de nosso motor experimental.

Os ajustes finais (distância do ímã à bobina, altura das porcas no suporte, material para a construção do suporte etc.) ficam por sua conta. Tenha um bom entretenimento.

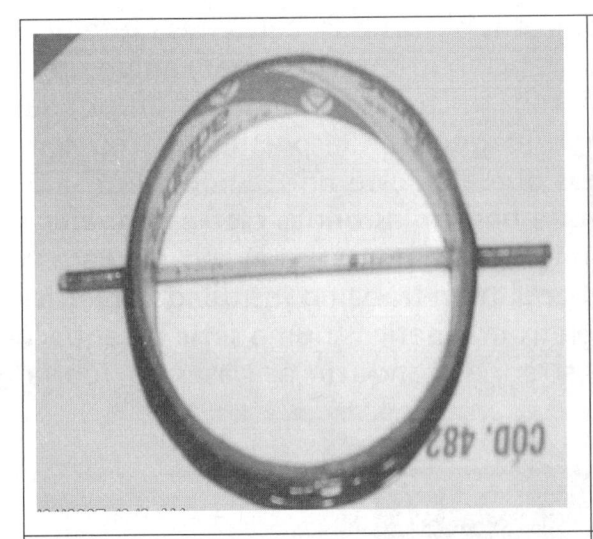 Passo 1: Aspecto da bobina enrolada no suporte de fita adesiva. O eixo é o refil de caneta.	 Passo 2: O contato elétrico é feito com uma porca fixada em um suporte de madeira.
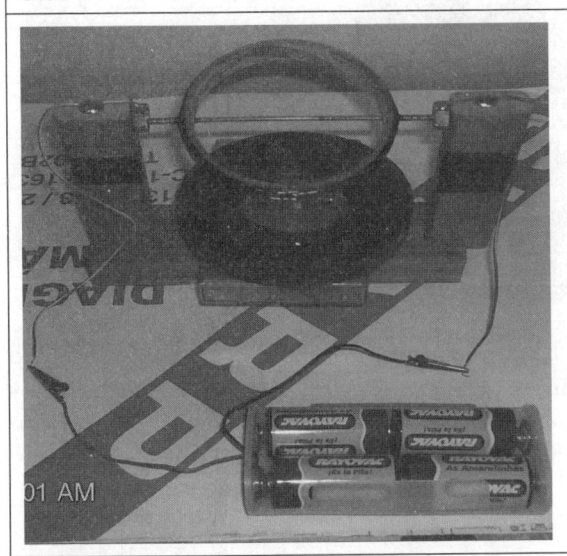 Passo 3: O aspecto final do motor é o mostrado acima. Para iniciar o movimento, posicione o ímã o mais perto possível da bobina (sem contato um com o outro).	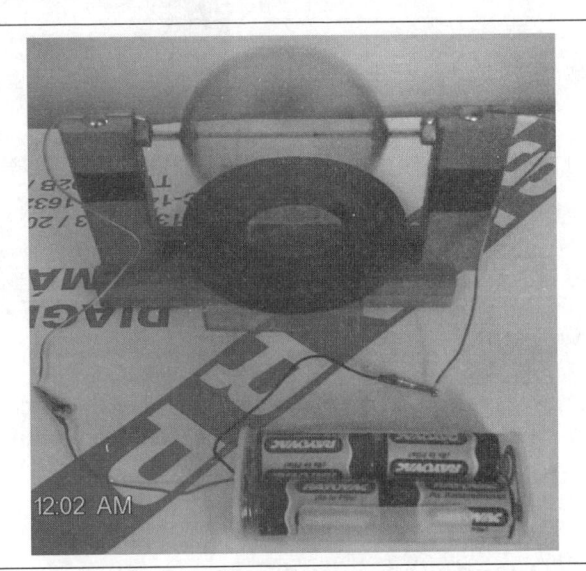 Passo 4: Se o "rotor" não iniciar o movimento espontaneamente, dê a "partida", empurrando o rotor.

Tabela 5.2 Construção de um motor rudimentar

... E Maxwell gerou Einstein

Quando os elétrons - sim, mais uma vez eles - se movimentam, produzem efeitos magnéticos. No entanto, mesmo parado, o elétron pode atuar à distância, causando efeitos como os verificados na clássica experiência do pente eletrizado que atrai papel picado, que não tem nenhuma relação com as propriedades magnéticas do elétron. Se não é magnetismo, nem mágica, o que seria? Acontece que os elétrons (e qualquer partícula eletricamente carregada) interagem com outras partículas. Essa interação é promovida por intermédio de uma força. Convencionou-se denominar **campo** uma região do espaço sujeita à ação de forças. Se forem forças relacionadas às propriedades magnéticas dos materiais, falamos em **campo magnético**. Se possuir relação com as propriedades elétricas dos materiais, dizemos que ali existe um **campo elétrico**. É da interação dos campos elétrico e magnético que nascem as ondas eletromagnéticas (o entendimento pleno dessa relação exige domínio da Matemática avançada. Para você ter uma ideia, o cientista *J. C. Maxwell* sintetizou, num trabalho intitulado "Eletricidade e Magnetismo", de 1873, os fenômenos eletromagnéticos numa série de equações. O desenvolvimento posterior dessas e outras teorias conduziu às bases da Teoria da Relatividade.

www.wikipedia.org

Figura 5.7. *Albert Einstein* ganhou o *Nobel* de Física em 1922 por seus trabalhos com o efeito fotoelétrico, ou seja, foi um dos pioneiros da **Mecânica Quântica**. Bastava isto para torná-lo célebre. Posteriormente, revolucionou a ciência com a Teoria da Relatividade e contribuiu para o entendimento e o domínio da energia nuclear.

Quando lhe perguntaram quais seriam os armamentos usados numa eventual Terceira Guerra Mundial - na época, havia muita incerteza quanto aos usos futuros das armas nucleares - *Einstein* respondeu que não sabia. Todavia, podia afirmar que, na **Quarta Guerra Mundial**, as armas usadas seriam machados de pedra. A tecnologia **propõe** a maneira como vamos viver ou, no caso, morrer. Mas, quem **dispõe** desses recursos somos nós, a partir de nossas consciências e sistemas de valores.

Brincando com fogo

O apocalipse se concretizou pelos eternos segundos das 08 horas e 17 minutos da manhã de 06 de agosto de 1945, quando uma massa de urânio ("tipo" 235), foi convertida em milhões de milhões de joules de energia, equivalentes a 20 mil **toneladas de TNT**. A grande dificuldade na fabricação do artefato nuclear lançado neste dia, no Japão, foi o enriquecimento de urânio, que consiste em separar o raro isótopo 235 de toneladas de urânio 238, relativamente abundante. Para saber mais sobre o processo de criação da bomba atômica, assista ao filme *Fat Man and Little Boy* – **O início do fim** é o título em português – lançado pela *Paramount Pictures* e dirigido por *Roland Joffe*. Além de ser um ótimo filme, é um registro da dificuldade **técnica** e da complexidade **ética** que envolveu a construção da **Bomba A**.

www.wikipedia.org

Figura 5.8. O modelo da bomba lançada sobre Hiroshima, acima, tinha 3 metros de comprimento e 4 toneladas, com uma carga mortal de urânio 235. Recebeu o sinistro apelido de *Little Boy*. A bomba lançada sobre Nagasaki possuía plutônio como núcleo físsil e tinha um formato mais arredondado, o que lhe valeu o codinome *Fat Man*.

Acredite... se quiser!

A onda eletromagnética possui uma velocidade de mais ou menos 300.000 km/s* (mais precisamente **299.792.458 m/s** no vácuo). Essa é a velocidade da luz. Não vai dizer que a luz... É isso mesmo! A luz é uma onda eletromagnética, assim como os raios X, as micro-ondas, as ondas do rádio, da televisão, do celular... E sabe de uma coisa? Esses fatos já estavam previstos nas equações de Maxwell. O que faltava era provar tudo isso!

Gigantes do velho continente

Da mesma forma que *Maxwell* enxergou mais longe por estar "sobre os ombros de gigantes" (entre eles *Michael Faraday*), o físico *Heinrich Hertz* desenvolveu, na prática, as conquistas teóricas de *Maxwell*. As equações de *Maxwell* diziam que as cargas elétricas oscilantes deveriam emitir ondas eletromagnéticas. *Hertz* se lançou à tarefa de comprovar essa previsão.

Num trabalho revolucionário, criou um dispositivo capaz de colocar em prática as proposições teóricas de *Maxwell*: construiu um emissor de ondas (duas pequenas bobinas com uma pequena folga entre si). Aplicava alta tensão ao sistema e as bobinas faiscavam (a corrente de rápida oscilação entre as bobinas produzia ondas eletromagnéticas). Para captá-las, *Hertz* utilizava um anel metálico separado por uma pequena folga, nos moldes do dispositivo emissor. As transmissões superavam apenas alguns metros, já que a intenção de *Hertz* não era o alcance e sim, a comprovação do fenômeno em si, o que realizou brilhantemente.

Além do horizonte...

Quando os trabalhos de *Hertz* foram divulgados, impressionaram um jovem italiano, de nome *Guglielmo Marconi*, que passou a se dedicar à tarefa de ampliar as conquistas de *Hertz*, vislumbrando aplicações comerciais para essa nova tecnologia. Melhorando os mecanismos de transmissão (aprimorou os sistemas de antena com aterramento), conseguiu alcançar distâncias de transmissão cada vez maiores. Em 1899, conseguiu enviar um sinal através do Canal da Mancha, que interliga a França e a Inglaterra. Em dezembro de 1901, finalmente, a conquista do Atlântico: uma transmissão histórica, que consistiu num sinal do código Morse enviado da **Inglaterra** e detectado no **Canadá**. As contribuições de *Marconi* para a radiodifusão valeram-lhe o *Nobel* de Física, recebido em 1909. A expansão das fronteiras continua - as ondas de rádio ajudam o homem a enxergar além do sistema solar.

Figura 5.9. Muitos corpos celestes emitem radiações, cuja potência, frequência e tempo de emissão podem ser "farejados" por equipamentos especiais denominados radiotelescópios. O radiotelescópio mostrado acima é o resultado da curiosidade e da inventividade de técnicos e cientistas, tais como *Maxwell*, *Faraday* e *Marconi*, aproveitadas por outros cientistas e engenheiros igualmente talentosos.

O relâmpago e o trovão

É interessante perceber como há paralelismos entre as ondas mecânicas (o som emitido por um trovão, por exemplo) e as ondas eletromagnéticas (a luz de um relâmpago). O interessante fenômeno da **ressonância** não foge à regra. Todos os corpos materiais têm uma frequência natural de vibração. Quando uma onda mecânica atinge um determinado objeto, o mesmo vibra com certa intensidade. A frequência responsável por induzir no objeto as maiores vibrações possíveis é conhecida como **frequência de ressonância**. Em 07 de novembro de 1940, a ponte sobre o estreito de Tacoma, no

Estado de *Washington*, começou a oscilar violentamente, "embalada" por rajadas de vento que acometeram a cidade. Por volta de 11h00min, toda a estrutura ruiu, numa das mais impressionantes demonstrações do poder da ressonância.

www.wikipedia.org

Figura 5.10. Essas fotografias registram, respectivamente, o início do processo oscilatório da ponte no estreito de Tacoma e o apogeu das vibrações, que culminaram na ruptura de toda a estrutura.

A ressonância também se manifesta nos circuitos elétricos. Quando você abre um rádio, duas peças predominam no "cipoal de componentes": a bobina de antena AM e o capacitor variável de sintonia **(Figura 5.11)**. Pois saiba que essas duas peças formam um circuito ressonante. E ele é capaz de destruir pontes? Não, mas é capaz de "fazer uma ponte" entre as emissoras de rádio e TV e o aparelho receptor que você tem em casa. **Como isso é possível?**

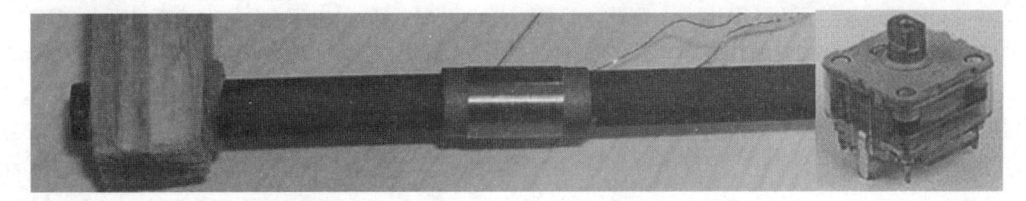

Figura 5.11. Uma bobina sustentada por um bastão de ferrite forma a antena interna de ondas médias (etapa de AM) dos rádios modernos.

Estudando os circuitos ressonantes

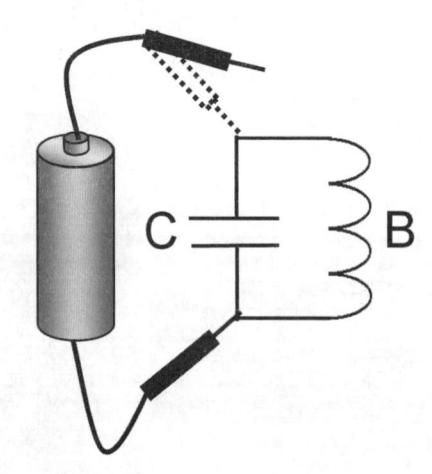

Figura 5.12. O par formado por uma bobina e capacitor formam um conjunto ressonante que, convenientemente alimentado, gera um padrão de ondas úteis para a transmissão e a recepção de sinais.

O capacitor (C) acumula energia em forma de campo elétrico e a bobina (B) acumula energia em forma de campo magnético. O que acontece quando você alimenta esse conjunto (capacitor/bobina) por um breve instante (liga rapidamente uma pilha entre os terminais do capacitor, por exemplo)? O capacitor se carrega e, como o circuito está fechado por intermédio da ligação com a bobina, o capacitor se descarrega, convertendo alternadamente **corrente** elétrica em **energia** elétrica "condensada" e em **campo** elétrico, e vice-versa. O mesmo faz a bobina, convertendo **corrente** elétrica em **campo** magnético e vice-versa. E o mais interessante: quando o capacitor se carrega é a bobina que está "injetando" **corrente** no circuito. Quando a bobina, por sua vez, transforma **corrente** em **campo** magnético, é o capacitor que está produzindo a **corrente** elétrica. Capacitor e bobina se alternam nessa tarefa de carga e descarga, gerando um padrão ondulatório, cuja frequência depende do valor dos componentes. Repare que o gesto inicial (ligar os terminais da pilha ao capacitor por um instante) gera um "impulso" no sistema, que começa a oscilar. E aí? Fica assim para sempre? Não, pois o circuito dissipa calor e emite ondas eletromagnéticas, o que representa perda de energia do sistema e o mesmo cessa as suas oscilações com o passar do tempo. No entanto, se fornecermos energia extra ao sistema para repor as perdas, ele continuará oscilando indefinidamente até que a fonte de energia seja desligada.

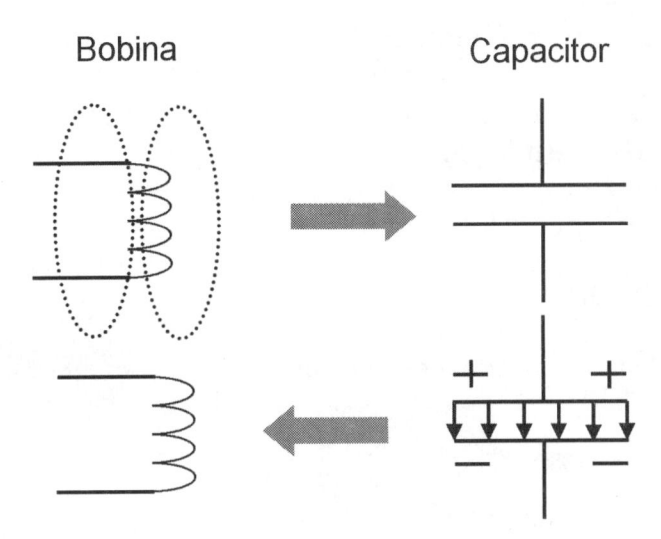

Figura 5.13. Capacitor e bobina formam uma espécie de "gangorra" de energia elétrica: ficam alternando-se na atividade de injetar corrente no circuito, numa frequência que depende do valor dos componentes usados.

Esses circuitos oscilam sempre com a mesma frequência? Não. A frequência de oscilação depende do valor do capacitor (em *farad*) e da bobina (em Henry). Você já notou que o botão de sintonia do rádio está ligado ao capacitor variável dentro do aparelho? Então, quando você gira o botão de sintonia, está, na verdade, mudando o valor de um capacitor que faz parte de um circuito oscilante.

E o que a ressonância tem a ver com tudo isso?

Todas as emissoras de AM e FM chegam ao seu rádio ao mesmo tempo. No entanto, é evidente que a sua captação e reprodução nos alto-falantes deve ser feita de forma independente. O grande objetivo do botão de sintonia do seu aparelho receptor é alterar a **frequência natural de oscilação** dos circuitos de recepção do rádio, de modo que a mesma fique igual à frequência da emissora que se deseja captar. Quando as ondas eletromagnéticas transmitidas (todas elas) das estações de rádio atingem o aparelho receptor, elas induzem no circuito oscilante da antena (circuito de captação de ondas) tensão e corrente. Entretanto, somente uma dessas ondas vai "destacar-se" entre as demais: essa é a onda que tem uma frequência igual à frequência de oscilação do conjunto capacitor/bobina (circuito de antena) do radiorreceptor. Dizemos que a onda eletromagnética emitida pela emissora de rádio entrou em ressonância com o circuito da antena do rádio. Assim, podemos dizer que a ressonância é o fenômeno pelo qual se torna possível a captação e a seleção de estações de rádio de forma independente e ordenada.

A TERCEIRA ONDA

A transmissão de rádio se baseia no princípio de modulação da onda portadora. Como o próprio nome indica, é a onda portadora que transporta a informação do som captado em estúdio. Cada portadora tem uma frequência bem definida. Note que os comerciais de rádio sempre anunciam a frequência de transmissão da estação emissora.

Pois bem, essa é a frequência da onda portadora. O processo pelo qual o sinal de áudio (captado pelos microfones) modifica o sinal da portadora é conhecido como **modulação**. A modulação pode ser em amplitude (**AM**) ou em frequência (**FM**). Analise a figura e visualize o processo de modulação.

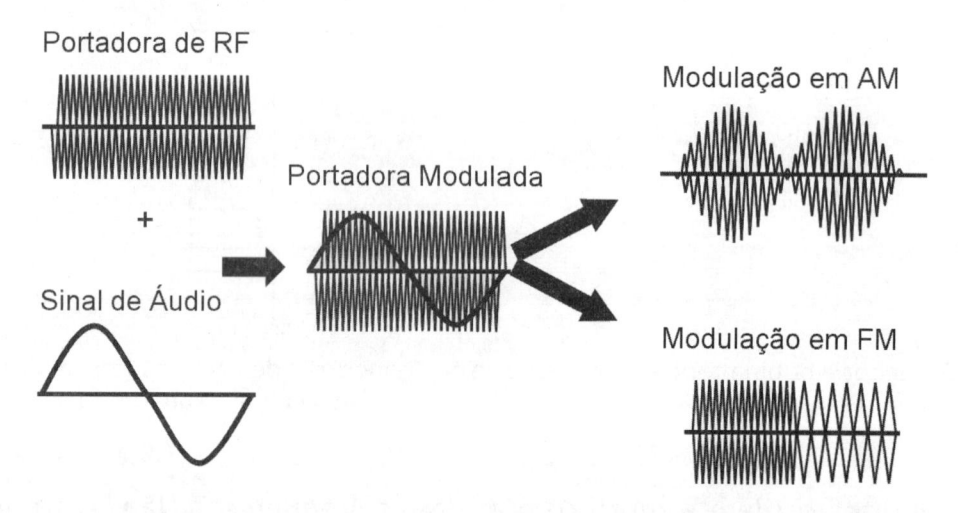

Figura 5.14. A modulação em **AM** altera a amplitude da Portadora de **RF**. A modulação em **FM** altera a frequência da Portadora de **RF**. Entretanto, nos dois casos, é o sinal de áudio que "molda" a forma final da onda portadora. O sinal de áudio representado é meramente ilustrativo, já que, na prática, a sua forma é extremamente irregular, porém tudo "funciona do mesmo jeito".

Na modulação em **AM**, a audiofrequência (voz ou música) é captada e transformada em sinais elétricos (por um microfone, por exemplo). Esse sinal é convenientemente "misturado" à onda portadora (de frequência constante), resultando na onda modulada em amplitude ou em frequência (o sinal de áudio é bem mais irregular do que o sinal que serve de exemplo acima, que possui função meramente ilustrativa). De qualquer maneira, a onda resultante é uma fusão perfeita da portadora com o sinal (onda) de áudio. No caso do **FM**, não ocorrem mudanças na amplitude da portadora, mas somente **em** sua frequência (veja a figura). Tanto no caso do **AM** quanto do **FM**, existem circuitos especializados no radiorreceptor capazes de separar as ondas que foram misturadas na modulação. O nome desse processo de separação de ondas é conhecido como demodulação - demodular consiste em separar a componente de baixa frequência (audiofrequência) da onda portadora de alta freqüência. Os processos de demodulação de **AM** são diferentes dos processos de demodulação de **FM**, como veremos a seguir.

Nas ondas do rádio

A onda eletromagnética (portadora modulada) emitida por uma emissora de rádio percorre vários quilômetros até chegar às antenas de um aparelho receptor, no qual induz uma pequena tensão. É uma tensão pequena mesmo, da ordem de alguns microvolts ou pouco mais que isso. É verdade que as ondas de rádio transmitem energia, contudo, ela não é suficiente para produzir som diretamente nos alto-falantes de rádios de grande potência. Entretanto, em arranjos especiais, que reúnem capacitor, bobina, diodos e fones de alta impedância, é possível captar ondas de rádio enviadas pela antena da estação emissora sem usar pilhas ou outra fonte de energia.

Os rádios que usamos cotidianamente atuam de forma semelhante. No entanto, a reprodução do som em um rádio comum é realizada com grande potência e a energia irradiada pela onda da antena da emissora simplesmente não seria suficiente para a operação do alto-falante. Desse modo, os receptores comuns utilizam energia extra de uma fonte de tensão (pilhas ou rede elétrica doméstica) para amplificar o sinal captado na antena, convertendo-o em som (energia mecânica).

E como um rádio funciona?

O receptor deve desempenhar três funções para cumprir a sua missão:
a) Amplificar o sinal de radiofrequência recebido na antena;
b) Separar o sinal de áudio do sinal da portadora (isto é, demodular o sinal);
c) Amplificar o sinal de áudio.

Fique por dentro!

Quando falamos em antena de rádio, logo nos vem à mente a clássica antena externa de metal, conhecida nos meios técnicos como antena telescópica. Ela é utilizada para a recepção das ondas da faixa do **FM**. Agora, remova a tampa traseira de um radinho comum. Observe que no aparelho se encontra uma barrinha preta de ferrite com um enrolamento fixado no seu corpo (ferrite é um material ferromagnético, isto é, "reforça" o campo magnético produzido pela bobina). Essa é a "anônima" antena para a faixa do **AM**.

Tempestade de ritmos

Todas as estações transmitem sinais ao mesmo tempo. Então, como não há confusão de estações nos aparelhos de rádio? No rádio, a antena capta e "injeta" o sinal recebido num circuito chamado amplificador de radiofrequência (**RF**). A missão do amplificador é... amplificar. E é isso que faz o amplificador de **RF**: Amplifica a pequeníssima tensão induzida na antena do receptor pela onda da estação emissora. O amplificador de RF também seleciona uma única estação (o que se consegue atuando sobre o botão de sintonia). E quem controla a frequência a ser captada? É o conjunto formado pelo botão de sintonia (capacitor variável) e a bobina de antena. Todo o processo está explicado no tópico "**Estudando os circuitos ressonantes**".

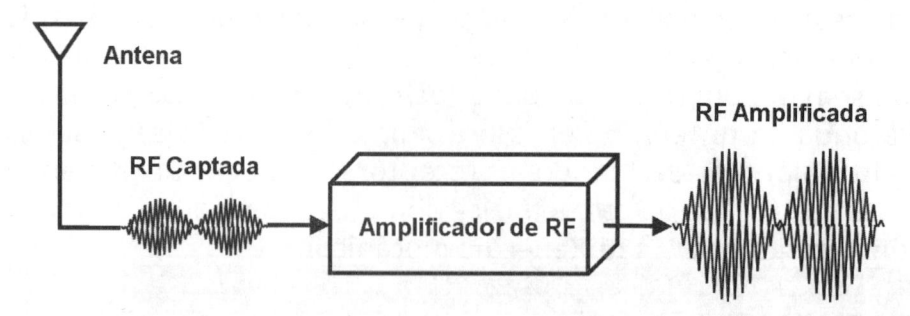

Figura 5.15. O sinal fraco recebido pela antena é "reforçado" pela etapa amplificadora de RF.

Nos rádios atuais, existe um circuito especial conhecido como **etapa conversora**, cuja função é transformar o sinal de **RF** (capturado pelo amplificador de **RF**) num sinal cuja frequência é fixa (455 kHz para **AM** e 10,7 MHz para **FM**). O aparelho de rádio possui um oscilador local, que produz uma onda cuja diferença de frequência em relação à estação sintonizada será sempre a mesma. Digamos que a estação sintonizada seja uma rádio **AM** na faixa dos 800 KHz. O oscilador local (do aparelho de rádio) produzirá uma frequência de 1255 kHz, de modo que a diferença entre elas seja sempre de 455 kHz (1255 – 800). Para qualquer estação, o princípio será o mesmo, de forma que sempre resulte uma frequência de 455 KHz. Para o **FM**, tudo se passa da mesma forma, com o seguinte detalhe: a frequência obtida **não é** 455 kHz e sim 10,7 MHz. Em resumo, **a etapa conversora** "funde" o sinal da saída do amplificador de **RF** com o sinal do oscilador local, produzindo as frequências fixas: 455 kHz para o **AM** e 10,7 MHz para o **FM**. Tais frequências são conhecidas como **Frequências Intermediárias** ou abreviadamente como **FI** e os rádios modernos funcionam, quase todos, assim. Veja a figura.

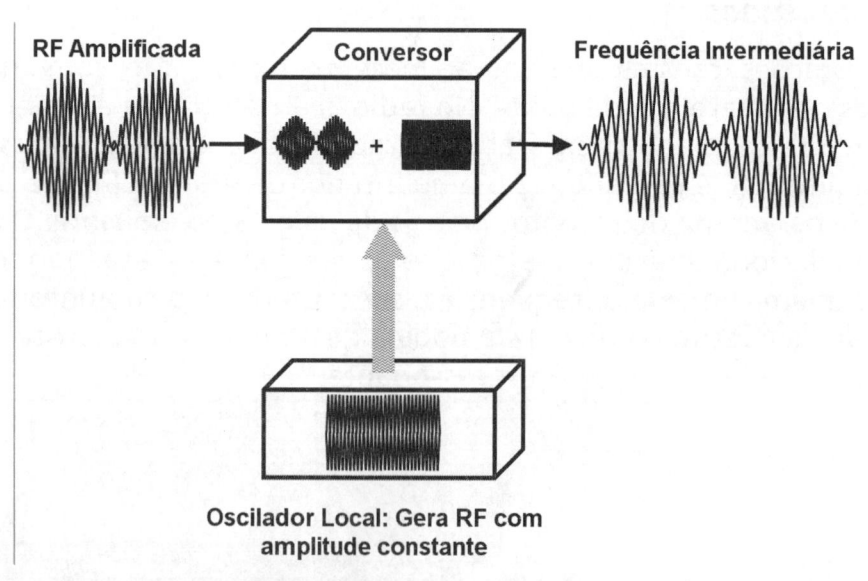

Figura 5.16. O conversor é responsável pela fusão do sinal de RF amplificado e do sinal gerado no oscilador local, resultando no sinal de frequência intermediária.

O processo analisado de misturar duas frequências para obter uma terceira é conhecido como batimento. Observe que as **Frequências Intermediárias** obtidas são ultrassônicas (estão muito acima da faixa audível de som, que vai de 20 Hz até 20 kHz). Esse tipo de batimento se diz **super-heteródino** e assim, também é conhecido o rádio que o adota.

Qual é a vantagem do sistema de Frequências Intermediárias (FI)?

Ao invés de lidar com as frequências de todas as estações de **AM** e **FM**, o rádio, após as etapas inicias de sintonização das emissoras, terá que lidar apenas com as frequências de 455 kHz (**FI de AM**) e 10,7 MHz (**FI de FM**). Esses sinais são amplificados em amplificadores sintonizados que só "trabalham" com as **Frequências Intermediárias**. Esses amplificadores são chamados de amplificadores de **Frequências Intermediárias** ou amplificadores de **FI**. Esses amplificadores são sintonizados (máximo rendimento para **FI**) e o seu ajuste é crítico, sendo realizado em pequenos transformadores facilmente identificáveis na placa do rádio: são blindados com caixinhas metálicas e com pequenos parafusos coloridos, inconfundíveis em qualquer rádio com o circuito exposto.

Um substituto dos transformadores de **FI**, comumente utilizados nos rádios atuais, são os filtros cerâmicos, mostrados na **Figura 5.17**.

Figura 5.17. Os filtros cerâmicos são utilizados no rádio para possibilitar somente a passagem da **Frequência Intermediária** para as etapas detectora e amplificadora de áudio. No corpo do filtro, vem indicada a sua frequência de trabalho (455 kHz para **AM** e 10,7 MHz para **FM**). Observe que eles, diferentemente dos capacitores e bobinas em geral, possuem três terminais.

A etapa detectora

O sinal de **FI** preserva a forma da onda captada. A frequência, no entanto, foi alterada para os valores típicos: 455 kHz, no caso do **AM**, e 10,7 MHz, no caso do **FM**. Dessa maneira, a onda de **Frequência Intermediária** deve ser processada em outras etapas para a sua conversão em sinal de áudio. A próxima etapa do processamento do sinal de radiofrequência é a etapa detectora no **AM** e a discriminadora no **FM**. A modulação ocorre de forma diferente no **AM** e no **FM**. O processo inverso, a demodulação, também se realiza segundo "mecanismos" deferentes para os sinais modulados em **AM** e **FM**.

88 | Entendendo a Tecnologia

O objetivo, no entanto, é o mesmo: a separação dos sinais de áudio e radiofrequência que estão juntos desde a emissora de rádio. Essa função pode ser realizada por diodos ou seus equivalentes eletrônicos - transistores ou circuitos integrados. Separado o sinal de áudio, basta aplicá-lo à etapa amplificadora e reproduzir o som no alto-falante.

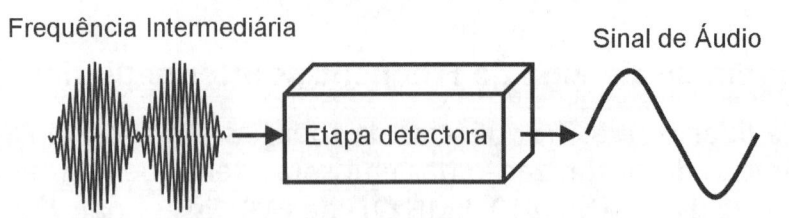

Figura 5.18. Passando pela Etapa detectora, o sinal de áudio é separado da onda de **FI**, estando pronto para a amplificação final, onde ganha energia suficiente para ser reproduzido como som no alto-falante.

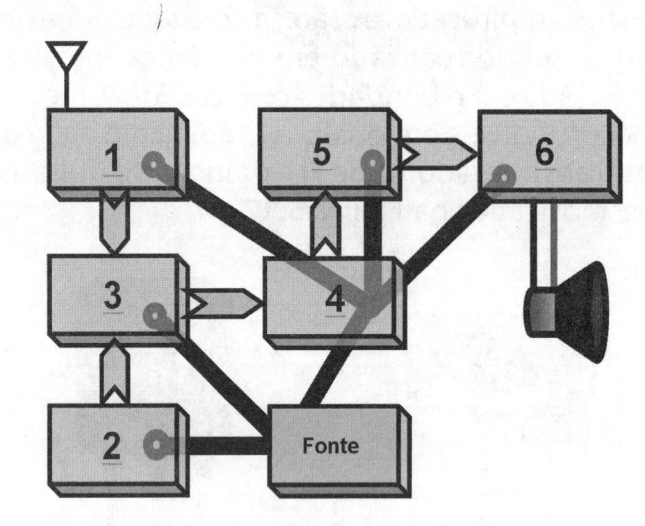

Figura 5.19. O diagrama mostra as etapas de um radiorreceptor e as suas interligações.

Na figura acima, temos:
1. Circuito da antena, no qual a onda da estação emissora é selecionada por meio dos mecanismos de ressonância já demonstrados;
2. Etapa osciladora, que produz uma onda de frequência constante a ser misturada com a portadora modulada captada na antena;
3. Etapa misturadora, na qual as ondas das etapas 01 e 02 são "fundidas", resultando em uma terceira onda, de frequência constante, denominada **Frequência Intermediária** (FI);
4. Etapa amplificadora de **FI**, onde a frequência intermediária será "reforçada";
5. Etapa demoduladora, onde o sinal de áudio e a onda portadora serão separados, sendo esta enviada para a terra e o sinal de áudio, aplicado à etapa 06;
6. Etapa amplificadora, onde o sinal de áudio é amplificado para adquirir a energia suficiente para excitar o alto-falante.

Anatomia de um rádio

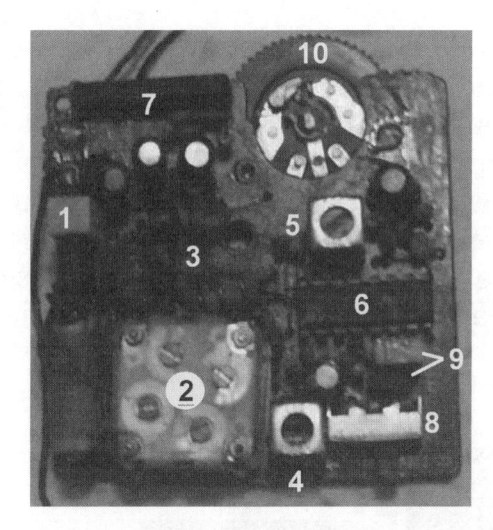

Figura 5.20. Esse é um modelo de rádio **AM/FM** portátil. Não se iluda: um radinho de bolso é simples somente na aparência, pois é vasta a tecnologia envolvida em sua concepção. Esse pequeno rádio funciona alimentado por duas pilhas de apenas 1,5 volts e, no entanto, o som que é capaz de produzir pode "incomodar os ouvidos". Acompanhe a explicação do funcionamento do aparelho.

O circuito de AM

É formado pela bobina de antena **(01)**, que possui uma série de enrolamentos em torno de um bastão de ferrite (um material que "reforça" o campo magnético da bobina), e por uma das seções do capacitor de sintonia **(02)**. Repare a bobina **(04)** ao lado do capacitor. Essa é a bobina osciladora do circuito de **AM** e está ligada a um dos 04 *trimers* do Capacitor de Sintonia (os trimers são capacitores pequenos que parecem parafusos em cima do capacitor de sintonia). Repare que o número **(09)** está indicando duas pecinhas, sendo uma delas retangular. Esse é o filtro de cerâmica para a frequência de **AM**, que substitui uma bobina de **FI** - o filtro de cerâmica só permite a passagem da frequência de 455 kHz (**FI** de **AM**). Esse filtro tem a frequência de trabalho gravada no seu corpo.

O circuito de FM

É formado por duas bobinas com 03 e 04 voltas (bobina osciladora e bobina de antena, respectivamente) indicadas na figura pelo número **(03)**. Repare que enquanto a bobina osciladora do **AM** é blindada (envolta numa caixinha de metal, indicada na figura pelo número **04)**, a bobina de **FM** não conta com essa proteção. Essas bobinas também estão ligadas (em paralelo) com os *trimers*. Repare que existe também outra bobina no circuito **(05)**. Essa é uma bobina de **FI** de **FM**. O **FM** também tem filtro de cerâmica. A figura **(09)** mostra uma pecinha que parece um pequeno capacitor visto de cima. Identifique esse componente na placa do seu rádio e perceba que ele tem 03 terminais, estando gravada no seu corpo a sua frequência de trabalho: 10,7 MHz. A sua função é dar passagem à **FI** de **FM**. A chave **(08)** comuta entre os circuitos **AM** e **FM**.

O circuito integrado

É o circuito integrado **(06)** que faz tudo nesse rádio. É ele que recebe as **Frequências Intermediárias** devidamente amplificadas e filtradas, e realiza a separação entre a onda portadora e o sinal de áudio, enviando o sinal para o CI de Áudio **(07)**. Nele, há a amplificação e a reprodução do sinal como som no alto-falante, cuja intensidade é controlada pelo potenciômetro **(10)**. Note que tanto as etapas de **RF** quanto a etapa de áudio poderiam ser perfeitamente realizadas com transistores; todavia, o emprego do CI torna tudo isso possível com a adição de alguns poucos componentes num espaço reduzido. Qualquer que seja o rádio, o princípio do funcionamento está descrito aqui.

Você sabia?

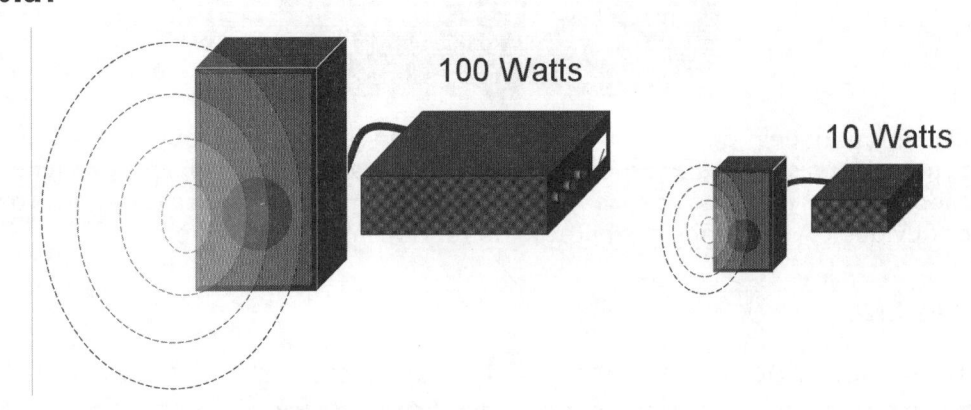

Figura 5.21. A potência sonora diz respeito à intensidade do som e não à sua frequência (sons "altos" ou "baixos"), o que geralmente causa confusão.

Dois sistemas de sonorização. Qual deles produz o som mais alto?

A altura de um som e a sua amplitude são coisas diferentes, mas causam confusão no dia a dia. Quando dizemos que um som está "baixo", estamos querendo dizer que o mesmo está fraco. Rigorosamente falando, o termo está errado, pois sons "baixos" são sons graves ou de baixa ("lenta") frequência.

Já os sons ditos "altos" são sons agudos ou, de outro modo, sons de alta ("rápida") frequência. Quando o som está fraco, ele é pouco **intenso** (pequeno "volume") ou ainda, de pequena amplitude. Um som forte é muito intenso ou de elevada amplitude. Entretanto, no cotidiano, não "faça barulho" por causa disso, pois o rigor só deve ser usado em Acústica ou, então, você corre o risco de não ser ouvido. Aliás, os sons audíveis se estendem por uma faixa de 20 (baixa frequência) a 20 000 Hz (alta frequência), pois sons mais "baixos" ou mais "altos" não podem ser captados pelo ouvido humano médio.

O som estereofônico

Os nossos ouvidos são muito sensíveis aos sons que vêm de direções diferentes. No ambiente natural, o som que captamos é proveniente de várias direções. Isso confere ao som percebido (ouvido) uma sensação de "volume" (espaço): Temos a exata noção de onde vem um som e isso confere ao mesmo certo direcionamento, sem o qual os sons pareceriam sair sempre de um mesmo lugar. Para que essa sensação seja reproduzida num sistema artificial de sonorização, é necessário que a gravação seja realizada em pontos diferentes e reproduzida em alto-falantes distintos. Muita gente pensa que, para termos um sistema estéreo de reprodução, basta que o rádio tenha dois alto-falantes. A reprodução de som estéreo, na verdade, depende disso e de muito mais. A própria captação do som, como foi dito, deve ser realizada com microfones independentes, cujos sinais são processados convenientemente. Os sinais gerados devem ser transmitidos, captados e convertidos no aparelho de som por um circuito especializado conhecido como **decodificador estéreo**, que possibilita a separação dos sons em canais diferentes, cujos sinais são enviados para alto-falantes distintos e reproduzidos como um som que cause a sensação de direcionamento, sobre o qual falamos.

AM versus FM

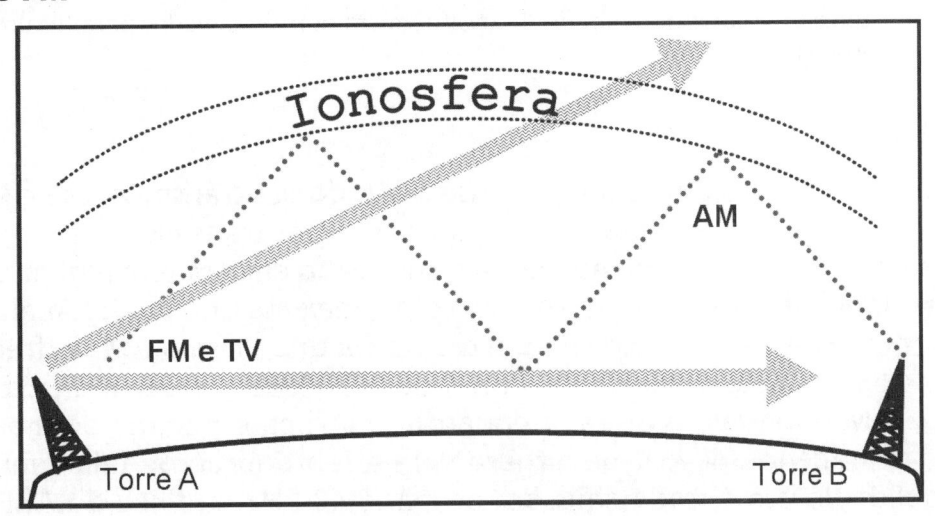

Figura 5.22. As ondas de FM, de maior frequência, não são refletidas na atmosfera, ao contrário das ondas de AM que podem ser refletidas, com consequente aumento de seu alcance.

A Terra possui uma camada protetora em torno de si - um "oceano de ar" denominado atmosfera. Esta é constantemente "bombardeada" por partículas e ondas eletromagnéticas provenientes da atividade solar e da ação dos raios cósmicos, cuja formação tem relação com a origem e a evolução do próprio Universo. Entretanto, o que importa realmente é que esse constante "bombardeio" gera uma camada de partículas ionizadas na atmosfera, a **ionosfera**, que atua como um refletor para alguns comprimentos de onda. Esse fenômeno afeta a transmissão de ondas curtas e médias - estas últimas, na faixa do **AM** - que podem ter o seu alcance consideravelmente aumentado. Já as ondas com comprimento abaixo de 10 m (que incluem as ondas de **FM** e **TV**), **não são refletidas pela ionosfera, atravessando-a**. Na verdade, o alcance das ondas de rádio **FM** e **TV** se limitam ao alcance visual. É por isso que as antenas que realizam esse tipo de transmissão se situam em locais de elevada altitude.

Figura 5.23. As antenas emissoras de sinais de **TV** se situam em pontos elevados para ter um maior alcance das suas transmissões.

Fidelidade sonora

Vimos que a estereofonia é um processo adotado nas transmissões de **FM**. Por que não temos **AM** estéreo? É perfeitamente possível realizar transmissão estereofônica em **AM**, mas isso não é muito recomendável. A transmissão em **AM** tem algumas limitações que **não permitem** uma reprodução de som com a máxima qualidade. Analise o indicador de sintonia (*dial*) de um rádio comum e perceba que, para o **AM**, as frequências se estendem de 535 a 1605 kHz (extensão total de 1070 kHz). Parece muita coisa, porém um **canal** de **AM** (intervalo entre as frequências máxima e mínima de uma emissora) deveria ter, pelo menos, 40 kHz de largura para a reprodução de fala e música com a máxima fidelidade, isto é, cada emissora ocuparia 40 kHz na faixa do **AM**. Ora, 1070 kHz divididos por 40 kHz redundariam em apenas 27 emissoras de **AM** (cada uma com um canal de 40 KHz). A fim de possibilitar que mais emissoras pudessem ser transmitidas em **AM**, limitou-se o canal de cada emissora a 10 KHz (sendo que desses, 1 KHz é reservado para a separação das emissoras). Isso aumentou o número de emissoras com possibilidades de transmitir em **AM**, contudo com prejuízo para a qualidade sonora que, apesar de razoável, não reproduz toda a gama de frequências do som audível. Além disso, o **AM** é muito sujeito a ruídos ocasionados por ondas eletromagnéticas interferentes, que podem alterar a amplitude do sinal modulado, resultando em distorções na reprodução do som.

Analise o *dial* do seu rádio e veja como estão distribuídas as frequências da faixa do **FM**. Note que as frequências se estendem de 88 a 108 MHz, cobrindo uma gama de frequências de 20 MHz (108 – 88). Com isso, os canais das emissoras de **FM** podem ser muito mais extensos que os seus correspondentes em **AM**. Para você ter uma ideia, o canal de uma emissora de **FM** possui uma extensão de 200 KHz. Nem toda essa faixa, no entanto, é utilizada para a modulação, pois há necessidade de reservar "espaço" para a separação entre as estações. Assim, apenas 150 KHz podem ser utilizados para a modulação, o que é mais do que suficiente para a reprodução de toda a gama de frequências do som audível. O **FM** também não está sujeito às interferências que afetam o **AM**. Por tudo isso, a transmissão em **FM** garante uma reprodução sonora de alta fidelidade. Como você já deve ter deduzido, a estereofonia é mais um recurso de aprimoramento da qualidade de transmissão em **FM**. É realmente lamentável que grande parte da programação musical do **FM** atual não seja própria para o consumo humano, apesar da altíssima qualidade dos aparatos de reprodução sonora.

Graves problemas, pequenos reparos

Existem algumas dicas que você pode seguir para sanar defeitos que, ainda que sejam banais, podem levar o seu aparelho receptor à inoperância.

A curiosidade tem limites

Quando você abre um rádio, a primeira coisa que chama a sua atenção são aqueles parafusos coloridos sobre as bobinas de FI. Você logo pensa: esses parafusos devem estar precisando de um pequeno aperto. Aí, então... O rádio deixa de funcionar corretamente ou, o que é pior, simplesmente deixa de funcionar...

"Mas onde foi que eu errei"?

Não tente "ajustar" nem os parafusos situados nas bobinas, nem tampouco os parafusos do capacitor variável. Esses parafusos foram ajustados na fábrica com o uso de equipamentos adequados. O desajuste desses parafusos não é a causa provável do defeito que acometeu o rádio. Portanto, não faça intervenções indevidas no aparelho.

Antes de qualquer coisa, tenha sempre em mente que a substituição de componentes deve respeitar valores, tensão de trabalho e características físicas. Os capacitores eletrolíticos não podem ser substituídos por capacitores de poliéster e um capacitor que trabalha com 200 volts não pode ser substituído por um componente que admite somente 100 volts de tensão máxima, sob pena de queimá-lo. No caso dos resistores, observe as suas dimensões; você não pode substituir um resistor grande por outro de dimensões inferiores, mesmo que o valor de resistência dos componentes seja idêntico. Os semicondutores são mais críticos ainda e sua substituição deve levar em conta as características do componente original, atentando para a existência de dissipadores que devem ser preservados para receber o novo semicondutor. Às vezes, uma sobrecarga pode abrir o fusível e basta substituí-lo por outro de amperagem compatível (a amperagem vem indicada em seu corpo), e o aparelho funcionará normalmente. Se o fusível "queimar", não tente substituí-lo novamente, até descobrir a causa do excesso de corrente que atravessa o circuito.

Uma inspeção visual pode revelar componentes enegrecidos e com conformação anormal (capacitores inchados, por exemplo), fios soltos ou trilhas de circuito interrompidas. No entanto, o componente pode apresentar aparência externa intacta e, mesmo assim, estar danificado. Então, como identificar os componentes danificados em um circuito?

Os diagramas

Os diagramas esquemáticos indicam as interligações dos componentes e alguns trazem até as tensões típicas que devemos encontrar nos terminais em relação ao terra que corresponde, geralmente, ao negativo da fonte. Você adquire esses esquemas em lojas especializadas e/ou na Internet. Comparando os valores de tensão indicados no esquema com os valores obtidos com o multímetro, você pode identificar os componentes avariados.

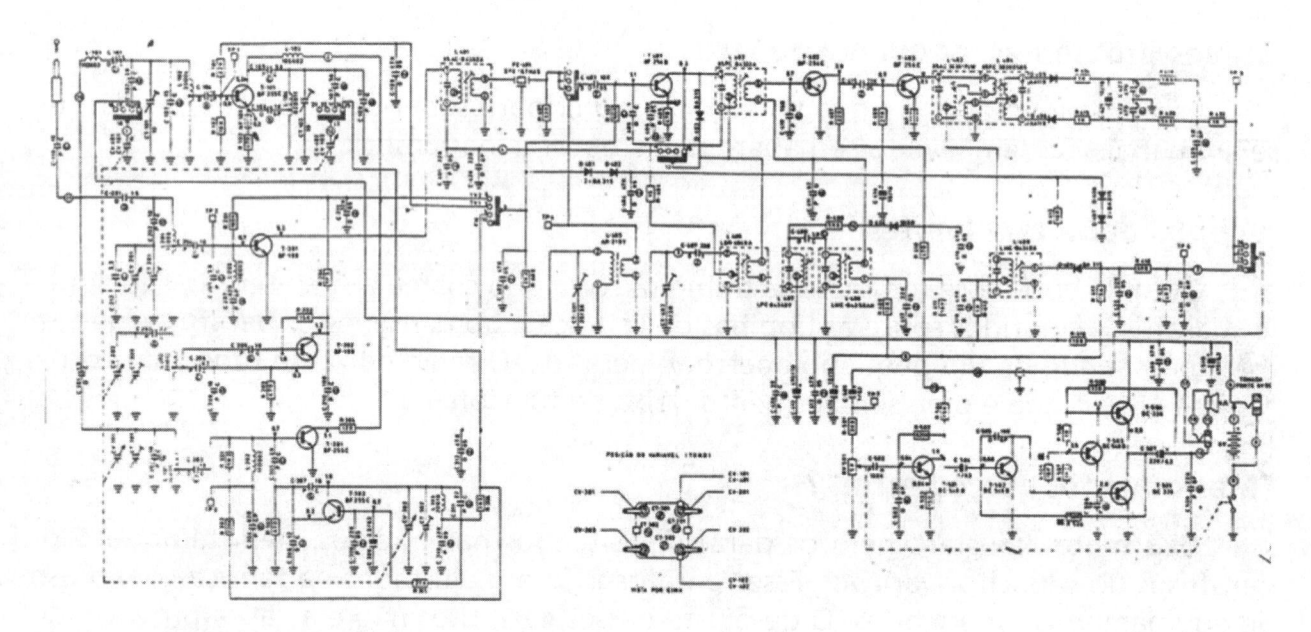

Figura 5.24. Diagrama esquemático típico de um rádio AM/FM.

Diagnóstico

Se o rádio não liga, verifique o fusível (escala x1) e, em seguida, a fonte. O teste da fonte se inicia no capacitor de filtro (o maior capacitor da placa próximo dos diodos retificadores). Se não há tensão nos terminais do mesmo, o problema pode estar nos diodos, transformador ou, mesmo, nos cabos de força.
OBS: Os diodos ou os capacitores de filtragem **abertos** diminuem a tensão de saída da fonte. Os aquecimentos anormais do transformador podem indicar enrolamentos em curto. Nesse caso, a tensão de saída estará menor que o esperado.

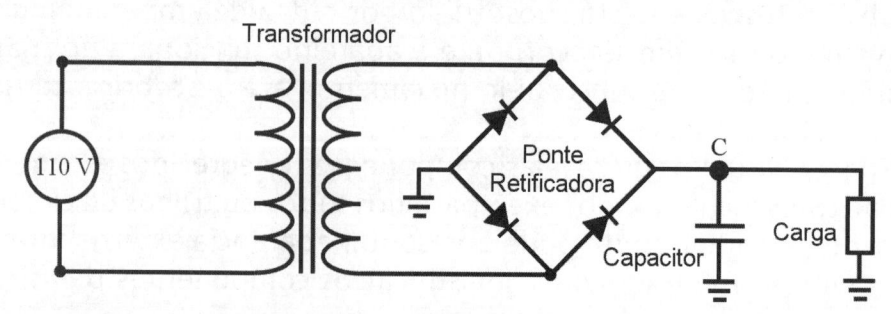

Figura 5.25. Esquema de fonte comum, com a clássica formação de quatro diodos que produzem uma tensão contínua pulsante. O capacitor é utilizado para suavizar a tensão de saída. Coloque os terminais do multímetro no capacitor de filtro e determine se a tensão de saída é compatível com a alimentação indicada para o aparelho. Leituras menores que a prevista indicam danos no próprio capacitor ou, ainda, no transformador e diodos. Com o circuito desligado, faça os testes nos componentes em busca de avarias.

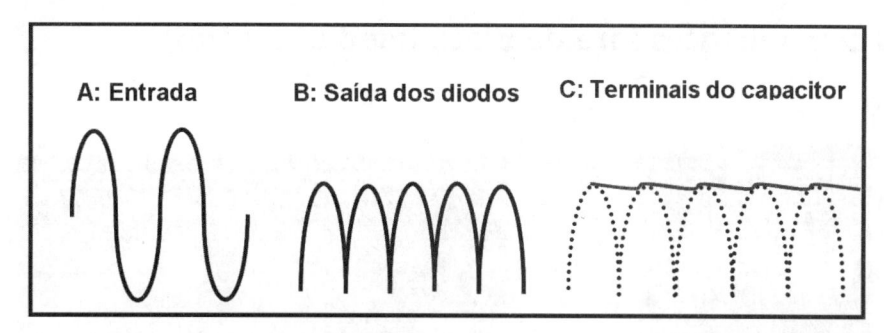

Figura 5.26. Formas de onda encontradas em um circuito retificador. **A:** É a representação da onda senoidal da rede (tensão alternada); **B:** É um sinal contínuo pulsante que é obtido na saída da ponte retificadora; **C:** É um sinal contínuo, praticamente sem variação, obtido nos terminais do capacitor e aplicado à carga. Repare que o capacitor transforma o **sinal B** (contínuo pulsante) no **sinal C** (uma tensão contínua praticamente sem variação).

Se há tensão na fonte e o rádio não funciona, teste a etapa de áudio "injetando sinal" com a parte metálica da chave de fenda (sustentada pelos dedos) nos terminais do CI de áudio, que é o componente mais comumente encontrado nas etapas amplificadoras dos aparelhos atuais. Muito cuidado para não causar um curto-circuito entre os terminais do CI, pois isto poderia danificá-lo. Encoste a chave nos terminais do CI de áudio (o CI de áudio tem muitos capacitores em volta e, às vezes, vem instalado em um dissipador de calor). Você deve ouvir um "chiado alto", quando tocar os pinos de entrada de sinal do CI. Se não ouvir nenhum som, deve pesquisar a alimentação do referido CI. Para isso, coloca-se a ponta de prova preta no terra e a ponta vermelha nos pinos de saída de sinal do CI. Esses pinos estão ligados em capacitores eletrolíticos idênticos e geralmente simétricos que, por sua vez, estão ligados aos terminais do fone de ouvido. As tensões medidas (escala DCV compatível com a alimentação) devem ser iguais entre si e aproximadamente metade da tensão de alimentação do CI. Se você constatar que o CI de áudio está bom, e, mesmo assim, não há som, o problema pode estar nas etapas de RF.

Talvez, você demore um pouco para resolver o problema ou nem consiga solucioná-lo. Não se decepcione, pois os procedimentos apontados aqui são rudimentares. não requerem o uso de nenhum aparelho especial (só um multímetro, um pouco de atenção e paciência) e saiba que os técnicos profissionais utilizam equipamentos sofisticados que permitem identificar a etapa defeituosa e o componente avariado com precisão.

Testando os componentes fora da placa (medição a frio)
O multímetro

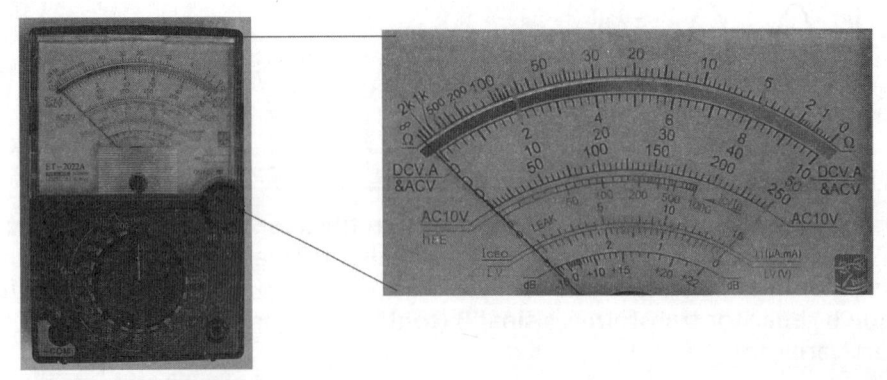

Figura 5.27. O multímetro mostrado aqui é analógico e seu uso é muito simples. Basta selecionar a grandeza que se quer medir e, depois disso, adaptar a escala à **intensidade** de corrente ou à tensão em análise. As medidas de resistência devem ser realizadas após o posicionamento do ponteiro do aparelho no zero da escala com o auxílio do botão de ajuste (à direita). Esse último procedimento é realizado com as pontas de prova unidas. Observe a figura da direita: a leitura de resistência deve ser feita na linha superior e as medidas de tensão e corrente, nas linhas inferiores. Consulte sempre o manual de seu aparelho, antes de usá-lo.

O multímetro é um aparelho de **baixo custo** (algumas dezenas de reais, dependendo do modelo) e grande aplicação. Ele reúne em um só circuito um amperímetro (para determinar a corrente), um voltímetro (para determinar a tensão) e um ohmímetro (para determinar a resistência elétrica). O multímetro é indispensável para qualquer um que se interesse por tecnologia eletro-eletrônica, ou seja, virtualmente quase tudo que está à sua volta.

Ao adquirir um multímetro (os modelos analógicos são mais versáteis e os modelos digitais são de fácil leitura), consulte o manual que acompanha o equipamento para identificar suas escalas, grandezas passíveis de serem medidas, tipo de alimentação, precisão etc. De um modo geral, para a medição de correntes e tensões, devemos simplesmente adotar uma escala compatível com o valor a ser aferido (testado).

Um dos erros mais comuns cometidos com o multímetro é tentar realizar a medida de corrente produzida por uma fonte. Nunca faça isso! Você pode medir a corrente drenada por circuitos, **mas não diretamente da fonte**. Veja o seguinte exemplo: Qual a escala ideal para medir a corrente fornecida por uma pilha ou pela rede elétrica doméstica diretamente de seus terminais? A resposta é: Nenhuma. Como já foi dito, não se pode medir a corrente diretamente de uma fonte com um multímetro. As fontes disponibilizam **tensão** e esta sim, pode ser medida. Na escala de 250 V, **tensão alternada**, você pode realizar a medida de tensão fornecida pela rede elétrica doméstica, por exemplo.

Advertência: Usaremos o multímetro analógico (de ponteiro) para fazer as medições.

Testando resistores

Para a medição da resistência elétrica, inicialmente calibre (ajuste) o multímetro: Adote uma escala conveniente para o resistor a ser medido, una as pontas de prova e atue sobre o potenciômetro de ajuste (zero ADJ) até "zerar" a leitura (agulha do multímetro sobre zero Ohm). Se não conseguir obter tal ajuste, troque as baterias do aparelho e refaça o procedimento. Ah, não esqueça: Faça os testes de resistência com o circuito desligado. Avalie se o valor medido é compatível com o valor indicado no corpo do componente. Caso contrário, descarte-o.

Testando capacitores

Para os capacitores de pequena capacitância, (menores que 100 nF), o procedimento é o seguinte: (01) adote a escala de 10 K e (02) encoste as pontas de prova do multímetro nos terminais do capacitor. Constate que o ponteiro dá um pequeno pulso e estabiliza-se no fim da escala, indicando alta resistência. Se o ponteiro se estabilizar em valores muito baixos, significa que deve ser substituído (está com fuga). Se a resistência for nula, significa que o componente está em curto.

Para os demais capacitores, acima de 100 nF, refaça as etapas 01 e 02. O pulso do ponteiro é mais amplo nesse caso e depois, retorna a um ponto indicativo de maior resistência. Se a agulha não se mover ou estabilizar-se no zero, o capacitor está avariado e deve ser descartado.

O teste serve apenas para identificar o estado do capacitor e não sua capacitância. Para determinar a capacitância, use um **capacímetro**.

Testando bobinas e transformadores

Ajuste o multímetro para a escala x1 e faça contato com os terminais da bobina. Se a agulha não "mexer", a bobina estará danificada. Esse teste pode ser usado também em transformadores para indicar seu estado.

Para os transformadores do circuito de alimentação (transformadores de força), adote a escala **10x**: a resistência entre os terminais do enrolamento primário é de algumas dezenas de ohms. No enrolamento secundário, use a escala **1x**: a leitura deve ser de poucos ohms. Para os transformadores pequenos, adote a escala **x1** tanto para o primário quanto para o secundário. A leitura obtida, neste caso, será de alguns poucos ohms. Como não existe ligação elétrica entre a carcaça do transformador e os enrolamentos primários e secundários, a resistência elétrica entre os mesmos é altíssima, o mesmo acontecendo entre os próprios enrolamentos primário e secundário. Encoste uma ponta do multímetro na carcaça do transformador e a outra ponta em um dos terminais do primário e, em seguida, em um dos terminais do secundário. Depois, encoste uma das pontas em um dos terminais do primário e a outra em um dos terminais do secundário. Se em qualquer dessas situações, o ponteiro do multímetro indicar baixa resistência, o transformador estará em curto e deve ser descartado.

Testando diodos

O diodo conduz bem em um sentido e mal no sentido contrário, como já foi dito. Então, a lógica é a seguinte: Com um multímetro (escala 10 K), coloque as pontas do aparelho nos terminais do diodo e faça a leitura. Agora, inverta as pontas e refaça a leitura. Num sentido, a indicação de resistência é baixa e, no sentido oposto, a indicação é de resistência alta. Caso as medidas sejam iguais ou nulas, o componente está avariado. Para os LEDs, adote a escala de **1 k**. Para os diodos Zener, a escala x1 funciona da mesma forma para qualquer diodo: Baixa resistência em um sentido de polarização e alta no sentido oposto. Quando você adota a escala de 10 k para os diodos Zeners, pode acontecer o seguinte: A resistência medida é baixa em ambos os sentidos. Isso ocorrerá se o valor da tensão marcado no corpo do componente for menor do que a tensão da bateria do multímetro (geralmente em torno de 9V).

Testando transistores

Os transistores envolvem 3 terminais e suas medições estão resumidas no procedimento a seguir:

Etapa 1. Adote a escala x1;
Etapa 2. Mantenha a **ponta preta** fixa em qualquer um dos terminais do transistor;
Etapa 3. Encoste a **ponta vermelha** nos demais terminais;
Etapa 4. Proceda como indicado nas etapas 2 e 3 para os demais terminais (sempre com a ponta preta fixa em um dos terminais) até obter leituras iguais. Neste caso, a ponta preta indica a base de um transistor **NPN.**

Caso você não obtenha leituras idênticas em nenhuma das situações acima, repita o procedimento de 1 a 4 com a **ponta vermelha** fixa em um dos terminais. Quando obtiver leituras idênticas, terá encontrado a base de um transistor **PNP**.

Para a identificação do emissor e coletor, proceda da seguinte maneira:

Transistor **NPN**

Etapa 1. Adote a escala 10 K;
Etapa 2. Mantenha a **ponta vermelha** na base;
Etapa 3. Encoste a **ponta preta** nos terminais restantes. Se o ponteiro do multímetro se mover, você identificou o emissor. Se o ponteiro do multímetro não se mover, trata-se do coletor. **Se as leituras forem iguais, o transistor está em curto**.

Transistor **PNP**

Siga as etapas acima, mas posicione a ponta **preta na base.**

OBS: Em qualquer um dos casos acima, a indicação de resistência nula (o ponteiro deflexiona totalmente para a direita) significa um transistor em curto.

MOSFET

O MOSFET possui três terminais. Esses são, da esquerda para a direita, a **Porta**; o **Dreno** e a **Fonte**. A escala a ser adotada é 10 K. Posicione a **ponta vermelha** no dreno e a ponta preta nos demais terminais. Quando o ponteiro se mover, você identificou a fonte. Se o ponteiro do multímetro não se mover, trata-se da porta.

Com a **ponta preta** no Dreno, o ponteiro não deverá mover-se quando a **ponta vermelha** tocar os demais terminais (Porta e Fonte). Caso contrário, o MOSFET deverá ser descartado.

Testes com os componentes no circuito

Transistor

Para medidas de resistência, mantenha desligado o aparelho a ser testado. Adote a escala x1 e siga os mesmos procedimentos indicados acima para o transistor fora do circuito. As tensões nos terminais dos transistores também são um bom indicador de sua condição. Para medir as tensões nos terminais dos componentes, o aparelho a ser testado, claro, deve estar ligado.

As tensões dos transistores

As tensões lidas nos terminais dos transistores podem oferecer informações úteis acerca de suas condições. Como regra geral, adote os seguintes critérios para pesquisar os transistores defeituosos:

• As tensões menores que as indicadas pelo esquema podem indicar transistores em curto;
• As tensões maiores que as indicadas pelo esquema podem indicar transistores abertos.
• As tensões inalteradas nos transistores e o circuito sem sinal de saída (sem áudio, por exemplo, no caso de um rádio) indicam capacitores defeituosos.

Diodos

Adote a escala x1 e siga os mesmos procedimentos indicados acima para o transistor fora do circuito. O aparelho a ser testado deve estar desligado.

Resistores

Adote uma escala adequada e pesquise uma resistência maior que as indicadas no corpo do componente. Caso as encontre, remova o resistor do circuito para confirmar o resultado fora do circuito. Confirmando-as, descarte o componente. Realize as medições nos dois sentidos, trocando a posição das pontas de prova nos terminais do resistor. O aparelho a ser testado deve estar desligado.

6. Visão além do alcance

O que você vai aprender neste capítulo?

Você entenderá os princípios de funcionamento da televisão e acompanhará sua evolução desde o seu nascimento. O capítulo, ainda, informa alguns procedimentos de reparo desse aparelho.

A infância da televisão

O homem já dominava a transmissão de áudio e sonhava com o dia em que as imagens poderiam ser transmitidas à distância. Nessa época, já se dominavam as técnicas de captação e fixação de imagens em vários tipos de suporte (materiais, tais como as chapas de vidro, foram os primeiros usados nas experiências com fotografia para a fixação de imagens). A partir daí, desenvolveu-se a técnica de exibição de sequências de imagens: o cérebro do espectador funde as imagens exibidas, o que proporciona a "ilusão" de movimento. E desse interessante fenômeno, nasceu a magia do cinema. A TV também usa esse princípio para a produção de imagens, como você verá a seguir. Uma curiosidade: a palavra televisão significa "ver à distância".

Você sabia?

O cinema falado estreia com o filme "O cantor de jazz", em 1927. Essa, no entanto, não foi a primeira experiência com o som no cinema - o uso de gramofones executando músicas e as falas dos personagens em sincronia com o filme ou a apresentação de músicos durante as exibições foram as primeiras tentativas de conciliar imagens e sons na sétima arte. Posteriormente, com a evolução da técnica de reprodução sonora, a informação de áudio foi incorporada à própria película (filme), utilizando processos magnéticos ou óticos de gravação/reprodução de som (veja figura 6.1). O velho cinema está com os dias contados, substituído pela avançada tecnologia digital de som e imagem das novíssimas salas de exibição. A época da tecnologia de exibição ultrapassada dos **filmes imortais** representa o passado. Podemos, facilmente, imaginar como será o futuro.

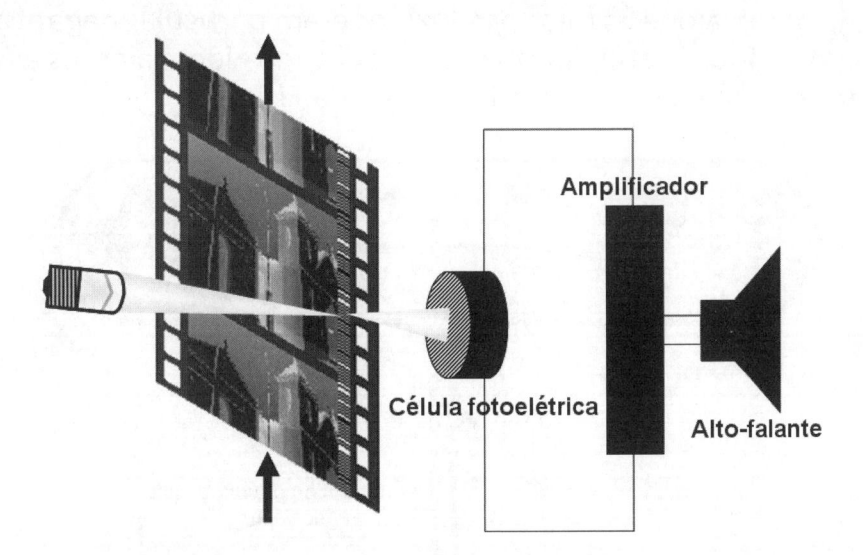

Figura 6.1. No sistema ótico de gravação do som, um feixe luminoso atravessa uma série de marcas à medida que o filme se movimenta. Essa variação de sinal luminoso é correspondente ao som que se quer reproduzir na cena. Uma fotocélula, do outro lado da película, recebe a variação de intensidade da luz e cria um sinal elétrico, que será amplificado e convertido em som para a apreciação do público.

www.wikipedia.org

Figura 6.2. Aparelho de televisão da década de 50.

A origem do "tubo de imagem"

O moderno "Tubo de Imagem" que você tem em casa foi o resultado de um longo processo de pesquisas e descobertas. Na escala evolutiva do **Cinescópio** (vulgo "Tubo de Imagem"), encontramos, como um dos primeiros degraus, o **tubo de raios catódicos**, que nada mais era do que uma ampola de vidro com eletrodos fixados no seu interior (um negativamente carregado, emissor de elétrons, e outro positivamente carregado, cuja função era atrair os elétrons). Seu funcionamento resulta em efeitos luminescentes na parede da ampola, inexplicáveis à época em que foram produzidos. No final do século XIX, já se sabia que os raios produzidos eram partículas negativas e, em 1897, *J.J. Thompson* descobriu a natureza corpuscular dos referidos raios: os elétrons haviam sido descobertos e, com eles, um novo horizonte da Física.

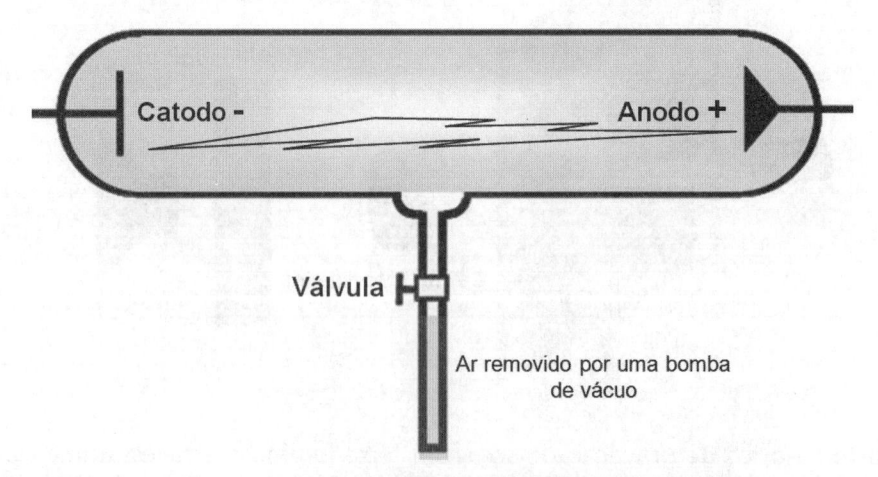

Figura 6.3. Esquema representativo de um tudo de raios catódicos constituído por uma ampola de vidro contendo gás rarefeito (vácuo parcial) e eletrodos (catodo e anodo) submetidos a uma diferença de potencial (voltagem) que propicia a emissão de elétrons pelo catodo e sua atração pelo anodo, com efeitos luminescentes (a ampola emite uma luz esverdeada).

Nessa época, já se sabia que os raios catódicos poderiam ser desviados por campos magnéticos - quando em movimento, o elétron age como um "pequenino ímã", que é afetado, na sua trajetória, por campos magnéticos próximos.

Com esses elementos-chave nas mãos, os pesquisadores e os gênios inventivos foram caminhando gradativamente em direção ao sistema totalmente eletrônico de transmissão e recepção de imagens. "Sistema totalmente eletrônico"? E, por um acaso, já existiu um "Sistema não eletrônico de televisão"? De fato, as primeiras experiências com transmissão e recepção de imagens foram realizadas com um sistema de discos mecânicos patenteados por *Paul Nipkow* e utilizados pelo pioneiro da televisão, *John Logie Baird*. Os discos eram placas com perfurações em espiral que, enquanto giravam, "varriam" a cena e excitavam uma célula fotoelétrica. Essa era estimulada de forma proporcional à luminosidade refletida por cada um dos diferentes pontos da imagem. Havia uma correspondência entre a luminosidade e a corrente elétrica produzidas pela célula, o que permitia tanto a captação quanto a reprodução de imagens, ficando conhecido como sistema eletromecânico de televisão.

Um gênio criativo, chamado *Wladimir R. Zworykin*, baseando-se nas conquistas já realizadas com o tubo de raios catódicos, desenvolveu o "Tubo de Imagem" de TV e construiu uma válvula detectora de imagens para a câmaras de TV, conhecida como **iconoscópio**, em 1923. A década de 30, do século XX, testemunhou o início das transmissões regulares de TV para o júbilo de alguns poucos privilegiados - a televisão, nos seus primórdios, **não** era um eletrodoméstico tão popular quanto hoje, por um simples motivo: era quase tão cara quanto um automóvel. No Brasil, as primeiras transmissões ocorreram na década de 1950 e chegam, nos nossos dias, à era digital.

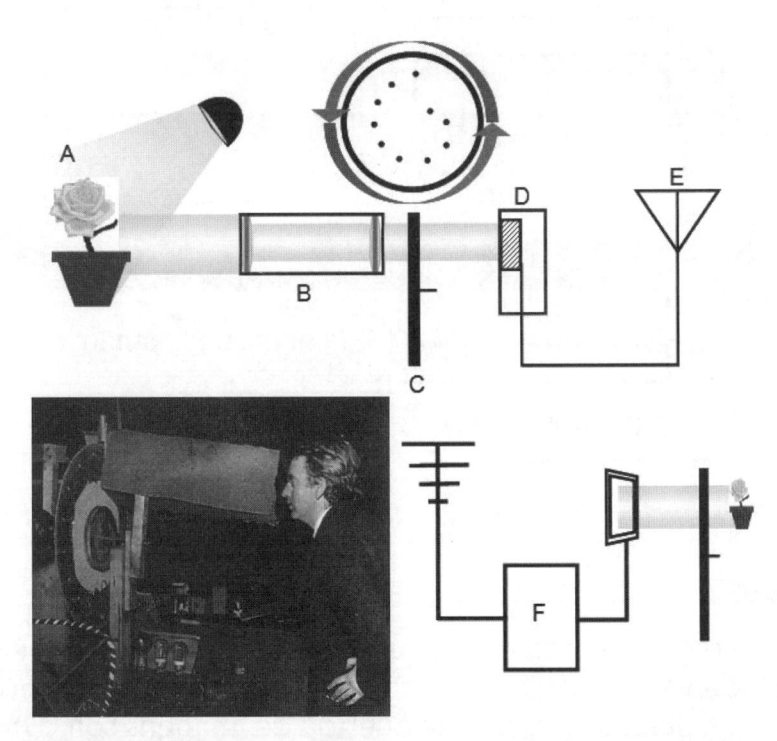

Figura 6.4. A flor (A) iluminada é o objeto que reflete a luz para um sistema óptico (B), que converge a luz para um disco de Nipkow (C). O disco possui uma série de perfurações dispostas em espiral, que "varre" a luz proveniente do sistema óptico, excitando uma célula fotoelétrica (D). Essa produz uma

corrente elétrica (os elétrons são emitidos proporcionalmente à quantidade de luz recebida pela célula fotoelétrica). A corrente elétrica gerada é amplificada e convertida em ondas eletromagnéticas na antena transmissora (E). No receptor (F), a corrente é convertida novamente em brilho por uma lâmpada, cujos raios luminosos são "varridos" por um disco de Nipkow, reproduzindo a imagem da flor para o observador.

As câmaras de TV: Um breve comentário

As câmaras de televisão baseiam-se no seguinte princípio: uma placa revestida com material fotossensível é excitada pela luz e emite elétrons. A placa possui duas faces: uma **face A**, voltada para a luz da cena (previamente focalizada por lentes), e a **face B**, voltada para o filamento emissor de elétrons próximo à base do tubo. A **face B** é revestida com um material semicondutor fotossensível, que emite elétrons para a **face A** (a **face B** fica positiva porque cedeu elétrons para a **face A**). Um "canhão" de elétrons "varre" a **face B** "positivada", descarregando-a. As correntes de descarga formarão o sinal de saída da câmara, que é captado num anel coletor ligado à **face A**. Em outras palavras, a luz "desenhou" a cena na placa fotossensível, que a registrou em forma de minúsculos pontos carregados (como se fossem minúsculos capacitores). Quando esses capacitores são descarregados por um feixe produzido por um "canhão" de elétrons, forma-se um sinal elétrico, que corresponde à informação visual da cena.

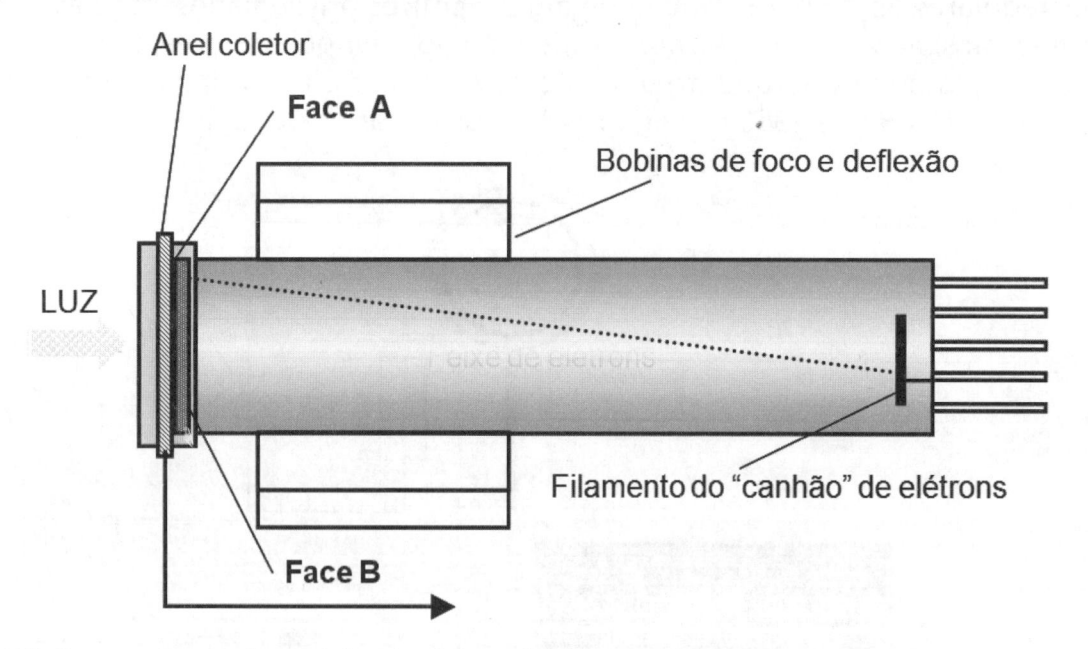

Figura 6.5. Representação de um tubo de câmara de TV.

"O dom de iludir"

Nosso cérebro tem um modo muito peculiar de funcionamento e é graças ao fenômeno da persistência visual - um fenômeno pelo qual imagens consecutivas se fundem na nossa mente - que percebemos uma sequência de imagens como movimento. Entretanto, o "mecanismo" funciona somente se formos expostos a essas imagens numa sequência conveniente e em velocidade suficientemente alta. É importante salientar que a sensação de movimento só será percebida pelo espectador se a sucessão de imagens ocorrer a uma taxa de pelos menos 16 quadros por segundo. O cinema, por exemplo, adota uma taxa de 24 quadros por segundo. Nas transmissões de TV, essa taxa é de 30 quadros por segundo, que é mais do que suficiente para proporcionar ao telespectador a sensação de movimento das imagens exibidas. É curioso perceber que tanto o cinema quanto a televisão são baseados numa propriedade da atividade cerebral do espectador!

No caso da televisão, usa-se o seguinte recurso para evitar que a tela cintile (a tela ficaria "piscando" sem essa correção): os quadros são "varridos" em linhas alternadas, "varrem-se" as linhas pares e as ímpares, alternadamente. Um grupo de linhas pares ou ímpares "varridas" chama-se **campo**. Esses dois **campos** formam juntos um **quadro**. É bom lembrar que o feixe de elétrons varre a tela, de cima a baixo, 60 campos por segundo ou 30 quadros por segundo.

O ABC da televisão

Ao ler as páginas deste livro, você o faz percorrendo uma sequência bem definida - as letras são símbolos que formam frases, que são percorridas da esquerda para a direita e de cima para baixo. A cada página concluída, você reinicia o processo de leitura na parte superior esquerda da próxima página do livro. Se a tela da TV fosse uma página, os seus pontos de fósforo fossem letras e as linhas horizontais formassem frases, a "leitura da imagem" seria algo semelhante à leitura de um livro. Bem, quase isso, pois a formação da imagem na tela da TV tem as suas peculiaridades, que passaremos a "explorar".

Desenhando com os elétrons

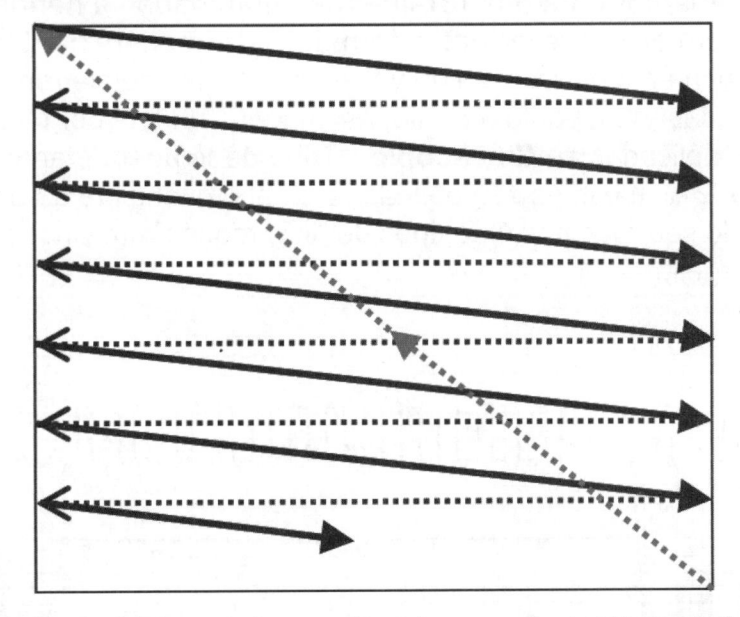

Figura 6.6. Representação do fenômeno da varredura de uma tela de TV, possível graças ao mecanismo de deflexão do feixe eletrônico. Sem os mecanismos da deflexão (movimentação do feixe de elétrons pelas bobinas instaladas no "pescoço" do tubo de imagem), teríamos apenas uma mancha luminosa no centro da tela.

O número de linhas horizontais para o sistema adotado no Brasil é de 525 "varridas" (**varredura horizontal**) a uma taxa de 30 quadros por segundo, resultando numa frequência de 15750 Hz (525 x 30), ou seja, o feixe percorre a tela na horizontal 15.750 vezes a cada segundo. De cima para baixo (**varredura vertical**), a frequência é mais baixa, 60 Hz, isto é, por 60 vezes, o feixe vai do extremo superior ao inferior da tela. Combinando os movimentos vertical e horizontal do feixe, cada ponto da tela é percorrido. Mais um detalhe importante: toda vez que o feixe chega ao fim de uma linha, deve ser reposicionado para iniciar novamente o processo de varredura. O sinal que faz o reposicionamento do feixe (**sinal de retraço**) não pode ser visto na tela da TV e está representado por linhas pontilhadas.

O "canhão" de elétrons atua exatamente como um "canhão" convencional: arremessa em linha reta um projétil (no caso, o elétron). Para onde está apontado o "canhão" de elétrons? Para o centro da tela. Entretanto, os elétrons percorrem a tela da esquerda para a direita e de cima para baixo, como representado na **Figura 6.6** Como é possível, se o "alvo" do "canhão" eletrônico é sempre o centro da tela? Se você observar o "pescoço" de um "Tubo de Imagem", encontrará dois pares de bobinas (duas internas e duas externas). Pois bem, essas bobinas fazem o seu clássico trabalho de criar um campo magnético quando percorridas por uma corrente, que é gerada num circuito especial, como você verá mais adiante. Já mostramos que os elétrons, quando em movimento, agem como pequenos "ímãs". O feixe de elétrons arremessado pelo "canhão" eletrônico encontra, na sua passagem em direção à tela, os campos magnéticos gerados pelas bobinas. Quando isso acontece, o feixe eletrônico é desviado, de modo a percorrer a tela, como mostramos na figura acima. Parece simples, mas ainda temos um pequeno detalhe não esclarecido: basta lançar os elétrons contra a tela para assistir ao meu programa favorito? Lançando os elétrons contra a tela, com os processos de varredura ativos, teríamos uma tela totalmente "iluminada" e nenhuma imagem para apreciar. Então, quem promove, afinal, a formação da imagem na tela de um televisor? Estando em funcionamento o processo de varredura, o feixe de elétrons arremessado pelo "canhão" eletrônico desenha, ponto a ponto, as imagens na tela por meio das informações de "claro e escuro" aplicadas ao **Cinescópio** ("Tubo de Imagem", lembra?). De onde vêm essas "informações"? As mesmas são obtidas do sinal proveniente da emissora de TV, que chega às antenas do seu receptor. Que tipos de "informação" um sinal de TV transporta? É o que veremos a seguir.

O sinal de vídeo

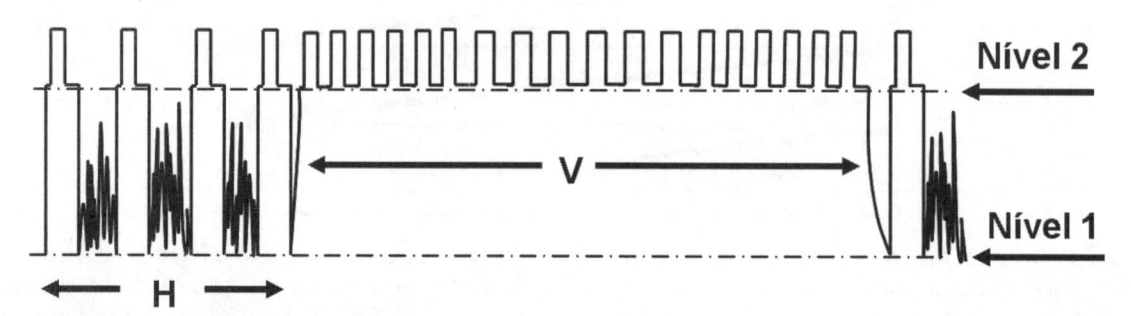

Figura 6.7 Representação do sinal de vídeo transmitido pelo canal de TV.

Vamos começar a nossa análise com um sinal que transporta apenas a informação de **Luminância** ("claro e escuro"), desconsiderando as cores, por enquanto. O sinal de vídeo, mostrado na **Figura 6.7**, quando aplicado aos circuitos de uma TV, vai gerar uma imagem em preto e branco. Os quatro primeiros "pilares" da nossa figura (**H**) são os responsáveis pelo apagamento dos traços horizontais, para que eles possam voltar para a sua posição original sem serem vistos na tela, já que esses sinais não transportam nenhuma informação visual útil. Os "rabiscos" entre os pilares representam a informação visual que aparecerá em forma de imagem. Quanto mais próxima a forma do sinal estiver do **Nível 01 (Nível de branco máximo)**, mais "luminosa" será a informação visual que a onda gera. Por outro lado, quanto mais próximo o sinal estiver do **Nível 02 (Nível de apagamento)**, mais "escura" será a informação que transporta. Entre esses dois níveis, o sinal pode assumir uma variada gama de cinzas. Com essa "paleta" de tons de cinza (misturas de claro e escuro), o sinal de vídeo, "manipulado" pelos circuitos do aparelho de TV, pode "desenhar" qualquer coisa na tela. E o que significam aquelas barrinhas acima do **Nível 02**, mostradas na figura acima? O "canhão" de elétrons deve imprimir a quantidade exata de "luz ou sombra" em cada um dos pontos das 525 linhas de que a tela é composta. Essa tarefa seria difícil sem as referências de posicionamento do feixe e correríamos o risco de ter distorções na imagem. Para evitar que isso aconteça, são enviados sinais especiais denominados **pulsos de sincronismo**, que são responsáveis pelo perfeito sincronismo entre as imagens geradas pelas câmeras da estação emissora e a sua reprodução no aparelho de TV. O vão maior da figura (V) representa os sinais de apagamento vertical com os seus pulsos de sincronismo (vale aqui a mesma explicação fornecida acima) e os pulsos equalizadores, responsáveis pela correta varredura da tela.

A anatomia do sinal de TV

O canal de TV possui uma largura de 6.000.000 Hz (6 milhões de Hertz), relativamente extenso se lembrarmos que um canal de AM tem apenas 10.000 Hz (10 mil Hertz) e um canal de FM, muito maior que o de AM, possui uma extensão de 200.000 Hz (200 mil Hertz). A largura de 6 MHz se justifica pela complexidade de informações que um sinal de TV transporta. Esses canais são distribuídos em duas faixas: o VHF, com canais variando entre 54 e 216 MHz de frequência, e UHF, com canais variando entre 470 e 890 MHz. Na figura abaixo, vemos a distribuição das informações no canal de TV. Observe que a portadora de vídeo não está posicionada simetricamente no canal - as suas faixas laterais se estendem 4,0 MHz para a direita e somente 0,75 MHz para a esquerda em relação à portadora. Por quê? Simplesmente por uma questão de limitação do tamanho do canal, pois, para que as faixas sejam simétricas, o canal deve ser maior, o que se mostrou inconveniente, pois um canal de 6 MHz é o que tem o melhor compromisso entre o transporte de informações e a ocupação do menor espaço possível no espectro de sinais de TV. Perceba, portanto, que as faixas laterais de vídeo não são simétricas em relação à onda portadora, sendo transmitido apenas um "resíduo" da faixa lateral inferior. Daí vem o nome **Faixa lateral residual**, adotado para esse sistema de transmissão.

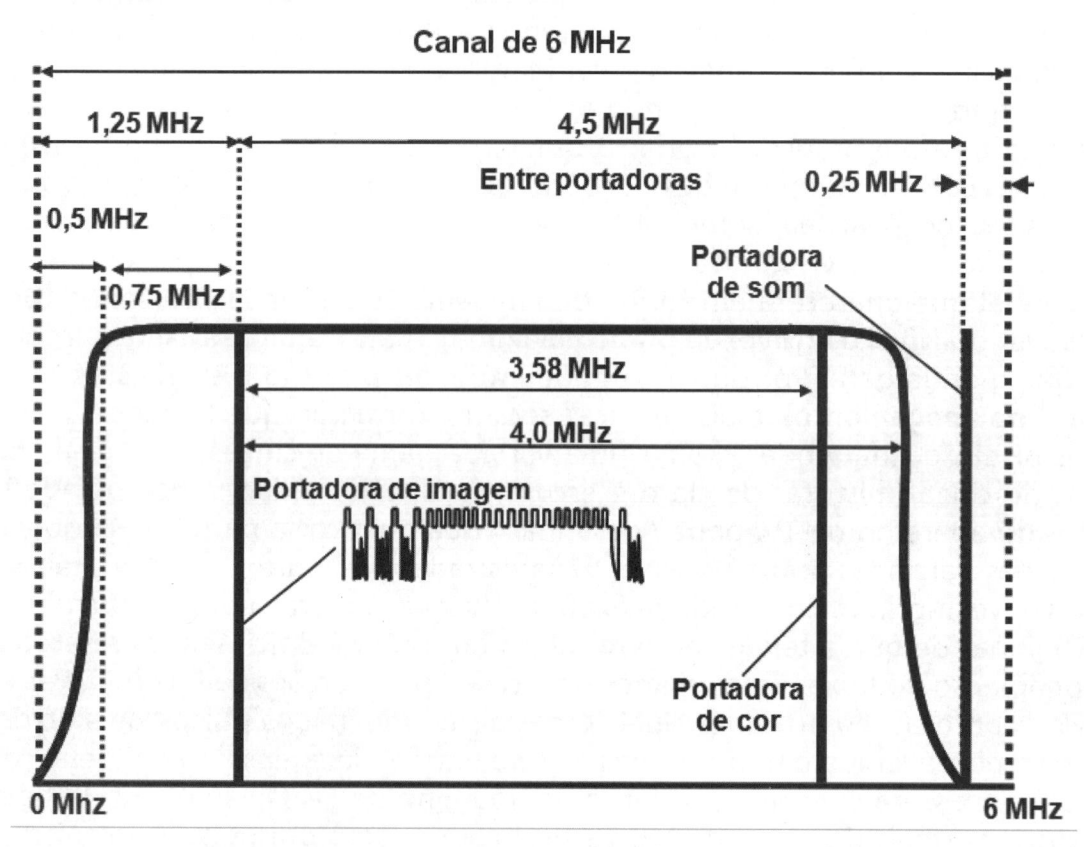

Figura 6.8. O canal padrão de televisão e a distribuição de frequências. A portadora de imagem está a 1,25 MHz acima do extremo inferior do canal. A portadora de cor está a 3,58 MHz acima da portadora de imagem e a portadora de som está a 4,5 MHz acima da portadora de imagem ou 0,25 abaixo do extremo superior do canal.

Para não dizer que não falei das cores

A construção do sistema comercial de transmissão em cores foi a consequência natural do desenvolvimento da televisão **em preto e branco**. Entretanto, aí surge um problema: Como criar um sistema de televisão em cores compatível com o já implantado e difundido sistema em **preto e branco**? Um desafio resolvido por técnicos conceituados, reunidos numa comissão que ficou conhecida como NTSC - National Television System Committee - sigla que empresta o nome para o primeiro sistema comercial de transmissão em cores compatível com o sistema **em preto e branco**. O Brasil estava engatinhando em termos de televisão e ainda não se discutia, claro, a questão da imagem em cores no nosso país. Para você ter uma ideia, as primeiras transmissões de TV em **preto e branco** realizadas no Brasil (década de 50) ocorreram quando a TV **em cores** já se tornava uma realidade nos **EUA**. No entanto, o atraso foi benigno para o "País do Futebol", pelo menos dessa vez, pois, enquanto a televisão em preto e branco começava aqui, outros países desenvolviam sistemas aprimorados de transmissão **em cores** em relação ao NTSC norte-americano. Quando chegou a hora e a vez do Brasil escolher um entre os vários sistemas de transmissão à disposição no mercado, na década de 70, o sistema adotado foi o Phase Alternating Line ou, como é mais conhecido, **sistema** PAL, desenvolvido na **Alemanha**. Uma curiosidade: o sistema adotado na **França** é o **SECAM**, que também foi difundido na antiga **URSS**.

O Phase Alternating Line

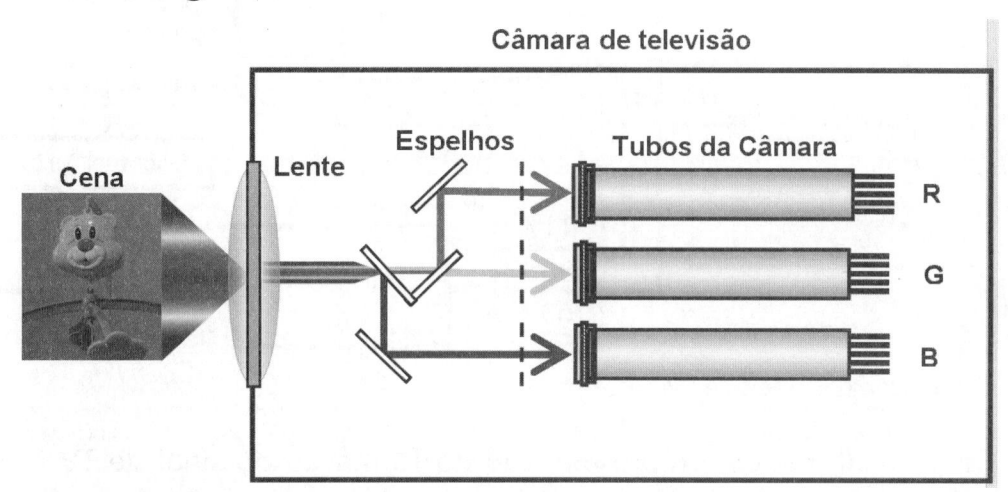

Figura 6.9. Representação de uma câmara de TV onde se observa uma lente para a concentração do feixe luminoso proveniente da cena, espelhos especiais que filtram e direcionam os componentes vermelho, verde e azul, e os tubos da câmara que converteram a mensagem luminosa em sinais elétricos R (Red), G (Green) e B (Blue).

Os sinais **R, G e B**, produzidos pela câmara, serão modificados em circuitos especiais e serão convertidos nos sinais **Y, R-Y e B-Y**. E de onde vem o sinal **Y**? Ele é o resultado da combinação de **R, G e B**: o **Y** traduz as áreas claras e escuras da cena. Os sinais **R-Y e B-Y** transportam a informação de cor da imagem a ser transmitida e reproduzida no aparelho de TV.

O sistema PAL, um aprimoramento do sistema NTSC

Para a televisão em cores, interessam as cores **Vermelha (R), Verde (G) e Azul (B)**, ou seja, a luz da cena deve ser separada nessas três cores, que serão convertidas em **sinais elétricos**, conforme mostra a **Figura 6.9**. E tem mais uma coisa: o sinal de **Luminância Y** (claro e escuro) também deve ser transmitido para possibilitar o funcionamento das TVs **em preto e branco**, que, como sabemos, não foram abolidas. O sinal **Y** também é importante na TV em cores, como você verá a seguir. Então, temos que transmitir sinais de **Luminância** ("luz e sombra") e **Crominância** ("cor"). Os técnicos definiram que seriam transmitidos **03 sinais**: a própria **Luminância (Y)** seria um deles e os sinais de **Crominância (Cor)** seriam divididos em outros dois. Os sinais de **Crominância** são formados por **R-Y e B-Y**.

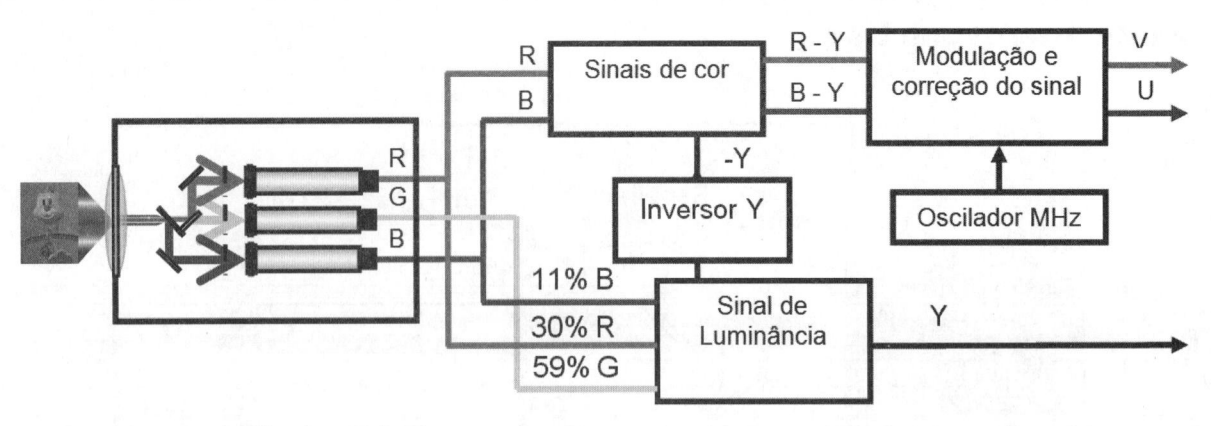

Figura 6.10. Formação dos sinais de TV.

Na **Figura 6.10**, temos a representação da formação do sinal de TV a ser transmitido. A câmera converte a informação visual em sinais elétricos (R, G e B). A combinação desse sinal em proporções adequadas forma o sinal de luminância (que forma a imagem acromática nas TVs em preto e branco e participa da formação da imagem colorida das TVs em cores). O sinal (– Y), obtido a partir da inversão do sinal Y, é adicionado aos sinais R e B, formando os sinais R-Y e B-Y, que são modulados pela subportadora de cor (gerada em um oscilador de 3,58 MHz). Os sinais R-Y e B-Y são corrigidos, formando os sinais V e U, que estão defasados 90° entre si, sendo que, no sistema PAL, o sinal V é transmitido em fases alternadas. O sistema NTSC **não** realiza essa alternância de fases. No sistema NTSC, os sinais R-Y e B-Y são comumente referidos como sinais I e Q. Vamos tentar visualizar graficamente a propriedade mais importante do sistema PAL - a reprodução de linhas com alternância de fases do sinal V.

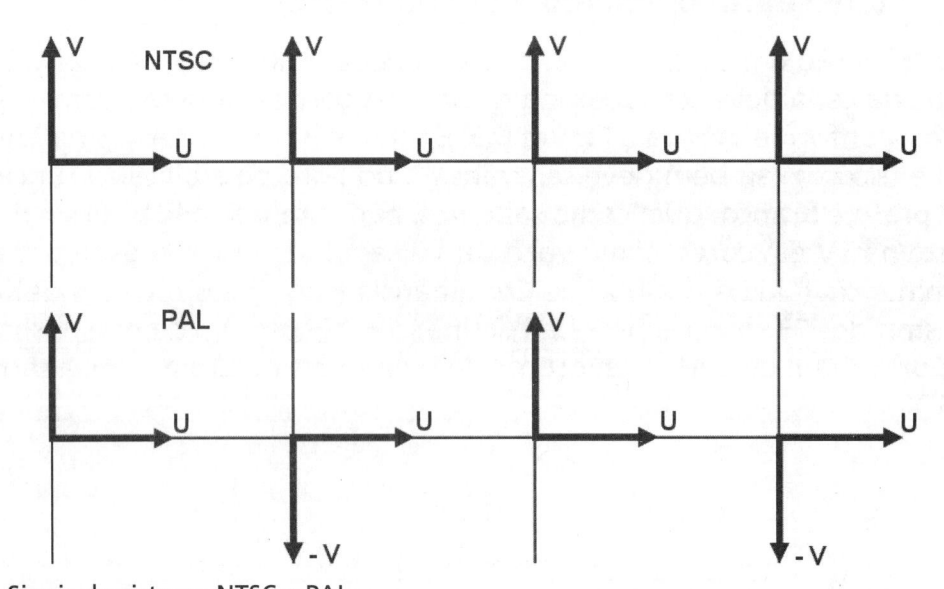

Figura 6.11. Sinais do sistema NTSC e PAL.

Os gráficos do grupo A representam os sinais V e U defasados em 90°. O grupo B representa os sinais V e U também defasados em 90°, mas com uma diferença: o sinal V muda sua orientação, alternadamente. Essa pequena diferença é responsável pela estabilidade da reprodução de cores do sistema PAL. Por quê? Imagine que em cada linha da tela da TV um sinal como o do grupo A seja processado. Qualquer distorção na fase entre os sinais U e V se manifestaria como distorção na reprodução das cores da cena original. Imagine o que aconteceria no grupo B. A distorção inicial seria reproduzida com valores alternados, seguindo a orientação dos vetores U e V, de modo que se compensariam, resultando na reprodução fiel da cor original da cena, sendo esse o mecanismo adotado pelo sistema PAL para a correção de eventuais distorções de cor captadas pela câmara.

Resumindo, os sinais a serem transmitidos serão **Y, R-Y e B-Y** para a reprodução de imagens coloridas. Você deve estar perguntando-se: Onde está o **Verde (G)**? E onde estão as outras cores? Como foi dito, as grandezas **Y, B e R** contêm informações de **brilho** e **cor** da imagem. Nos circuitos da televisão, esses sinais são convenientemente convertidos nos sinais R, G e B, que são responsáveis pela reprodução das cores na tela da TV. Portanto, a cor é representada por combinações de valores dos sinais **R - Y** e **B – Y. Lembre-se que a manutenção da fase correta entre os sinais é importante para a correta reprodução das cores.** Na etapa de transmissão, esses sinais são usados para modular um sinal de 3,58 MHz, que é conhecido como **subportadora** da cor e é "misturado" com a portadora de vídeo, que também transporta o sinal de luminância. É interessante saber que a **subportadora** é suprimida na transmissão para evitar que cause interferências no sinal principal. No entanto, ela tem que ser restituída no aparelho de TV, que possui um oscilador local de 3,58 MHz controlado por cristal. A restituição da subportadora demanda uma precisão rigorosa. Isso se consegue "reconstruindo" a subportadora a partir de um "molde" que o próprio sinal transporta. Esse sinal de referência para a "reconstrução" da subportadora é conhecido como Burst. Sem ele, não seria possível preservar a fase correta dos sinais **R - Y e B – Y**, o que ocasionaria instabilidade no sistema e distorções na reprodução de cores. Aliás, o sistema NTSC está mais sujeito a distorções na reprodução de cores do que o sistema PAL. Por quê? No sistema NTSC, o sinal é transmitido em fase constante, como vimos. Se em algum fator, em algum ponto do sistema transmissor/receptor, houver **distorção da fase do sinal**, o resultado será uma incorreta reprodução das cores com efeitos desagradáveis: atores com aparência esverdeada, por exemplo. O sistema PAL faz periódicas inversões de fase no sinal, **Figura 6.11**, de modo que a TV vai reproduzir uma imagem que representa a média dos sinais transmitidos, preservando o matiz original da cena. Assim, as eventuais distorções na transmissão e na reprodução das cores da cena original passam despercebidas pelo telespectador. É exatamente essa mudança periódica na fase do sinal que confere nome ao sistema: Phase Alternating Line ou, numa tradução livre, Linhas com Fases Alternadas. É assim que "as coisas funcionam", em linhas gerais, na transmissão dos sinais de TV, porém existem muitas informações que foram omitidas aqui, já que as sutilezas e as peculiaridades dos sistemas de transmissão/recepção NTSC e PAL demandariam um livro exclusivo para a sua explicação, sendo o assunto muito complicado e o esforço para se aprofundar no tema não compensaria a informação obtida, a menos que você pretenda transformar-se num especialista no assunto.

O cinescópio tricromático

O cinescópio tricromático

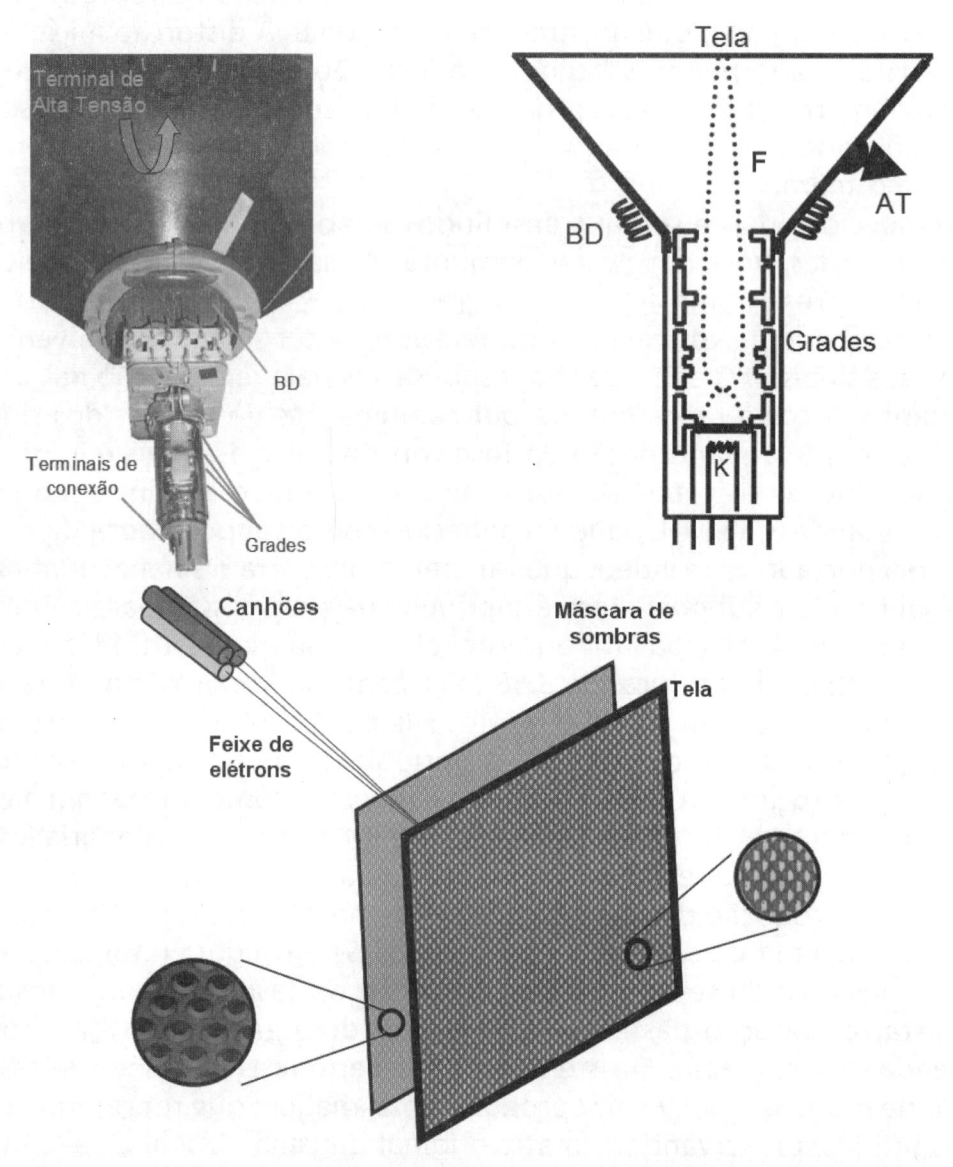

Figura 6.12. A figura acima indica um cinescópio de televisão colorida, onde se pode facilmente identificar as bobinas de deflexão (**BD**), os terminais de conexão e as grades que controlam o fluxo eletrônico. A figura da direita mostra um esquema do tubo de imagem, onde **BD**, **AT** e **F** representam, respectivamente, as bobinas de deflexão, o terminal de alta tensão e o feixe de elétrons que é disparado pelo catodo (**K**) e acelerado pelas grades até a tela. O terminal de alta tensão atua criando uma força de atração dos elétrons que são "arremessados" com grande velocidade contra a tela. A figura inferior demonstra que, na TV colorida, existem três catodos emissores de elétrons. Na TV em preto e branco, existe somente um catodo. A estrutura formada pelo filamento, catodo emissor de elétrons e a grade de controle correspondente é comumente denominada canhão de elétrons ("arremessador de elétrons"). No cinescópio tricomático, existem três canhões: o vermelho, o verde e o azul. Na verdade, esses canhões **não** emitem "elétrons coloridos", sendo responsáveis, apenas, por excitar o fósforo de cor correspondente na tela.

O "Tubo de Imagem" (**Cinescópio**) é constituído, basicamente, por um "canhão" de elétrons e uma tela fosforizada, sendo o conjunto encerrado dentro de um receptáculo de vidro, com pressão negativa. É promovida a retirada de ar do tubo de vidro, resultando num vácuo que torna a atmosfera interior do tubo quase isenta de ar. No caso específico dos televisores coloridos, existem três canhões eletrônicos, sendo um para o vermelho (R), outro para o verde (G) e um terceiro para o azul (B). Na tela, estão dispostos tríades (três elementos) de pontos que, convenientemente excitados, podem produzir, em conjunto, uma vasta gama de cores. Em outras palavras, as cores da cena captada pela câmara podem ser reproduzidas na tela da televisão, modificando a proporção segundo as quais os sinais R, G e B excitam (iluminam) os pontos vermelhos, verdes e azuis de cada uma das tríades. A deposição dessas tríades de fósforo na tela é um procedimento altamente complexo, pois as tolerâncias envolvidas são muito críticas - qualquer alteração do posicionamento relativo das tríades corresponderia a distorções evidentes na imagem gerada na tela do televisor. É utilizado um processo de fotodeposição para a correta e precisa alocação dos pontos de fósforo na tela do aparelho. Uma substância fotossensível é aplicada na parte interna do futuro tubo de imagem e submetida à radiação ultravioleta que passa, antes, por um painel perfurado para impressionar ("tatuar") somente determinados pontos na tela. Deslocando a fonte de luz ultravioleta, é possível impressionar pontos posicionados ao lado dos primeiros. O processo é repetido três vezes para a construção do mosaico de tríades responsáveis pela formação das cores na tela. É claro que essa é apenas uma pálida ideia de como todo o processo de construção dos tubos de imagem ocorre na prática, uma vez que uma análise aprofundada exigiria um capítulo exclusivo e o entendimento completo do processo, certamente, um livro dedicado ao assunto.

Qual é a cor de um elétron?

Num aparelho de televisão **em cores** existem três "canhões" emissores de elétrons: um para o **Vermelho**, outro para o **Verde** e um terceiro para o **Azul**. "Os elétrons coloridos são mais caros que os elétrons em preto e branco?". Na verdade, os elétrons são iguais em qualquer tipo de televisão. Os efeitos que produzem na tela é que são diferentes e dependem somente das características do revestimento da própria tela. Nas telas de TVs em **preto e branco**, cada ponto é um elemento emissor de luz quando excitado pelo choque de um elétron de alta velocidade emitido pelo "canhão". O mesmo ocorre com as TVs **em cores**, com uma diferença fundamental: na tela de uma TV em **cores**, existem três tipos de elementos emissores de luz: o Fósforo **Vermelho**, o Fósforo **Verde** e o Fósforo **Azul**, sendo cada um excitado por um "canhão" específico (Figura 6.12). Ou seja, os elétrons do canhão vermelho só "acertam" os pontos vermelhos do monitor, os elétrons do canhão verde, os pontos verdes e os elétrons do canhão azul, os pontos azuis. Isso ocorre para que a estimulação de um ponto colorido qualquer se dê no momento exato. Logo, como os feixes do "canhão" "varrem" a tela inteira, haveria uma verdadeira confusão se o feixe do "canhão" responsável pelo **Verde**, por exemplo, atingisse o ponto da tela responsável pelo, digamos, **Azul**. A imagem não seria reproduzida com o equilíbrio de cores desejado. E como evitar essa confusão? Entre o feixe de elétrons e a tela, é interposta uma placa perfurada com orifícios microscópicos, que permite a correta reprodução das cores da imagem. Essa placa é conhecida como "**máscara de sombras**" e o seu princípio de funcionamento está expresso na figura abaixo.

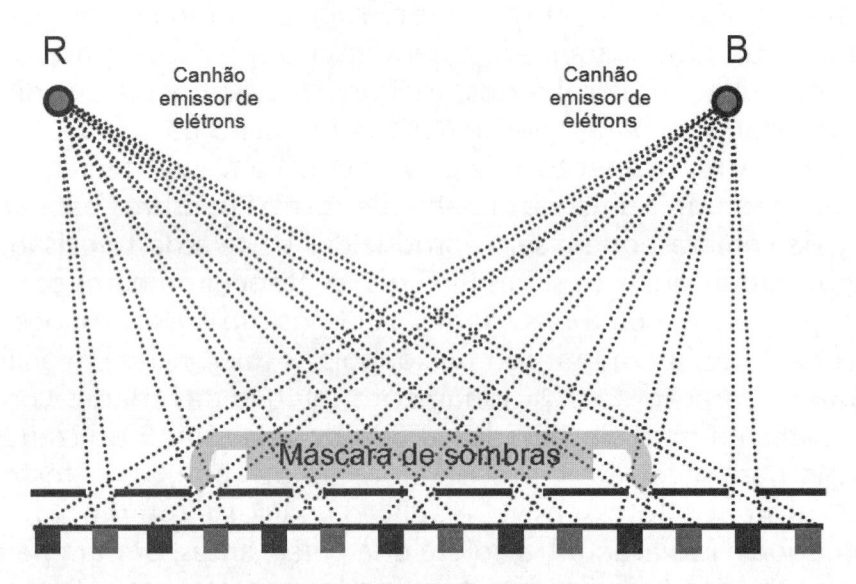

Figura 6.13. Os elétrons do canhão R não conseguem "enxergar" os pontos azuis e os elétrons do canhão B não conseguem "enxergar" os pontos vermelhos, pois, nos dois casos, a malha perfurada (máscara de sombras) entre a tela e os emissores de elétron possibilita que cada um dos canhões atinja apenas pontos vermelhos ou azuis, mas não os dois tipos simultaneamente. No caso de um televisor, é só acrescentar mais um canhão (correspondente ao verde) para a reprodução fiel das cores da cena original.

Circuitos de TV

Uma televisão é, sem dúvida, o equipamento mais complexo que temos em casa. Já vimos como o sinal de TV se forma e como ele é transmitido. Nossa missão, agora, é entender como esse sinal é convertido em som e imagem pelo aparelho de TV. Identificaremos, inicialmente, alguns dos componentes principais da televisão diretamente na placa do aparelho e, em seguida, mostraremos seus principais circuitos e suas respectivas funções. Finalmente, relacionaremos alguns defeitos típicos, seus sintomas e suas possíveis causas.

Aqui cabe um alerta. Mesmo apontando algumas intervenções que você pode fazer em casa, não nos aprofundaremos nas técnicas de reparo (sempre lembrando os riscos potenciais de lidar com circuitos de televisão, cujos choques elétricos são muitíssimo perigosos). Compreender, em linhas gerais, o funcionamento de uma televisão, levantar hipóteses sobre possíveis defeitos e entender o que o técnico reparador diz é, por si só, de grande relevância para o leigo. No entanto, a plena capacidade de reparar televisores de marcas e modelos variados é uma atividade que requer equipamento especializado e muita experiência.

Identificando os principais componentes da placa de uma televisão

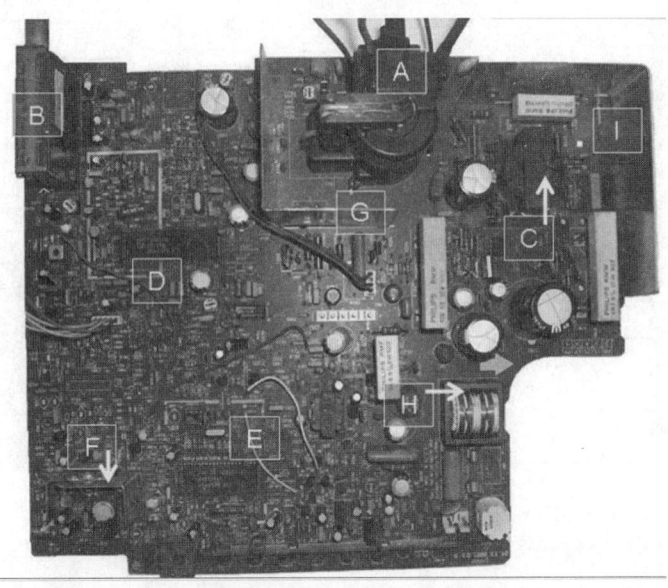

Figura 6.14. Placa de um aparelho de TV em cores com a identificação de alguns componentes. A. Flyback; B. Varicap; C. Transformador Chopper; D. CI principal da televisão (processador); E. CI Microcontrolador; F. Dissipador do CI de áudio (fica próximo aos fios que levam sinal ao alto-falante); G. Dissipador do transistor de saída horizontal e do CI de saída vertical (eles estão aparafusados à placa); H. Bobina do filtro de linha; I. Dissipador de calor. Repare que **não** há transformador de força na placa da TV.

Os circuitos de polarização do tubo

No circuito mostrado abaixo **(Figura 6.15)**, identificamos, facilmente, a representação do tubo de imagem. Podemos ver os eletrodos de grade (controle, screen e foco) – representados como tracinhos na base do tubo - e os filamentos do tubo que são alimentados por uma derivação do primário do Fly-back e, finalmente, na base do tubo, estão os catodos emissores de elétrons, ligados ao coletor do seu respectivo transistor que, nos meios técnicos, são conhecidos como transistores R, G e B. Os transistores apresentam tensões de alimentação iguais e a variação dessa tensão (controlada pelos resistores variáveis representados na figura) determina a intensidade da cor exibida na tela. A base desses transistores recebe o sinal diferença (R-Y; G-Y e B-Y), que é obtido a partir do "chip" principal da televisão. O emissor dos transistores recebe o sinal Y que é adicionado ao sinal que entra na base, restaurando o sinal de cor original (R, G ou B).

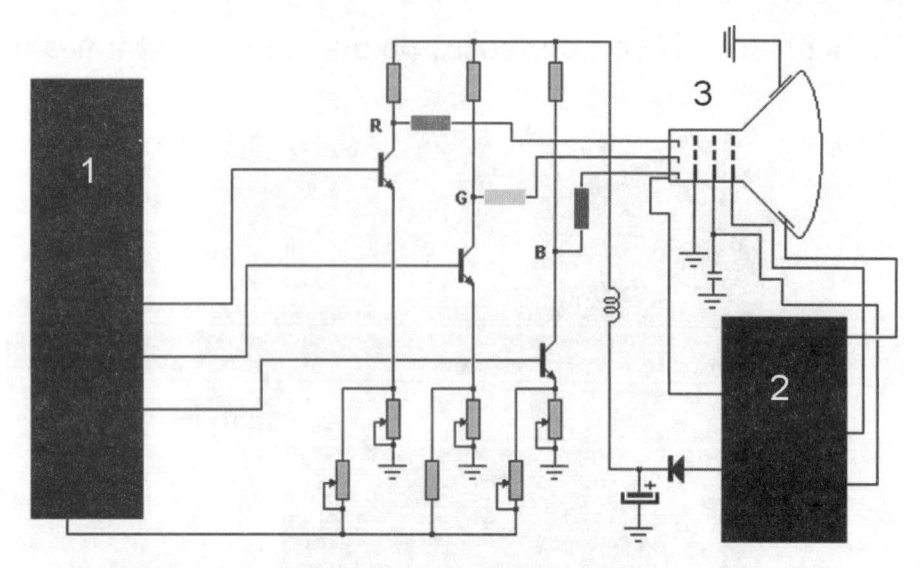

Figura 6.15. Representação de um circuito de polarização do tubo. 1. "Chip" principal da televisão; 2. Fly-back; 3. Tubo de imagem.

Figura 6.16. Esta é a placa de circuitos do tubo de imagem. A estrutura branca possui uma série de orifícios que se encaixam nos terminais do cinescópio, que estão ligados ao filamento e às grades de controle. Os circuitos dessa placa e os componentes do tubo de imagem são responsáveis por converter o sinal de vídeo em imagens na tela do televisor.

Circuitos de sincronismo

Para a reprodução correta das imagens, é importante que cada ponto da tela tenha luminosidade e cor corretas, além ser reproduzido em local adequado; caso contrário, teríamos uma tela iluminada, mas sem nenhuma imagem ou com imagens totalmente distorcidas. A finalidade do sincronismo é exatamente esta: garantir que os pontos da imagem sejam corretamente alocados na tela para a reprodução fiel do que foi captado pela câmara. O circuito de sincronismo separa os pulsos de sincronismo vertical e horizontal do sinal de vídeo. Esse circuito está dentro do "chip" principal da televisão.

O circuito horizontal

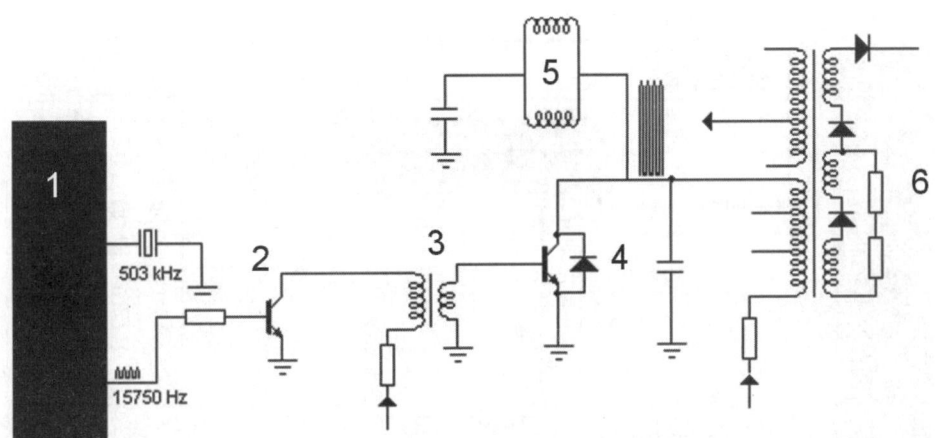

Figura 6.17. Representação de um circuito horizontal. 1. "Chip" principal da televisão; 2. Transistor pré-amplificador; 3. Transformador (Driver); 4. Transistor de saída horizontal; 5. Bobina de deflexão horizontal; 6. Fly-Back.

O circuito horizontal é responsável pela movimentação do feixe eletrônico da esquerda para a direita na tela da televisão, a partir de uma corrente dente de serra previamente amplificada. Além de produzir a corrente dente de serra para a bobina defletora, o circuito horizontal é responsável pela produção de alta tensão do fly-back. O sinal que sai do "chip" principal é de 15.750 Hz e é produzido por um oscilador interno (dentro do "chip"), cuja frequência é controlada por um cristal de frequência determinada. O sinal produzido é de pequena intensidade e deve ser **amplificado** para exercer sua função de deflexionar o feixe de elétrons na tela do televisor. O sinal, então, é injetado em um transistor pré-amplificador e, depois, no primário de um transformador (comumente denominado Driver). Do secundário do transformador, o sinal é direcionado para a base do transistor de saída horizontal (que possui um diodo de proteção associado, como se pode ver na figura). No coletor do transistor, aparece um sinal de 15.750 Hz amplificado, que será injetado simultaneamente no primário do fly-back e na bobina de deflexão horizontal. No secundário do fly-back, aparecem tensões elevadas e retificadas que são utilizadas para alimentar o tubo (25.000 V), tensão de foco (7.000 V) e tensão de screen (400 V). O sinal amplificado no coletor do transistor de saída horizontal também é aplicado à bobina de deflexão horizontal (BDH), como vimos, para a movimentação do feixe na tela da TV. O capacitor ligado a BDH é denominado capacitor de acoplamento e o capacitor ligado ao coletor do transistor de saída horizontal é denominado capacitor de largura, facilmente identificado na placa da televisão por seu alto valor de tensão, em torno de 1,6 kV.

O circuito vertical

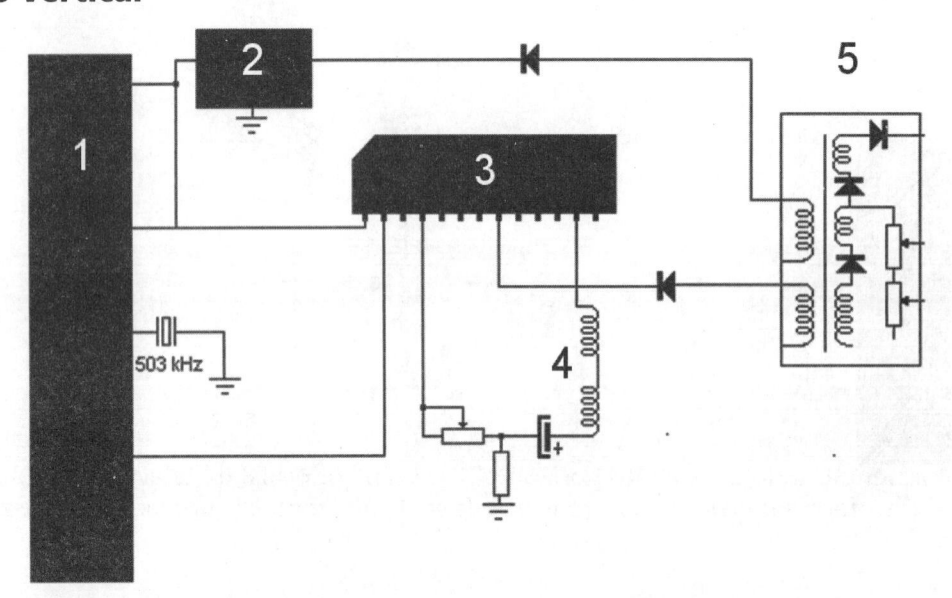

Figura 6.18 Representação de um circuito vertical. 1. "Chip" principal da televisão; 2. CI regulador de tensão; 3. CI de saída vertical; 4. Bobina de deflexão Vertical; 5. Fly-back.

O circuito vertical é responsável pela movimentação do feixe eletrônico de cima para baixo na tela do televisor. O circuito possui dois CIs: o CI principal da TV possui um oscilador interno para a produção do sinal de 60 Hz e o CI de saída vertical (CI de potência acoplado a um dissipador de calor), que amplifica o sinal gerado, enviando-o para a bobina defletora vertical, que cria um campo magnético variável responsável pela movimentação do feixe eletrônico na tela da televisão. Nesse caso, a alimentação é proveniente de uma fonte de *fly-back* e estabilizada por um CI especial. O capacitor ligado à bobina de deflexão vertical é denominado capacitor de acoplamento.

Circuito de imagem

O elemento de entrada do circuito de imagem é o setor de canais que é blindado – tem aparência de uma caixa metálica - e é também conhecido como Varicap. O varicap seleciona o sinal de uma estação e converte-o em uma Frequência Intermediária (FI) de 44 MHz. Na verdade, esse sinal possui informações de vídeo (45,75 MHz), som (41,25) e cor (42,17 MHz). O seletor de canais seleciona um dos canais e converte-o na FI de 44 MHz, como dissemos. Esse sinal de 44 MHz, que possui informações de vídeo, cor e som, é injetado no CI principal da TV, onde é inicialmente amplificado, passando, antes, pelo denominado filtro "SAW" que somente deixa passar a frequência de 44 MHz. Depois de filtrado e amplificado, o sinal é enviado para o detector de vídeo, onde é separado nos sinais de luminância (0 a 3 MHz), cor (3,58 MHz) e som (4,5 MHz), sendo que o sinal de som é selecionado em um circuito denominado *Trap* de som (formado por um filtro cerâmico e bobina) e retorna ao "chip" principal para ser trabalhado pelo circuito de som da televisão, passando antes, pelo filtro de som calibrado em 4,5 MHz. Os sinais de luminância e cor são separados e trabalhados em circuitos diferentes do televisor. O sinal de luminância passa pela denominada DL de vídeo (*Delay Line* ou Linha de Atraso), cujo objetivo é atrasar o sinal de luminância para que o mesmo chegue à placa do tubo ao mesmo tempo que os sinais de cor. Antes, porém, o sinal de luminância passa pelo circuito de luminância cuja função é amplificá-lo. O sinal de cor (azul e vermelho), previamente filtrado, é injetado no "chip" principal e amplificado no denominado circuito de cor. Daí, vai para a DL de cor (linha de atraso de cor), cuja função é a separação do sinal correspondente ao vermelho do sinal correspondente ao azul. Essa linha, portanto, separa a "cor" vermelha da azul. Como sabemos, o sinal de 3,58 MHz é atenuado na transmissão (para não causar interferência no sinal da TV). Esse sinal de 3,58 MHz, no entanto, deve ser restituído para a reprodução correta das cores. O responsável pela restituição do sinal é um cristal que comanda um oscilador interno ao "chip" principal que gera o sinal que é injetado no circuito demodulador de cor, onde se processa a restituição dos sinais R-Y, G-Y e B-Y. Esses sinais são enviados à placa do tubo onde são misturados ao sinal de luminância para a reprodução dos sinais R, G e B. CAG (controle automático de ganho) é o circuito responsável pela reprodução ideal da imagem, já que compensa as variações na intensidade do sinal de entrada - aumenta o ganho do circuito de imagem se o sinal chega fraco ao seletor e diminui o ganho se o sinal chega muito intenso ao seletor de canais.

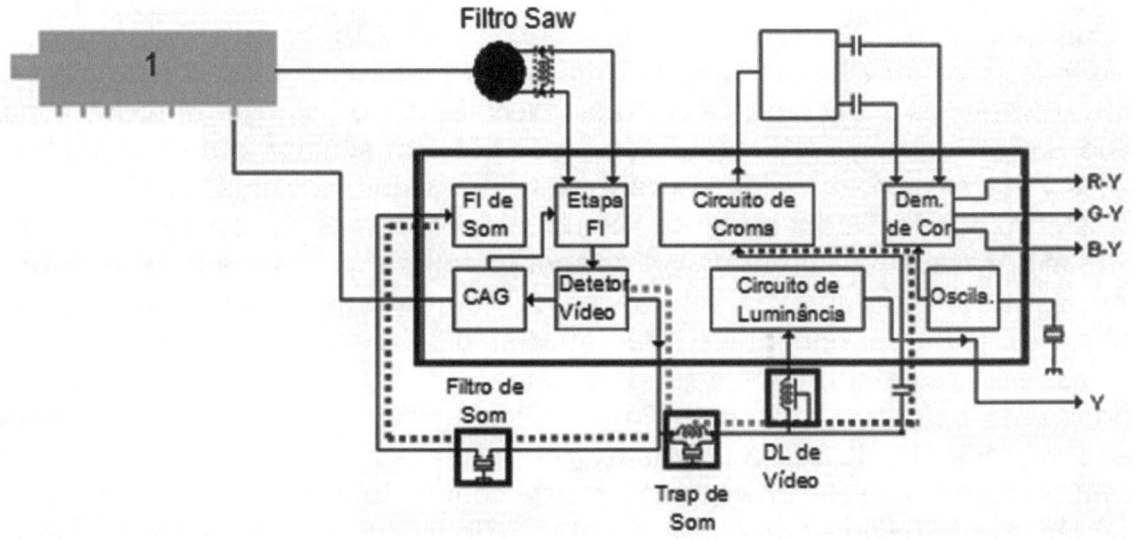

Figura 6.19. Representação de um circuito de imagem. 1. Seletor Varicap; O CI principal está representado pelo retângulo maior que contém os demais circuitos do TV. A estrutura circular representa o filtro SAW.

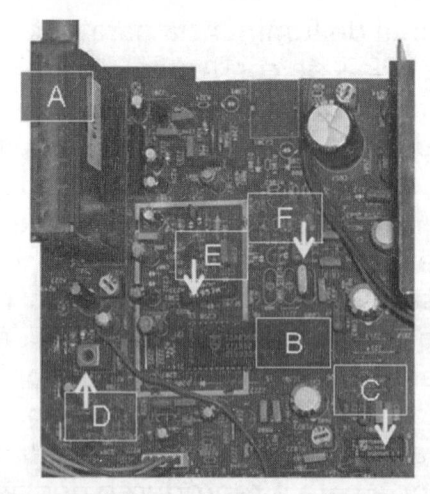

Figura 6.20. Neste setor da placa do aparelho, encontramos alguns componentes importantes do circuito de imagem de um televisor. A. Varicap; B. CI principal; C. CI que trabalha em conjunto com o CI principal e é responsável pela obtenção dos sinais R-Y, B-Y e G-Y; D. Bobina de vídeo; E. Filtro SAW, F. Cristal de 3,58 MHz que controla o oscilador do CI principal (o cristal traz esse valor impresso em seu corpo).

Fontes

O televisor possui duas fontes de energia. Uma é a fonte principal, obtida pela rede elétrica, e a outra fonte é obtida a partir do fly-back. A tensão obtida a partir da fonte comum da televisão (identificada facilmente no esquema elétrico a partir dos diodos retificadores) produz uma tensão de baixa qualidade, ou seja, uma tensão que sofre variações em seu valor. É interessante notar que, em uma televisão, não há um transformador abaixador de tensão como os encontrados nos aparelho de som, já que o televisor trabalha com um nível de tensão compatível com a rede elétrica. No entanto, existe um conjunto bobina-capacitor - conjunto denominado filtro de rede - no início da linha de alimentação que atua eliminando as possíveis interferências produzidas pela fonte chaveada na rede de alimentação, evitando a perturbação no funcionamento de outros aparelhos. Para obter uma tensão de alimentação estável, a tensão da rede (110/220V) previamente retificada, é aplicada a um circuito especial, conhecido nos meios técnicos como fonte chaveada. A fonte chaveada fornece uma tensão estável responsável pela alimentação dos circuitos da TV. A fonte chaveada pode ser classificada, em função do seu arranjo, em duas categorias: fontes chaveadas em **série** e em **paralelo**. A fonte série está em desuso. Atualmente, utiliza-se a fonte em paralelo. O funcionamento da fonte chaveada em série pode ser resumido assim: a tensão proveniente da fonte comum (em torno de 150 V) é aplicada ao primário de um transformador especial (denominado "chopper") e é enviada para um CI. Esse CI, que atua como um oscilador de alta frequência (em torno de 15.000 Hz), é um regulador de tensão e possui um transistor em seu interior que liga e desliga rapidamente (processo de chaveamento), gerando uma tensão estável de 100 volts que será utilizada para alimentar o coletor do transistor de saída horizontal. Do "chopper", são disponibilizadas ainda outras tensões, tais como a tensão (5V) que alimenta o microcontrolador e a tensão de alimentação do "chip" principal da TV (20 V). Na fonte chaveada, encontramos, ainda, circuitos de proteção (como, por exemplo, os diodos SCRs) que impedem que a tensão atinja valores elevados em caso de mau funcionamento do CI da referida fonte chaveada. A fonte chaveada em paralelo possui um objetivo semelhante, mas atua com menor consumo de energia e é amplamente adotada nos aparelhos modernos de TV. Nessa configuração, a tensão retificada ingressa no primário do "chopper" por meio de um transistor denominado MOSFET. O transistor liga e desliga rapidamente, induzindo tensão nos vários secundários do transformador. As tensões resultantes são retificadas e filtradas, obtendo-se as tensões de trabalho dos vários circuitos da TV. Quem aciona o transistor MOSFET para que o mesmo ligue e desligue milhares de vezes por segundo é um CI especial. Um componente muito solicitado nesse tipo de fonte é o transistor Mosfet, de maneira que um dano nesse componente é uma causa comum de desativação da fonte.

Manutenção exige atenção

Atenção. Os procedimentos mostrados a seguir são perigosos. Muito perigosos! Tendo o leigo como público-alvo, os autores subentendem que o leitor não tem nenhuma experiência com a manutenção de aparelhos de televisão. Recomendamos que você abra o aparelho monitorado por alguém com experiência em manutenção de TVs. A realização dos testes com a corrente atravessando o circuito será desaconselhável, se você não tiver experiência prévia com esse tipo de trabalho. **Nunca** permita que crianças se aproximem da área de trabalho.

O televisor na prática

Os procedimentos indicados a seguir devem ser realizados com a TV desconectada da rede elétrica. **Desplugue a TV da tomada,** antes de iniciar o procedimento. Manipule o "Tubo de Imagem" com muito cuidado, pois choques mecânicos podem levá-lo a uma implosão, havendo a liberação de estilhaços potencialmente perigosos.

É verdade que uma TV desligada "dá choque"? É verdade, sim. O "Tubo de Imagem" é coberto, interna e externamente, por um revestimento condutivo à base de grafite (material condutor) - espalha-se uma camada de grafite por dentro e por fora do tubo. Dois condutores eletrizados e separados por um isolante (o vidro do tubo) formam um capacitor. Nesse caso, um capacitor "gigante", que armazena uma carga significativa, isto é, energia elétrica estática, que é responsável por muitos acidentes durante os procedimentos de reparos na TV. A perda de carga desse "capacitor gigante" é muito pequena, ainda que o aparelho permaneça desligado por meses. Então, como eliminar esse risco? É fácil e, no entanto, exige **muita atenção**! A alta tensão (algo em torno de 25.000 V) é aplicada ao tubo através de um conector ligado ao cone do "Tubo de Imagem". Esse conector é conhecido como "chupeta", representada na **Figura 6.21**. Do conector, "sai" um fio grosso, que se liga ao transformador de alta tensão da televisão, conhecido como fly-back **(Figura 6.21)**. Nos tubos, existe, ainda, um fio prateado desencapado. Esse constitui o aterramento do tubo e você precisa localizá-lo para realizar o procedimento a seguir. Para evitar acidentes, proceda da seguinte maneira:
1. Desplugue a TV da rede elétrica;

2. Remova com cuidado a tampa traseira do aparelho;
3. Localize o conector de alta tensão (é uma ventosa com um fio grosso ligado ao *fly - back*);
4. Localize a malha de aterramento do tubo (fio desencapado);
5. Remova um dos cabos do multímetro (use apenas o cabo), conecte uma das extremidades do cabo à malha de aterramento (use o conector que vem ligado ao multímetro) e, em seguida, introduza a outra extremidade (no caso, a ponta de prova) por baixo da "chupeta", buscando fazer conexão com a presilha de metal localizada sob a ventosa de borracha.

É comum que, nesse procedimento, você ouça pequenos estalos e observe faiscamentos, contudo, isso nem sempre acontece. Repita o procedimento algumas vezes. Pronto, o tubo de imagem está descarregado e você não corre mais riscos de se acidentar. Afinal, para que serve esse conector de alta tensão? Ele é usado para fornecer uma elevada **tensão positiva** à parte interna da tela da TV ou, em outras palavras, a energia necessária para que os elétrons emitidos pelo "canhão" de elétrons se choquem contra a tela da TV em alta velocidade, excitando a camada de fósforo da mesma, possibilitando a emissão de luz e, consequentemente, a formação da imagem.

Mas, ainda resta um componente que representa riscos para você: o maior capacitor da placa do TV. É um capacitor eletrolítico grande, próximo à fonte comum do aparelho. Para descarregá-lo, proceda assim: ligue nos terminais desse capacitor um resistor de fio de 1000 Ω de 10 W. Dessa forma, o capacitor se descarregará, eliminando os riscos de choques e danos ao multímetro em medições a frio.

Quando o televisor não funciona

Com o televisor desligado

Teste o transistor de saída horizontal. O terminal central (coletor) deve ser conectado à ponta preta do multímetro (escala x1) e a ponta vermelha, aos demais terminais. Se o ponteiro do multímetro "mexer", o transistor deverá ser removido da placa e o teste repetido (desta vez, na escala x10K). O ponteiro não deve deflexionar. A deflexão do ponteiro indica que o transistor está em curto. Em seguida, proceda a verificação das condições do fusível da fonte na escala x1.

Atenção: A parte quente (e perigosa) do circuito do televisor corresponde ao primário do "chopper" onde ficam o transistor MOSFET e o maior capacitor da fonte comum. A parte fria da fonte corresponde ao secundário do "chopper". Com o televisor ligado, você não pode colocar a mão em nenhuma parte quente da fonte e não pode encostar nos pinos do secundário do "chopper", nos pinos do fly-back, nos terminais das bobinas defletoras e no pescoço do tubo de imagem.

Com o televisor conectado à rede elétrica
Defeitos no circuito horizontal

Meça a tensão no coletor do transistor de saída horizontal. O valor encontrado deve estar em torno de 100 V. A ponta preta deve ir ao terra e a ponta vermelha, ao coletor do transistor. Se não houver tensão no coletor do transistor de saída horizontal, você deverá pesquisar a fonte do televisor. Posicione as pontas do multímetro na escala conveniente (em volts) e meça a tensão nos terminais do maior capacitor da fonte convencional. Você o localiza próximo dos diodos retificadores e do ponto de conexão do cabo de força. Sem tensão nos terminais desse capacitor, a avaria pode estar no cabo de força, diodo, fusível ou fusistor. Se houver tensão no coletor do transistor de saída horizontal, a avaria deverá estar no circuito horizontal ou no microcontrolador.

Meça a tensão no coletor do transistor pré-amplificador de saída horizontal. Se você não identificar tensão nesse componente, realize a medida a frio do transistor. Estando em boas condições o transistor, teste o transformador *driver*. Verifique se há algum componente avariado no caminho da tensão que alimenta o transistor pré-amplificador. Se tudo estiver em ordem, o problema poderá estar no "chip" principal.

Para testar o microcontrolador da TV, verifique no esquema da televisão qual é o terminal de polarização (terminal que alimenta o CI) e qual o terminal responsável pelo acionamento da televisão. Não havendo tensão nesses terminais com a televisão ligada, o microcontrolador poderá estar avariado ou outro componente associado a ele, como, por exemplo, o cristal de *clock*.

Fly-back

O *fly-back* é um dos principais componentes do circuito de deflexão horizontal de um aparelho de TV e principal responsável pela criação da MAT (Muito Alta Tensão), que é aplicada ao tubo de imagem. É, na verdade, um transformador de núcleo de ferrite. Do *fly-back*, é derivada uma série de tensões utilizadas para ajustar a imagem da televisão, alimentar o filamento do tubo, por exemplo.

O procedimento de teste do *fly-back* exige que você disponha do esquema da televisão para verificar se existe curto entre as bobinas do componente. Um teste simples é encostar a ponta do multímetro (com a TV desligada, claro) nos terminais do *fly-back* e no terminal da chupeta (previamente removida). Nesse teste, o ponteiro do multímetro não pode deflexionar. Pesquise, também, as condições externas do componente em busca de anomalias (aspecto de queimado, rachaduras etc.). O teste de continuidade num determinado enrolamento do *fly-back* pode ser executado com um multímetro, desde que você possua um esquema elétrico do televisor. O teste de curto-circuito entre as espiras de um mesmo enrolamento exige a utilização de equipamento especial.

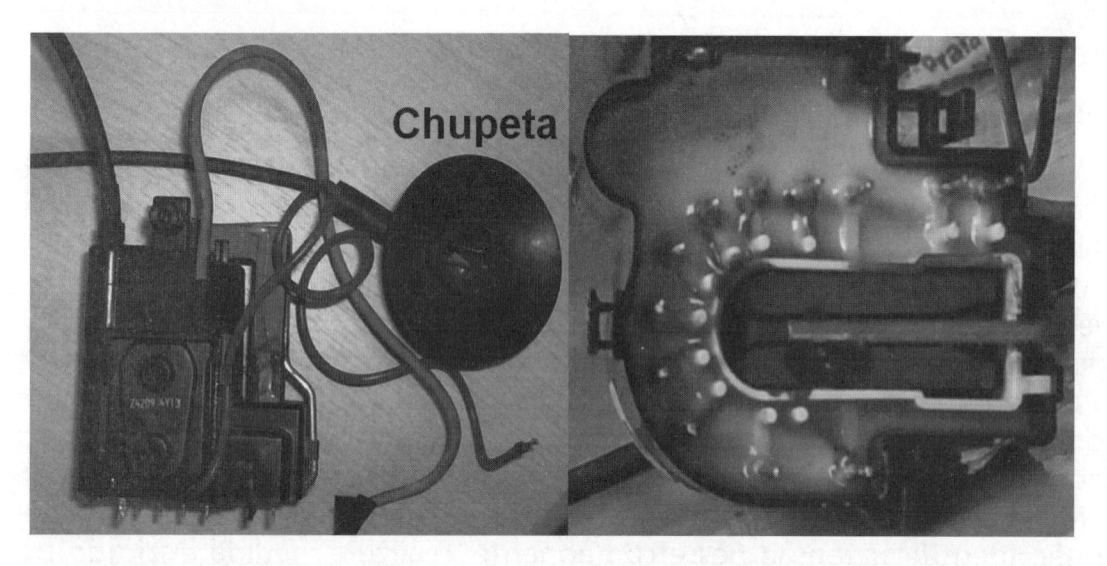

Figura 6.21. A figura da esquerda mostra um *fly-back*, onde se pode observar o conector de Alta Tensão ("chupeta"). A figura da direita mostra em detalhes o conjunto de pinos (ligados aos enrolamentos *do fly-back*) que são soldados na placa da TV.

Fonte chaveada

O MOSFET da fonte chaveada, por ser muito sujeito a avarias, deve ser testado. Para testar a fonte chaveada, basta, com auxílio do esquema elétrico, medir as tensões de saída desse circuito e verificar se são compatíveis com o indicado no esquema.

Defeito no circuito vertical

Verifique a temperatura do CI de saída vertical. O aquecimento excessivo pode indicar dano ao CI. Teste as tensões de alimentação do CI orientando-se pelo esquema da televisão. Na sequência, meça a tensão dos terminais do CI que vão ligados à bobina defletora vertical. A tensão encontrada deve ser aproximadamente a metade da tensão de alimentação do CI. Caso não haja tensão nos terminais de saída do CI, o defeito pode estar no próprio CI ou no "chip" principal. Para determinar o componente responsável pelo defeito, você precisa de um multímetro capaz de medir a frequência. Chegando a 60 Hz no CI de saída vertical, podemos dizer que o "chip" principal está fazendo bem seu trabalho e o próprio CI de saída vertical ou algum componente associado deve estar avariado. Caso o sinal de 60 Hz não esteja sendo injetado no CI de saída vertical, é provável que o defeito esteja no "chip" principal ou em algum componente associado. Pesquise se a alimentação do "chip" principal está satisfatória, pois a ausência de polarização do componente pode deixá-lo inoperante. É bom lembrar que a própria bobina defletora pode estar avariada. O teste da bobina é feito na escala x1 e visa identificar uma eventual descontinuidade da referida bobina.

Os terras da TV. Existe em alguns televisores a separação dos terras da fonte e do terra geral. A referência do terra pode ser a carcaça do Varicap e a referência do terra da fonte pode ser o negativo do capacitor da fonte comum.

Defeitos no seletor de canais

Se o televisor não sintoniza nenhum canal, o componente responsável por esse problema pode ser o seletor de canais. Teste as tensões de alimentação do componente e verifique se são compatíveis com o esquema da televisão. Verifique, também, a tensão nos demais terminais do seletor (AGC, Data e *Clock*) em busca de tensões anormais. Constatando alguma anomalia nas tensões, o seletor deve ser substituído.

Observação. Para a realização de alguns ajustes do aparelho, você deve entrar no modo de serviço do aparelho. Para isso, é necessário que siga as orientações encotradas no manual de serviço da televisão. O ajuste é realizado com o auxílio do controle remoto.

7. As micro-ondas

O que você vai aprender neste capítulo?

O forno micro-ondas é mais simples do que aparenta. É hora de desvendar os mistérios desse prático eletrodoméstico e descobrir algumas técnicas de reparação.

O forno micro-ondas
Estouros de pipocas e artilharia antiaérea

Qual é a relação entre comer pipoca de micro-ondas e o uso do radar na **Segunda Guerra Mundial**? O forno de micro-ondas é uma derivação tecnológica de uma aplicação militar - o desenvolvimento de componentes para radares, na **Segunda Guerra Mundial**, resultou nos circuitos de micro-ondas com uma finalidade muito mais banal do que localizar aviões: aquecer alimentos era a sua nova "missão". Nada foi tão favorável em termos de avanços tecnológicos do que as duas guerras mundiais. Esse é um paradoxo desconcertante, pois equipamentos, tais como GPS, Internet, imagens de satélite, aviões a jato, avanços médicos e forno de micro-ondas, entre outros, são conquistas de guerras que destruíram milhões de vidas.

O forno de micro-ondas

O diagnóstico dos defeitos num micro-ondas é **relativamente** fácil, todavia as coisas se complicam um pouco quando o problema se situa no circuito de controle (onde ficam relés, transistores, Circuitos Integrados etc.). Afinal, como um forno de micro-ondas funciona? As micro-ondas aumentam as oscilações (vibrações) das moléculas de água dos alimentos, aquecendo-os uniformemente, possibilitando, com isso, o seu cozimento. O componente responsável pela produção das micro-ondas é conhecido como *Magnetron* e se trata de uma válvula especial. O *Magnetron* pode produzir frequências da ordem de 2.000 MHz com uma potência que pode alcançar os 1.000 W. E por que micro-ondas? Pela natureza da frequência e do respectivo comprimento de poucos centímetros das ondas geradas.

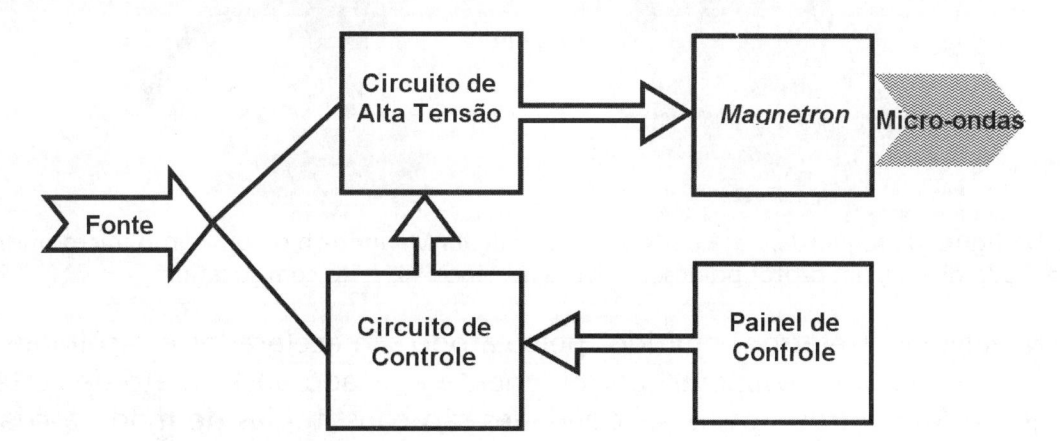

Figura 7.1. Um esquema em bloco do micro-ondas, mostrando como o aparelho é relativamente simples. Isto se deve ao fato de que a *Magnetron* "faz quase todo o trabalho", restando aos demais circuitos, a tarefa de mero controle das tensões e do "tempo de cozimento".

Nunca esqueça nem um segundo...

As micro-ondas que estão sendo analisadas neste tópico são extremamente perigosas e não devem entrar em contato com o usuário em hipótese alguma, sob pena de lhe causar **graves queimaduras**. É por isso que o forno de micro-ondas funciona somente com a porta fechada. Se você desmontar um forno de micro-ondas, **nunca ligue** o mesmo com a válvula Magnetron fora do seu lugar de origem. Com o forno desmontado e ligado na tomada, não toque em nada com as mãos: **o choque é realmente perigoso** (casos fatais já foram registrados). O forno desligado da tomada não representa nenhum risco, mesmo sem a carcaça protetora dos circuitos, **desde que você descarregue previamente o capacitor de alta tensão.** Como fazer isso? Mostraremos oportunamente, mas conheça, agora, o "coração" do forno de micro-ondas: **a válvula** Magnetron. **Lembre-se: não observar os procedimentos de segurança apontados aqui significa colocar a sua segurança em risco. Não permita a presença de crianças na área de manutenção.** Você pode e deve explicar-lhes como as coisas funcionam, mas elas **não** podem participar dos trabalhos de manutenção dos equipamentos.

A Válvula Magnetron

Figura 7.2 Na figura da esquerda, você pode ver uma válvula Magnetron de um forno micro-ondas moderno e, do lado direito, um protótipo desenvolvido nos anos 40, feito com sucata.

Nesta válvula, os elétrons emitidos pelo catodo são acelerados e recolhidos pelo anodo, perfazendo um movimento perfeitamente ajustado ao formato de certas cavidades que o *Magnetron* possui. As cavidades são constituídas de modo a criar um circuito ressonante, equivalente a um circuito oscilador L-C (Indutor – Capacitor), que faz os elétrons emitidos pelo filamento oscilarem ("vibrarem") com uma frequência apropriada (no caso, 2.45 GHz), ou seja, ondas de comprimento reduzido, daí o nome micro-ondas (grande frequência, pequeno comprimento). O forno de micro-ondas é essencialmente isso. Os outros circuitos têm apenas a função de alimentar e controlar o funcionamento do *Magnetron*. As tensões envolvidas no funcionamento dessa válvula chegam a 4.000 V e a amperagem também é alta, portanto, todo cuidado é pouco!

A fonte de alta tensão

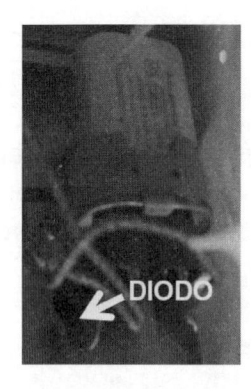

Figura 7.3. Da esquerda para a direita: transformador de alta tensão, capacitor de alta tensão com diodo em um de seus terminais e ventilador.

O transformador de **Alta Tensão (Figura 7.3)** é o componente mais fácil de encontrar num forno micro-ondas, além, claro, do Magnetron. O transformador de **AT** gera até 2.000 V no seu secundário. A tensão é aplicada a um circuito formado por um diodo e um capacitor especiais, que aumentam essa tensão para 4.000 V, que, por sua vez, é aplicada ao Magnetron. O transformador também gera a tensão que alimenta o filamento da válvula Magnetron. Na figura, vemos também o capacitor e o diodo de **Alta Tensão** ligados num dos seus terminais. Esses dois componentes, além de filtrar a tensão alternada derivada da saída do transformador de **AT**, dobram a tensão do secundário do referido transformador, conforme já foi mencionado.

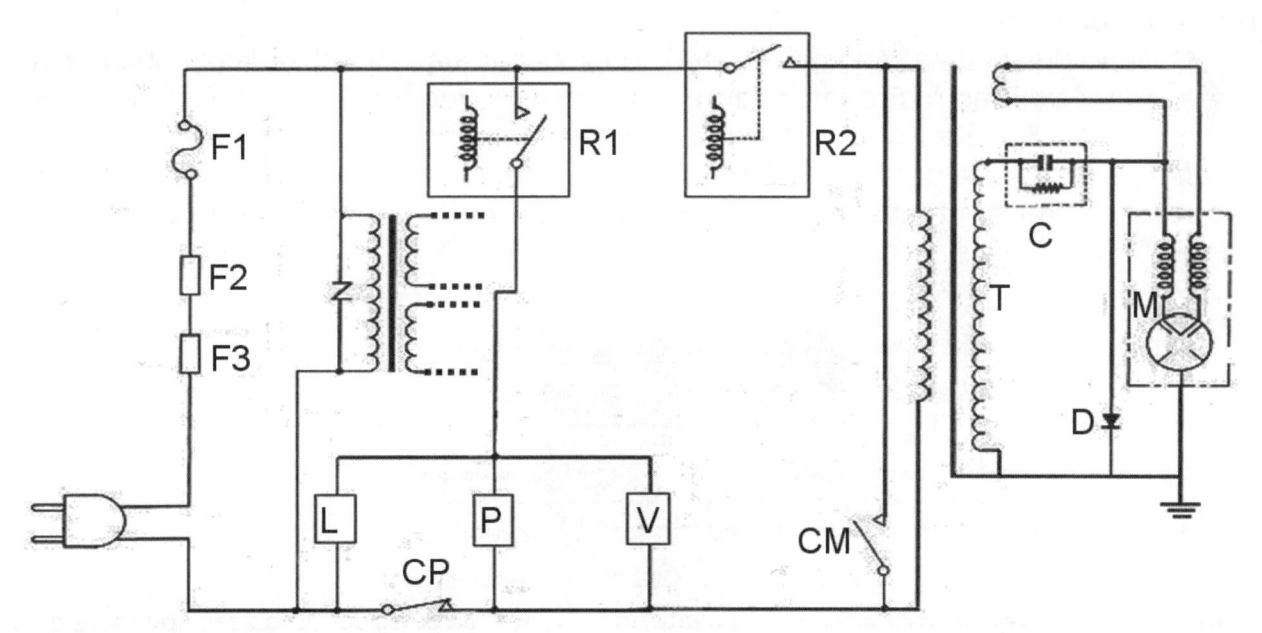

Figura 7.4. R1 é o relé de pequena potência que alimenta os circuitos de baixa tensão do micro-ondas; **R2** é o relé de potência; **L, P** e **V** representam a lâmpada, o motor do prato giratório e o ventilador do aparelho; **CP** e **CM** são, respectivamente, a chave primária e a chave monitora do micro-ondas; **C, T** e **D** representam o capacitor, o transformador e o diodo de alta tensão; **M** representa o Magnetron. Os elementos **F1, F2** e **F3** representam os fusíveis.

Como descarregar o capacitor do micro-ondas?

Ligue nos terminais desse capacitor um resistor de fio de 1.000 Ω de 10 W. Dessa forma, o capacitor se descarregará, eliminando os riscos de choques e danos ao multímetro em medições a frio.

OBS: Ajuste os terminais do resistor para que ele tenha a mesma distância dos terminais do capacitor (antes de encostá-lo em seus terminais, claro). Utilize um alicate de ponta com as pernas isoladas para segurar o corpo do resistor e encoste seus terminais (do resistor) nos terminais do capacitor.

Os circuitos de proteção e controle

O forno de micro-ondas dispõe de uma série de componentes de proteção tanto para o usuário quanto para o circuito. O **fusível geral** é comum e a sua função é típica de um fusível: fundir-se (com consequente rompimento) quando a corrente excede determinado valor (no caso, variando em torno de 10 a 15 Ampéres, dependendo do tipo de alimentação do forno). Outro componente de proteção é o **varistor** (um resistor especial, cuja resistência varia com a tensão aplicada). O **varistor** fica ligado ao transformador que alimenta a placa de controle (não confunda esse pequeno transformador com o transformador de **Alta Tensão**!). Um eventual pico de tensão da rede pode queimar o **varistor**, impedindo que o transformador seja afetado. Os fusíveis térmicos são muito interessantes e simples: são formados por duas lâminas metálicas em contato permanente, que, quando aquecidas excessivamente, abrem o circuito. Esses fusíveis "monitoram" a temperatura do forno e do Magnetron, impedindo o superaquecimento dos componentes.

O forno possui uma série de chaves acionadas por alavancas fixadas na sua porta. Esse é um mecanismo muito importante, pois impede que o forno seja acionado com a porta aberta. Entretanto, para que você possa acompanhar o processo de cozimento dos alimentos, a porta de vidro do forno é revestida por uma placa metálica vazada por orifícios uniformemente distribuídos (a luz passa por esses orifícios, mas não as micro-ondas).

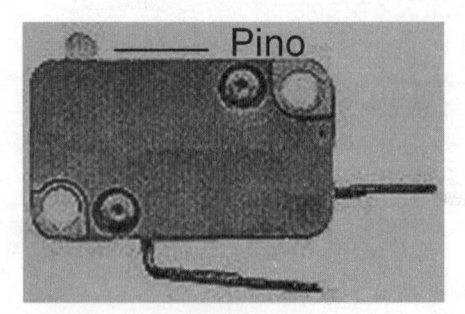

Figura 7.5. Estas chaves são instaladas internamente no "batente" da porta do forno e são acionadas por alavancas sustentadas pela própria porta.

Encontramos, normalmente, três dessas chaves nos micro-ondas:
1. **Chave primária** – A sua posição normal é "aberta". Quando apertamos o pino, ela é fechada. Fica em série com o transformador de **AT**, impedindo que a tensão da rede

acione o **Magnetron** quando a porta está aberta (lembre-se: essa chave só fecha o circuito quando a porta está fechada).
2. **Chave secundária** – A sua posição normal é "aberta". Deixa a tecla "Liga" inoperante enquanto a porta está aberta.
3. **Chave monitora** – A sua posição normal é "fechada". Quando apertamos o pino, ela abre o circuito. Ela está ligada em paralelo ao primário do transformador de **AT**, mantendo-o em curto permanente quando a porta está aberta, pois, se a **chave primária** não funcionar (ou seja, estiver na posição fechada com a porta aberta), a tensão chegará ao transformador de **AT** e haverá emissão de micro-ondas com a porta do forno aberta. Entretanto, como o circuito está fechado pela **chave monitora**, o curto-circuito que a chave causa aumentará a corrente em excesso e o fusível "queimará", impedindo que o **Magnetron** entre em ação.

O acionamento do ramo do circuito que alimenta o motor do prato giratório, o motor do ventilador e a lâmpada, é feito por intermédio de um pequeno relé e o acionamento do Magnetron é realizado através de um relé mais robusto. O relé é uma chave magnética que aciona uma carga de grande potência (por exemplo, um Magnetron) por meio de correntes e tensões pequenas. Os relés nos fornos de micro-ondas são acionados por transistores que, por sua vez, são controlados por sinais enviados pelo **Circuito Integrado do micro controlador**, observado na **Figura 7.6** acompanhado de outros componentes que integram os circuitos de controle do forno. O **microcontrolador** é o intermediário entre o usuário e o Magnetron; uma vez definido o tempo de cozimento por meio do painel de controle, o **Circuito Integrado** atua no sentido de regular o funcionamento do Magnetron ao longo desse tempo determinado pelo usuário, que também pode interromper o processo a qualquer momento com a "ajuda" do **microcontrolador**. Enfim, todas as ações do forno são regidas por esse componente.

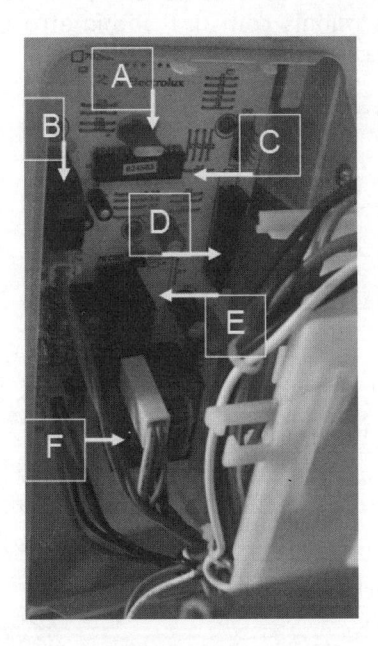

Figura 7.6. No circuito acima, podemos identificar os principais componentes do circuito de controle do forno micro-ondas. A. Cristal; B. *Buzzer* (alarme); C. CI microcontrolador; D. Cabo flexível. E. Relé; F. Transformador.

Testando os componentes

Os componentes, tais como capacitores, diodos, transistores e transformadores, são testados convencionalmente, conforme explicado na seção que aborda o tema. Para testar as chaves, adote a escala x1. Com a porta fechada, as **chaves primária** e **secundária** apresentam resistência zero, e a **chave monitora** apresenta uma resistência infinita. Quanto aos fusíveis comuns e aos térmicos, identifique se apresentam descontinuidade, usando a escala x1 do multímetro. Lembre-se: Para os fusíveis em bom estado de conservação, o ponteiro do multímetro deflexiona (se move) totalmente para a direita (resistência zero). O teste do relé também é fácil: Meça as bobinas (escala x10) e os terminais da chave (escala x10 K). No primeiro caso (bobinas), o ponteiro deve mexer e, no segundo (chave), não. Para o teste do Magnetron, use a escala x10 K e encoste as pontas do multímetro nos terminais do catodo (filamento) - o ponteiro do multímetro deve deflexionar para a direita. Agora, encoste uma ponta num dos terminais do catodo e a outra na carcaça - o ponteiro não deve se mexer. O **varistor** possui uma resistência muito alta quando testado a frio; coloque as pontas de prova nos terminais do **varistor**, se o ponteiro deflexionar para a direita, o componente estará danificado. A seguir, um pequeno resumo dos testes que você fará nos componentes do forno micro-ondas em busca de anomalias.

Componente	Procedimento	Diagnóstico
Capacitor de alta tensão	Meça a resistência entre os dois terminais com um ohmímetro na escala 10K.	Leitura normal: o ponteiro deflexiona um pouco e volta à posição de alta resistência. Leitura anormal: Não deflexiona em nenhum instante ou indica baixa resistência.
Diodo de alta tensão	Utilize a escala de 10 K	Leitura normal: Invertendo as pontas de prova, você obterá leituras diferentes nos dois sentidos. Leitura anormal: Invertendo as pontas de prova, você obterá leituras idênticas.

Magnetron	1. Encoste as pontas de prova nos terminais do filamento (Escala x1)	Leitura normal: 1 ohm
	2. Encoste as pontas de prova em um dos filamentos e na carcaça do Magnetron (Escala x10K)	Leitura normal: Infinito
Transformador de alta tensão	Meça a resistência na escala x1 A: terminais do primário B: terminais do filamento C: terminais do secundário a) Enrolamento primário; b) Enrolamento filamento; c) Enrolamento secundário	Leitura normal: a) Menor que 1 ohm; b) Menor que 1 ohm; c) Variando em torno de 70 a 100 ohms, em função do modelo do transformador. OBS: A medição da tensão no secundário se dá entre um terminal atrás do trafo e a carcaça do mesmo.

Tabela 7.1. Resumo das ações de diagnóstico nos principais componentes do forno micro-ondas.

Sintomas e diagnósticos

Algumas "panes" no micro-ondas são muito típicas e a sua origem é quase sempre a mesma. Abaixo, listamos alguns defeitos e suas respectivas causas:

1. O forno não se aquece, mas as outras funções estão boas

Verifique se o primário do transformador de **AT** está alimentado com 110 V. Se a tensão não estiver disponível, o defeito provavelmente estará numa das microchaves.

Se há tensão disponível no primário, verifique os componentes de **AT** e o Magnetron. Lembre-se: O Magnetron é uma válvula e, portanto, está sujeito a um processo de "enfraquecimento". Nesse caso, é possível que o forno funcione, porém com baixo desempenho, demandando a substituição desse componente.

2. O forno não funciona

Teste, inicialmente, a continuidade do cabo de força e os fusíveis. Se o fusível comum estiver "queimado", substitua-o, contudo, antes de ligar o forno, teste os componentes de **Alta Tensão** (com o forno **"fora da tomada"**, claro!) em busca de anomalias, inclusive o Magnetron. Constatando que tudo está em ordem com os componentes de **AT**, substitua o fusível. Em seguida, ligue o forno. Se o fusível "queimar" de imediato, teste a **chave monitora**. A inoperância do forno pode ser causada, ainda, por um defeito no **CI do microcontrolador**.

3. O Magnetron funciona quando você conecta o cabo de força à tomada

Isto significa que o relé que controla o circuito de **AT** está com problemas - teste-o. Se estiver em bom estado de conservação, teste o transistor ligado a ele. Se o transistor estiver com "boa saúde", desconfie do **CI microcontrolador**.

4. A lâmpada e o ventilador funcionam quando você conecta o cabo de força na tomada

Isto significa que o relé que controla esse ramo do circuito (motores e lâmpada) está com defeito. Se o relé estiver bom, desconfie do transistor que o controla. Estando perfeito o transistor, existe uma boa chance de o defeito se localizar no **CI microcontrolador**.

Com os conhecimentos adquiridos nesta seção, você pode entender os problemas mais comuns que afetam um micro-ondas. É claro que muitos outros tipos de defeitos podem manifestar-se e alguns são de difícil diagnóstico, principalmente quando ocorrem na placa de controle (onde se situa o **CI microcontrolador**). Nesse caso, a ajuda técnica especializada é essencial.

Observação: Fique atento ao **varistor** e aos fusíveis térmicos quando anomalias no funcionamento do forno se manifestarem, pois falhas nesses componentes podem causar a inoperância total ou parcial do micro-ondas!

8. A refrigeração

O que você vai aprender neste capítulo?

O refrigerador é essencial em nossas casas. Mas, apesar de ser bem familiar, esconde alguns segredos tecnológicos. Descubra-os, lendo este capítulo.

O refrigerador

Refrigeração é um processo de "remoção de calor" (rigorosamente falando, é preferível dizer que se trata de um processo de **transferência** de calor) cujo objetivo é a redução e a conservação da temperatura de um espaço material ou um objeto abaixo da temperatura ambiente. Os sistemas de refrigeração são bastante simples quanto aos seus princípios de funcionamento, apesar de sua complexidade construtiva. Sem dúvida, essas maravilhas tecnológicas fazem muito mais do que amenizar nossos dias com bebidas geladas e criar ambientes agradavelmente climatizados. Permitiram ao ser humano armazenar e transportar alimentos por longos períodos e distâncias. Sem a refrigeração, nossa vida seria muito mais difícil. Iremos limitar-nos a analisar o funcionamento do refrigerador doméstico, já suficientemente complexo para os debutantes.

Antes de iniciar qualquer procedimento de reparo, desconecte o cabo de alimentação do aparelho (para testes sem tensão) e descarregue o capacitor do refrigerador (caso este elemento esteja presente no circuito). Utilize uma chave de fenda para descarregar o capacitor curto-circuitando seus terminais por alguns segundos. Isso será suficiente para descarregá-lo.

Você sabia?
Quem veio primeiro: o gelo ou a geladeira?

Os sistemas práticos de refrigeração já eram uma realidade em 1834, graças aos trabalhos de Jacob Perkins. Antes que a refrigeração mecânica estivesse disponível, o gelo era acessível apenas a uma pequena parcela da população humana, sendo um negócio lucrativo remover gelo de regiões frias e transportá-lo para o mercado consumidor. Por exemplo, dados históricos demonstram que mais de 150 mil toneladas de gelo passaram pelo porto de Boston em 1854. O material era enclausurado em recintos isolados termicamente (o meio isolante usado era, costumeiramente, a serragem).

A difusão da tecnologia de refrigeração mecânica se deu de forma gradativa e não conseguiu eliminar, imediatamente, o negócio do gelo natural, que continuou até sua inteira supressão na década de 30 do século passado.

Calor: Energia em transição

Você já esqueceu uma xícara de café quente em cima da mesa. O que aconteceu com o café? Esfriou, é claro. A tendência de qualquer corpo de temperatura elevada ou baixa demais é trocar calor com o meio circundante até que as temperaturas do corpo e do meio estejam em equilíbrio. O calor flui sempre de uma fonte quente (o café) para uma fonte fria (o ar circundante). Existe uma forma de mudar o sentido do fluxo de calor de modo que o mesmo flua de uma fonte fria (ficando ainda mais fria) para uma fonte quente. Como esse caminho **não** é natural, você tem que "forçar" o fluxo de calor da fonte fria para a fonte quente. "Onde fica a fonte quente para onde o calor é transmitido"? Atrás da geladeira, existe uma estrutura onde uma tubulação faz muitas curvas e está soldada a uma série de varetas finas, dando a todo o conjunto (denominado **condensador**) a aparência de uma grade. Pois aí está a fonte quente para onde flui o calor do circuito de refrigeração. Como sabemos que o fluxo de calor é "forçado" (o calor flui da fonte fria para a fonte quente, ao contrário do que acontece naturalmente), o leitor deve estar perguntando-se quem faz o **trabalho** de inverter o "curso natural das coisas". O responsável por esse trabalho é o "motor de geladeira" (**compressor**) que, por meio de um motor elétrico ligado a um êmbolo (parece um pistão de motor de carro), comprime um "gás" especial, conhecido como "gás de geladeira" (**fluido refrigerante**), que é o agente físico responsável pela troca de calor entre o "congelador" e o "condensador". Neste capítulo, vamos descobrir mais detalhes sobre esses e outros elementos componentes de um refrigerador e aprender como repará-los.

Cada coisa tem seu nome

É bom que você saiba os termos técnicos usados para se referir a cada parte do refrigerador, o que ajuda no diálogo com os técnicos da área.

Um refrigerador doméstico é composto de três partes principais:
- O gabinete (recipiente externo);
- A câmara;
- A unidade de refrigeração.

O gabinete é a parte externa e de metal que oferece suporte e proteção para as demais partes do refrigerador. A câmara (confeccionada em resina) está separada do gabinete (parte externa do refrigerador) por um isolante térmico (espumas poliuretânicas ou lã de vidro). A câmara abriga o denominado evaporador (popularmente conhecido como congelador). O termostato é outro elemento que se encontra dentro da câmara (o termostato pode ser facilmente identificado pelo botão controlador de variação de temperatura). Finalmente, temos a denominada unidade de refrigeração que é composta por um condensador (grade externa), um evaporador ("congelador") e um compressor.

O motocompressor (o famoso "motor de geladeira")

O **motocompressor** (também conhecido como "motor de geladeira") é um dos componentes mais típicos de um refrigerador e sua aparência externa é de uma pequena "botija" preta instalada na base do refrigerador. Na verdade, o compressor abriga, além de um motor elétrico, outros componentes, tais como pistão e válvulas. Suas peças internas são impossíveis de ser acessadas, já que o compressor é hermeticamente fechado (selado). **Nem pense em abri-lo**. A função do compressor é aspirar o gás refrigerante do evaporador (**congelador**) e injetá-lo sob pressão nas tubulações do **condensador** onde o gás, sob alta pressão, se liquefaz.

Figura 8.1. Na figura acima (esquerda) o relé e o protetor térmico instalados em um compressor. Na figura da extrema direita, a representação de um compressor revelando os enrolamentos de partida e marcha. No centro, o aspecto de um compressor típico de geladeira.

O evaporador (o famoso "congelador")

No evaporador, o fluido refrigerante evapora-se e absorve calor, resfriando a câmara (veja a explicação a seguir, neste capítulo). O fluido percorre, no evaporador, uma série de canalículos (você pode notá-los quando o evaporador está desprovido de gelo) que podem ser tubulações soldadas na carcaça do evaporador ou ser constituída pela união de duas placas, cada uma com metade da tubulação impressa em seu corpo. É importante que você saiba que o evaporador está ligado ao compressor por meio de uma linha de aspiração. O compressor aspira o "gás de refrigeração" do evaporador por essa tubulação. Ao lado do evaporador, ligado ao compressor, existe um componente cilíndrico (acumulador) cuja função é reter o fluido refrigerante líquido que chega até esse ponto, impedindo-o de entrar no compressor.

O condensador

Situa-se na parte posterior (atrás) do refrigerador e é constituído por uma série de "serpentinas" unidas por um gradeamento metálico, cuja função é a dissipação do calor do fluido refrigerante que o percorre. No condensador, o gás refrigerante se liquefaz.

O tubo capilar

Não. Esse tubo **não** é tão fino quanto um fio de cabelo, mas é bem mais fino do que as outras tubulações de um refrigerador, derivando daí o seu nome. Trata-se de um tubo de cobre com diâmetro de aproximadamente 1 mm (pode atingir, em termos de comprimento, dezenas de centímetros) e que liga a linha de alta pressão à linha de baixa pressão do refrigerador. O tubo capilar, em resumo, é um estrangulamento existente entre o condensador e o evaporador. Sua função é manter uma diferença de pressão entre o condensador (pressão elevada) e o evaporador (baixa pressão). Exemplo de pressões típicas: **108 kPa** e **1431 kPa** para a baixa e a alta pressão de um sistema de refrigeração doméstico.

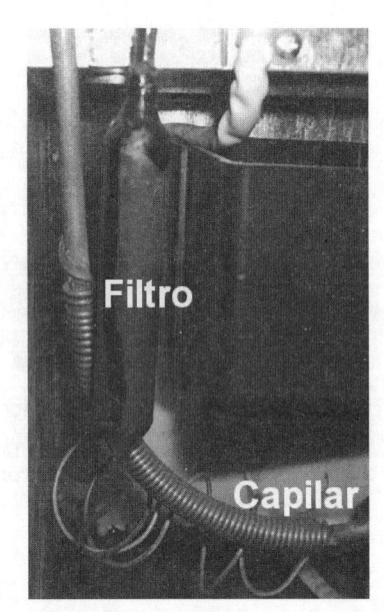

Figura 8.2. Tubo capilar e filtro secador.

O fluido refrigerante

Conhecido popularmente como "gás de geladeira", sua função é subtrair (remover) o calor do evaporador e transferi-lo ao condensador. Por muitos anos, os Freons 12 e 22 (grupo dos **CFCs – Cloro, Flúor, Carbono**), nomes comerciais das substâncias **CCl2F2** e **CHClF2**, respectivamente, foram largamente empregados como fluidos refrigerantes. Infelizmente, esses gases têm uma formulação química extremamente prejudicial à denominada camada de ozônio (camada composta por átomos de oxigênio que formam uma barreira contra as nocivas radiações ultravioletas emitidas pelo Sol). Os fluidos de refrigeração adotados atualmente não são prejudiciais ao meio ambiente. Entre eles, encontramos o grupo dos **HFCs (Hidrogênio, Flúor, Carbono)** entre os quais figura o **R--134a,** muitíssimo empregado nos refrigeradores domésticos. O refrigerador tem essas informações destacadas em sua parte posterior (parte traseira). Em geral, esses fluidos não são inflamáveis, mas alguns sistemas de refrigeração adotam fluidos refrigerantes, tais como o **R-290 (Propano)**, que podem causar graves acidentes por conta de sua inflamabilidade.

O princípio de funcionamento de um refrigerador

O fenômeno que rege a moderna refrigeração mecânica é o seguinte: Quando se vaporiza um líquido, o mesmo absorve calor, que é removido do ambiente circundante. Esse fenômeno pode ser observado quando você vaporiza o desodorante armazenado sob pressão em sua embalagem ("latinha"); você percebe que há um ligeiro resfriamento do corpo da embalagem. Isso ocorre porque na vaporização do desodorante, há transferência de calor do meio circundante (ar atmosférico e "latinha") para o líquido vaporizado, o que resulta na diminuição da temperatura percebida (pelo tato) na latinha que você segura. O fenômeno pode parecer misterioso, mas é fácil de entender.

Vamos oferecer um outro exemplo para melhor compreensão do fenômeno - **imagine** uma panela com água (dentro da panela, existe um termômetro graduado na **escala Celsius**, com temperatura máxima de **120 graus**). A mera crença em nossas palavras não é tão convincente quanto um experimento real, mas tem a vantagem de não exigir a aquisição de equipamentos. O fato é que o termômetro, inicialmente, indicará a temperatura ambiente (vamos dizer, uns 25 graus Celsius). Com o aquecimento da água, a temperatura vai aumentando progressivamente (25, 26, 27, 28, 29, 30... 100° C). Aí acontece algo interessante: a água começa a evaporar (ferver). E daí? Se você pudesse ver o termômetro, perceberia que a temperatura permaneceria em **100° C** até que toda a água da panela se transformasse em vapor. "Mas, por que a temperatura não aumenta até 120 graus ou mais?" Porque, a partir do momento em que a água começa a ferver, a energia que ela absorve é utilizada somente para que a mesma mude de estado (passando do estado líquido para o estado gasoso) e não "sobra" energia para aumentar sua temperatura. Entendeu, agora? Quando uma substância muda de estado (líquido para vapor, por exemplo), ela tem que absorver calor de uma fonte para que o fenômeno de mudança de fase aconteça. Da mesma forma, o desodorante líquido vaporiza (muda de estado) e absorve calor da latinha, daí a sensação tátil de resfriamento que você percebe.

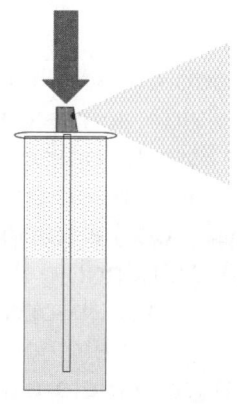

Figura 8.3. Importantes princípios tecnológicos se escondem nos bastidores de fenômenos simples. O acionamento da válvula de um desodorante aerossol revela muitos dos segredos do funcionamento de um refrigerador.

"Se fosse tão fácil assim, bastava colocar um recipiente para vaporizar gás por um tempo suficientemente longo e teríamos um refrigerador pronto para usar", diria o leitor. Você está certo! Apenas será necessário utilizar um fluido refrigerante adequado. A temperatura do líquido é constante durante todo o processo de vaporização e o calor é removido da câmara até que todo o líquido seja liberado do recipiente. Se você acrescentar uma válvula de controle de vaporização, poderá controlar a temperatura na qual o fluido vaporiza (temperatura de saturação) - quanto maior a pressão, maior a temperatura de saturação. Assim, você pode controlar a taxa de perda de calor da câmara para o ambiente ou, em outras palavras, controlar o resfriamento da câmara. Mas, como você deve estar imaginando, a perda constante de fluido refrigerante não seria prático nem econômico, de modo que, na prática, o fluido vaporizado é aspirado pelo compressor, circulando indefinidamente pelo circuito de refrigeração.

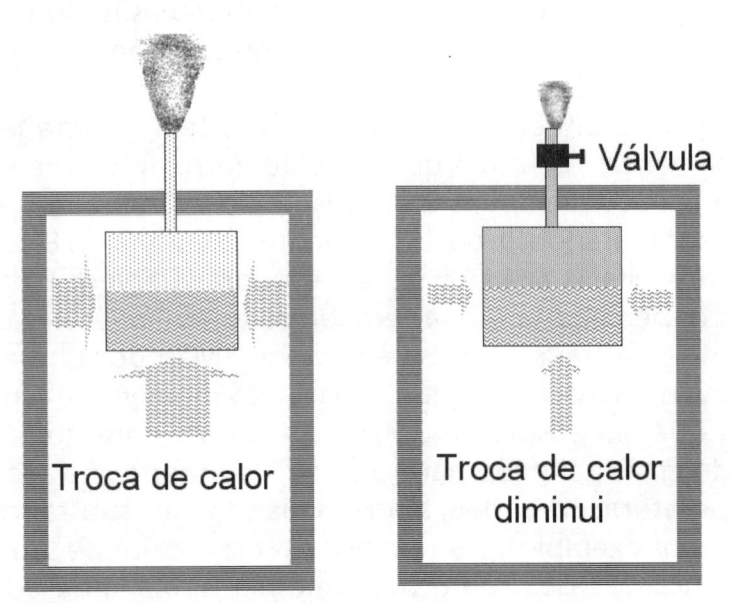

Figura 8.4. A simples evaporação em um líquido seria suficiente para manter um ambiente resfriado. Observe que, na figura da direita, a presença da válvula diminui a saída de gás, o que aumenta a pressão dentro do recipiente que contém o líquido em evaporação. Isso se reflete na temperatura de evaporação do líquido e, consequentemente, afeta a troca de calor entre o recipiente e o meio.

Agora, temos um problema. Todo o calor "roubado" do meio pelo gás para produzir sua vaporização deve ser devolvido ao meio para que o vapor possa ser condensado e retornar ao estado líquido. Esse trabalho é realizado pelo **condensador**, que recebe o fluido de refrigeração proveniente do compressor. O compressor aspira o gás das tubulações do evaporador (congelador) e comprime esse gás no condensador. Mas, por que é necessário comprimir o gás? Quando o fluido refrigerante sai do evaporador, ele possui **baixa temperatura,** apesar de ter absorvido calor do meio. Se o injetássemos diretamente no condensador (sem passar pelo compressor), não haveria transferência de calor do fluido de refrigeração para o meio externo (através do radiador). A compressão a que o gás é submetido eleva a sua temperatura. "Como isso acontece?". É só lembrar o que acontece quando você utiliza uma bomba de bicicleta - pressionando um gás, o mesmo se aquece. Assim, o gás com **elevada temperatura** é descarregado dentro do condensador, onde cede calor ao sistema e condensa-se, ou seja, o gás é transformado em líquido. Mais uma coisa: entre o evaporador e o compressor a pressão é relativamente baixa. Depois que o gás é comprimido, sua pressão aumenta e permanece assim até ser vaporizado no evaporador.

O ciclo de refrigeração

Tudo o que dissemos pode ser resumido assim:

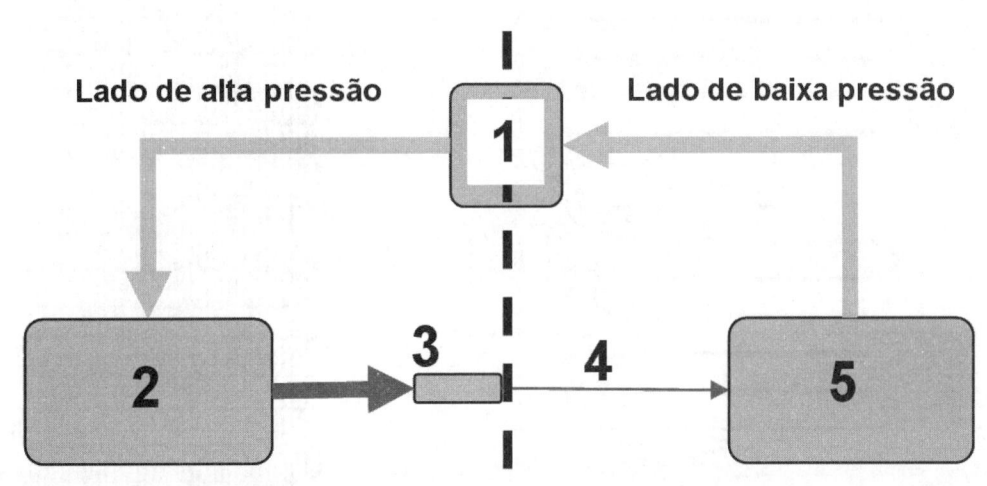

Figura 8.5. A figura acima é uma representação gráfica de um circuito de refrigeração. 1. Compressor; 2. Condensador; 3. Filtro; 4. Tubo capilar; e 5. Evaporador. Nas linhas superiores, flui vapor e, nas linhas inferiores, flui líquido. A linha pontilhada separa o setor de alta pressão do setor de baixa pressão do circuito.

• Um evaporador (congelador) é responsável pela passagem de calor de um determinado ambiente para um fluido em processo de vaporização;

• Uma tubulação (linha de baixa pressão) conduz este gás com baixa pressão para o compressor (o compressor aspira o gás);

• O compressor comprime o gás aspirado, elevando sua temperatura e sua pressão;

• O **condensador** recebe o "gás quente" do compressor e dissipa seu calor, liquefazendo-o;

• A tubulação que sai do condensador injeta o gás liquefeito em um filtro (para reter as impurezas) e daí, para o tubo capilar;

• Na passagem de fluido do tubo capilar para o evaporador, há um processo de vaporização do fluido, que rouba calor do ambiente, resfriando-o.

Observação: No processo de liquefação, o fluido transfere calor para o meio, o que é claramente percebido pelo aquecimento do condensador (radiador) da geladeira.

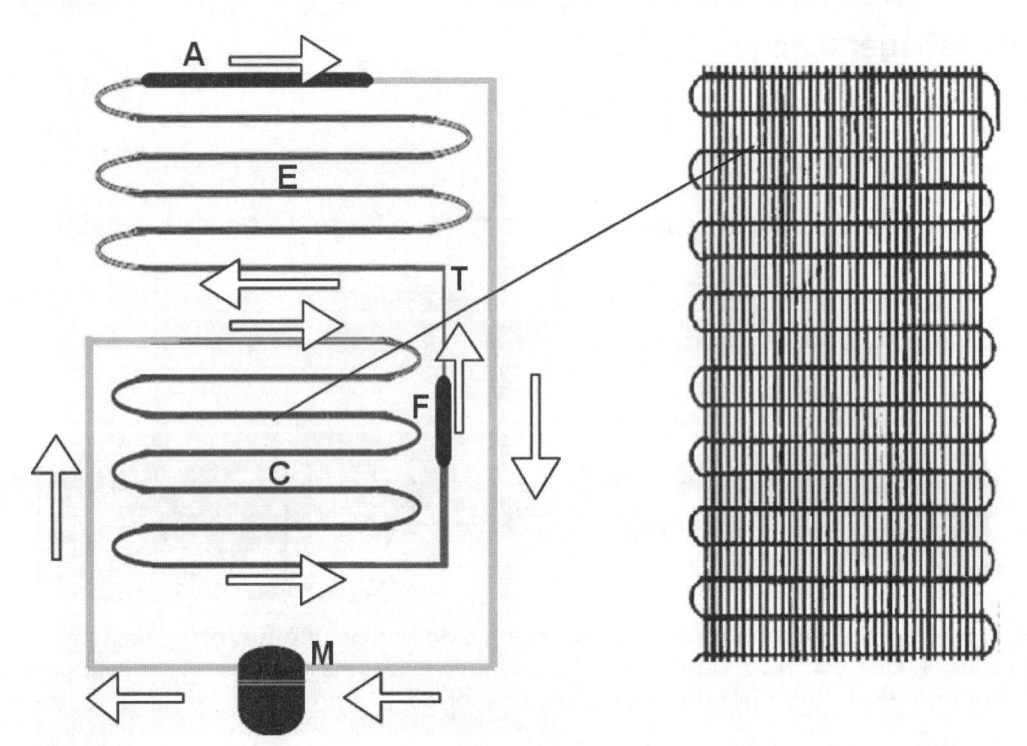

Figura 8.6. Representação de um circuito de refrigeração. A. Acumulador de líquidos; E. Evaporador; C. Condensador; F. Filtro; M. Motocompressor; e T. Tubo capilar. Do lado direito, o aspecto real de um condensador.

Motocompressor, mais uma vez

A compressão do gás refrigerante dentro do compressor pode ser realizada com um pistão (empurra o gás, comprimindo-o) ou com um rotor excêntrico ("fora do centro") que atua como elemento de compressão. O interior do compressor armazena óleo para a lubrificação dos componentes sujeitos ao atrito.

É provável que você só tenha reparado a parte posterior de uma geladeira (parte traseira) por ocasião da mudança. Enfim, dê uma olhada atenta nessa parte do aparelho e obterá muitas informações importantes sobre as características elétricas do seu refrigerador - muitos modelos trazem impresso o esquema elétrico, o que é de grande valia para a realização de reparos, sobretudo na identificação do cabeamento (fios). Portanto, aproveite o mote, afaste sua geladeira da parede e procure identificar as informações relativas à potência do motocompressor, corrente consumida, tensão de trabalho, fluido refrigerante etc. **E lembre-se: não toque em nada...** por enquanto. Para a identificação dos terminais do motocompressor, basta ler o esquema elétrico do refrigerador.

Diagnósticos de problemas elétricos

⚠️ Se a falha do seu refrigerador for elétrica, você terá condições de sanar o problema. No entanto, se os defeitos se manifestarem no circuito de refrigeração (ensinaremos como identificá-los), não hesite em chamar um técnico especializado para efetuar os reparos. Sem o equipamento adequado (cilindros com gás refrigerante, equipamento de solda, manômetros etc.), a tarefa de reparar os danos será, no mínimo, frustrante e, no máximo, desastrosa. Certos procedimentos são perigosos sem as devidas precauções. Mas, isso não impede que você possa entender os sintomas e as causas das falhas na refrigeração, o que poderá ser muito útil quando for contratar serviços de reparo.

Um dos primeiros procedimentos a serem adotados no reparo de um refrigerador é localizar o capacitor de partida com o intuito de descarregá-lo.

Observação: Faça o teste do capacitor conforme as recomendações do capítulo 02. Caso esteja avariado, substitua-o por outro com tensão de trabalho e capacitância compatíveis com as informações indicadas em seu corpo.

Figura 8.7. O capacitor é de fácil identificação: possui tensão de trabalho e capacitância impressas em seu corpo (na figura acima, por exemplo, os respectivos valores lidos são **250 V AC** e **10 μF**). Seu formato típico é o demonstrado na figura.

Testes do compressor

Observação: Para realizar os testes indicados a seguir, você precisará de um multímetro.

Figura 8.8 A análise das condições operacionais do compressor envolve o diagnóstico de continuidade dos enrolamentos do motor, o que pode ser feito facilmente com um multímetro. Veja a instrução abaixo. Uma dica útil: é possível que você encontre as letras C, S e R impressas no compressor. Elas representam, respectivamente, o terminal Neutro, o terminal do enrolamento de Partida e o terminal do enrolamento de Marcha.

1) Os enrolamentos elétricos do motor **não** devem estar em contato com sua carcaça. Posicionando o multímetro na escala x10K de resistência elétrica, encoste uma das pontas de prova do aparelho no terra do compressor e a outra em seus terminais. A indicação de resistência deve ser infinita (revelando que não há contato elétrico entre as partes em teste). Caso haja indicação de baixa resistência, existe contato elétrico entre a carcaça do motocompressor e os enrolamentos do motor (motor que fica dentro do motocompressor), sendo necessária a sua substituição.

2) Os enrolamentos do motor devem manter contato elétrico entre si. Encoste as pontas de prova do multímetro nos terminais do motocompressor (a combinação de testes deve ser: Marcha-Neutro; Marcha-Partida; Partida- Neutro). Se, em algum dos testes, o multímetro indicar resistência infinita, o motocompressor está danificado e deve ser substituído.

3) Curto circuito interno. O sinal típico desse defeito é o aquecimento excessivo do motocompressor. O teste que pode comprovar essa anomalia exige que você disponha de um amperímetro especial (tipo alicate) e verifique se o consumo de corrente é maior do que o estipulado pelo fabricante. Caso haja uma diferença significativa entre os valores lidos e o previsto, o compressor será o suspeito preferencial.

A refrigeração | 151

Figura 8.9. O "consumo" previsto para essa geladeira era de 1,2 A (amperes) de corrente elétrica. A indicação do multímetro demonstra que está tubo bem com este refrigerador. Pequenas discrepâncias entre a leitura e o valor indicado pelo fabricante são previstos e normais.

4) Um compressor bloqueado pode ser, também, a causa da inoperância de seu refrigerador. Rupturas de peças internas, sujeira ou corrosão podem ser as causas desse problema. Se o motor do motocompressor possuir um capacitor de partida, verifique suas condições. Se estiver defeituoso, deverá ser substituído.

Situações, tais como baixo rendimento da "produção do frio", barulhos excessivos ou consumo excessivo de corrente com elevado aquecimento, podem exigir a substituição do motocompressor também.

Os componentes elétricos

O esquema elétrico do refrigerador é essencial para que você possa realizar sua manutenção. Felizmente, eles são relativamente simples e os fabricantes afixam o esquema na parte posterior (parte traseira) do eletrodoméstico.

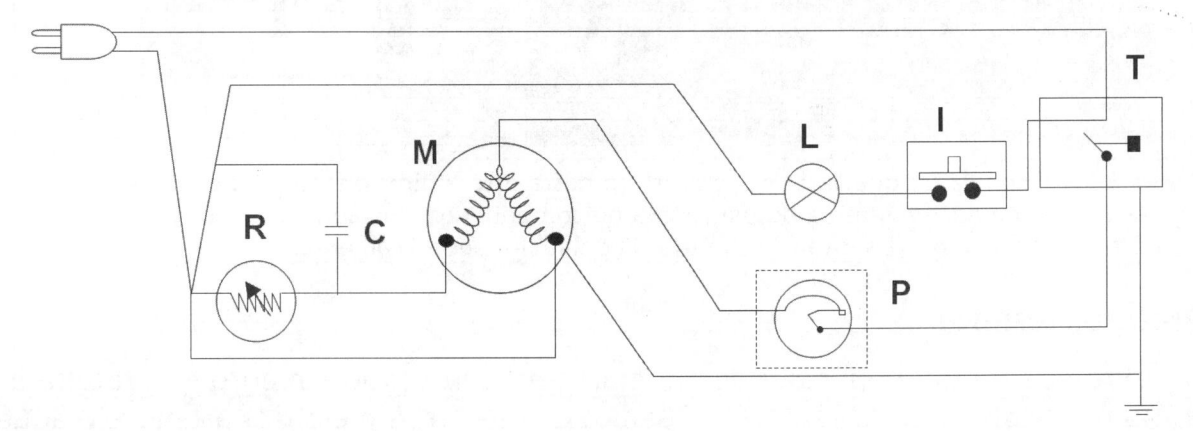

Figura 8.10. M é o motocompressor; **R** é o relé PTC; **C** é o capacitor; **P** é o protetor térmico; **L, I** e **T** são, respectivamente, lâmpada, interruptor e termostato.

O termostato

O termostato é um dos componentes elétricos mais conhecidos pelo usuário do refrigerador, mas não com esse nome. Se você abrir a geladeira, poderá facilmente observar um botão com uma indicação numérica. Pois bem, esse é o termostato, componente que você utiliza para manter a temperatura da câmara constante. Um termostato defeituoso pode impedir a partida do motocompressor, o que resulta em um refrigerador inutilizado. Ainda bem que a solução, nesses casos, exige apenas a substituição do termostato (relativamente barato). Mas, como saber se o componente defeituoso é o termostato? Proceda da seguinte maneira: Estabeleça o contato elétrico entre os terminais do termostato (com uma chave de fenda, por exemplo). Se o motor funcionar, o termostato está avariado ("ruim") e deve ser substituído. Se o motor não funcionar, os testes devem ser executados em outros componentes, como veremos abaixo.

OBS: Se não está "chegando" tensão aos terminais do termostato, o problema pode ser o cabo de força da geladeira.

O termostato possui um bulbo que contém um fluido que se dilata e contrai com a variação da temperatura acionando um diafragma. O movimento do diafragma, por seu turno, aciona um contato elétrico que pode ligar ou desligar o compressor, dependendo do grau de dilatação/contração do fluido do bulbo ou, em outras palavras, do grau de variação de temperatura do evaporador (congelador). Como você pode deduzir, o bulbo fica em contato com a parede do evaporador. O seu mau posicionamento afeta o funcionamento do refrigerador. Fique atento a isso. Outro problema: o termostato pode estar travado e há geração excessiva de frio. Coloque-o na posição de mínimo. O compressor deve desligar após poucos instantes. Se não desligar, o termostato está travado e deve ser substituído.

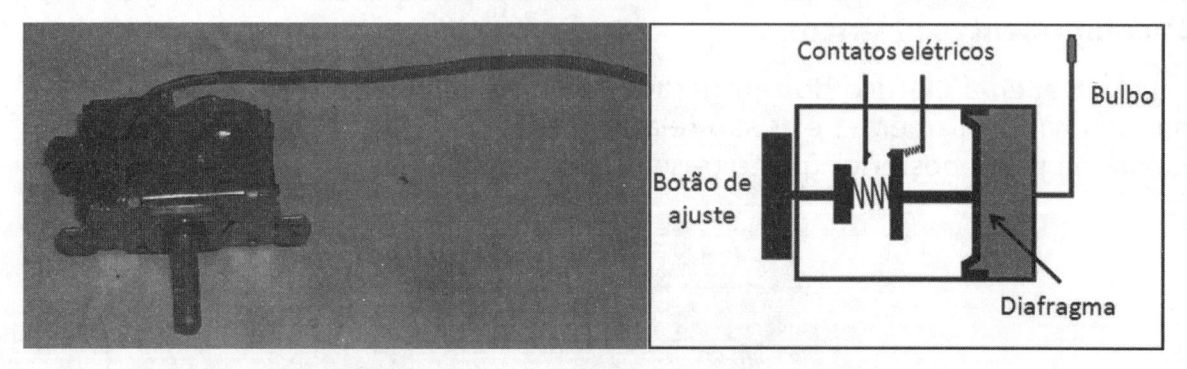

Figura 8.11. A tubulação que "sai" do termostato nesta foto é direcionada para o congelador e é responsável pela regulagem interna do diafragma do componente, que controla os contatos elétricos do termostato, acionando e desativando o motor da geladeira periodicamente.

Protetor térmico

Protege o motor em casos de anomalias em seu funcionamento que resultam no consumo excessivo de corrente. Já dissemos que a corrente elétrica promove o aquecimento dos condutores. Quanto maior a corrente, maior o aquecimento do condutor. Quando um condutor (e quase todos os materiais) é aquecido, sua tendência é dilatar-se. Esse princípio é utilizado para interromper o circuito nos casos em que o consumo de corrente é excessivo, o que seria perigoso se nenhum controle fosse adotado.

Poderiam ocorrer danos a um componente mais caro ou até mesmo um incêndio. Um desses componentes é o protetor térmico que funciona assim: Um aumento excessivo de corrente interrompe a passagem de corrente pelos contatos elétricos do componente, formado por uma lâmina bimetálica. Seu teste consiste em encostar as pontas de prova do multímetro em seus terminais e verificar se há continuidade (leitura diferente de infinito). Não havendo continuidade (resistência infinita = ponteiro não se mexe), o componente deverá ser substituído.

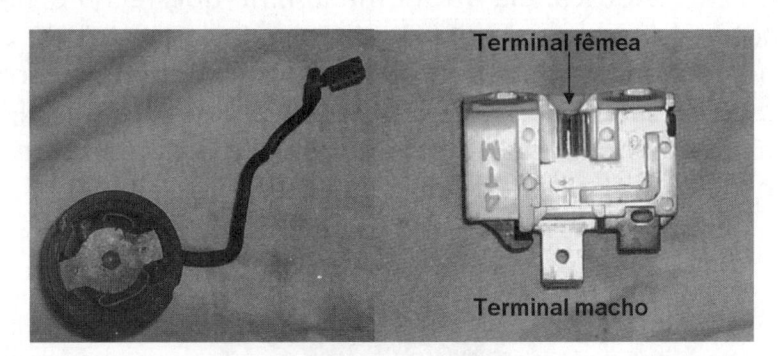

Figura 8.12. O protetor térmico é um par bimetálico que desativa o compressor da geladeira em caso de excesso de corrente. Acima, dois modelos típicos. Para avaliá-los, teste sua continuidade posicionando as pontas de prova do multímetro em seus terminais.

As lâminas bimetálicas são formadas por dois metais com coeficiente de dilatação diferente. As placas individuais são unidas formando um par (daí lâmina bimetálica), de maneira que a dilatação de uma das placas seja menor que a outra, resultando em um encurvamento do conjunto. Veja a figura:

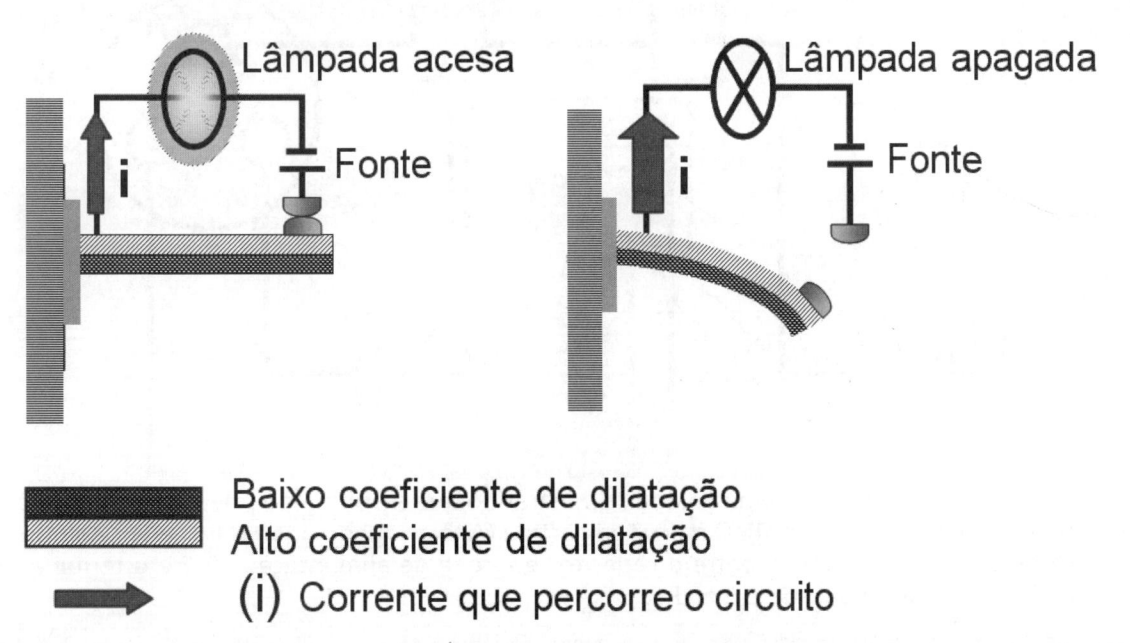

Figura 8.13. O princípio da dilatação dos objetos submetidos a um aumento de temperatura é utilizado em muitos componentes de proteção de circuitos. A lâmina de **maior** coeficiente de dilatação é a lâmina mais clara na figura. Se o circuito drenar ("puxar") uma corrente excessiva, a lâmina bimetálica (atravessada pela corrente) se aquecerá em excesso, dilatará, encurvará e interromperá o circuito.
Na prática, o papel de aquecimento desse tipo de protetor é realizado por uma "resistência".

Relé

O relé é responsável pela partida do motor. O enrolamento de sua bobina está em série com o motor de marcha. Por que não se liga o motor diretamente, sem a intervenção de um relé? O grande problema é que a corrente drenada pelo enrolamento responsável pelo "arranque" do motor é muito alta e há a necessidade de "cortar" essa corrente assim que o motor adquire velocidade. Quando a bobina do relé é atravessada por uma corrente elétrica, ela atrai uma lâmina que fecha o circuito responsável por acionar o motor de partida. Agora, tanto os enrolamentos de partida quanto os de marcha estão energizados, de modo que o motor aumenta sua rotação. Quando o motor adquire a velocidade padrão de operação, a corrente inicial, que era elevada, decresce e o relé abre, eliminando a corrente que alimenta o motor de partida. O motor de marcha continua trabalhando normalmente.

Figura 8.14. Este é o aspecto do relé de acionamento do motor. É um componente robusto que, em geral, não apresenta defeitos. No entanto, se algo não for bem com o relé, a geladeira ficará inoperante.

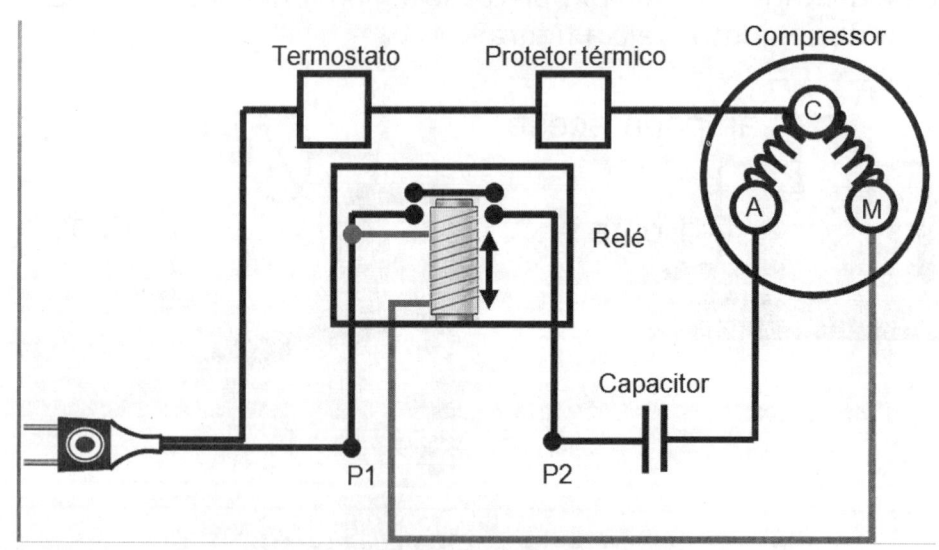

Figura 8.15. Esquema elétrico de uma geladeira mostrando que a bobina do relé está em série com o enrolamento do motor de marcha (M). O motor de partida (A) é acionado apenas durante o tempo em que o relé estabelece contato elétrico entre o capacitor e a rede de alimentação. "C" é o terminal comum entre os enrolamentos de partida e marcha.

Se a suspeita recair sobre o relé, remova-o do circuito e teste a continuidade de sua bobina (escala x1 do multímetro). Caso a leitura seja a resistência infinita, substitua o relé.

Um teste prático para identificar defeitos nesse tipo de relé consiste em agitá-lo no sentido vertical. Deve-se ouvir o ruído do núcleo metálico móvel. Caso contrário, os contatos estão permanentemente unidos, tornando o relé imprestável. Um teste mais preciso consiste em realizar o procedimento indicado na figura 8.16

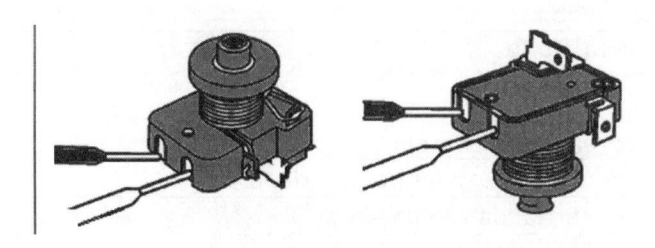

Figura 8.16. Com o relê e as pontas de prova posicionadas como indicado, execute as leituras de resistência na escala x1. Se as leituras forem iguais, o relê está defeituoso. Isso pode significar um núcleo travado.

Relé PTC

É formado por uma pastilha de material cerâmico que tem uma propriedade especial: o material aumenta sua resistência elétrica, quando se aquece. Na partida, o PTC ainda está frio e à medida que a corrente percorre o circuito, o PTC se aquece até o ponto de interromper a passagem de corrente (resistência elevada), paralisando o motor de partida.

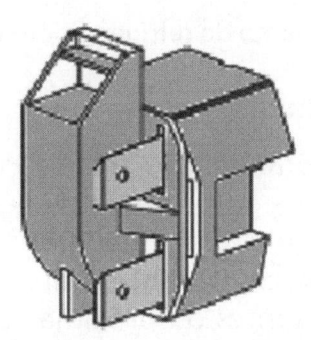

Figura 8.17. Aspecto de um PTC.

A tabela abaixo apresenta alguns defeitos envolvendo o circuito de refrigeração. Não é uma tabela exaustiva, mas oferece uma ideia do que pode estar acontecendo com sua geladeira.

1	2	3	4	1- Refrigera muito 2- Refrigera pouco 3- Ruídos 4- Alto consumo de energia
	▶			Obstrução do tubo capilar por umidade
	▶			Obstrução parcial da tubulação
	▶		▶	Condensador sujo (falta circulação de ar)
		▶		Compressor encostado no gabinete ou na parede
	▶		▶	Má vedação da porta
▶			▶	Refrigerador sem bandeja divisória do congelador
	▶		▶	Pouco fluido refrigerante
	▶		▶	Excesso de fluido refrigerante
	▶		▶	Encharcamento do isolante (lã de vidro)
	▶			Vazamento de fluido refrigerante
		▶		Fixação inadequada do compressor
	▶		▶	Compressor com baixa capacidade
		▶		Compressor com ruído interno

Tabela 8.1. Alguns defeitos no funcionamento do refrigerador e suas causas típicas.

Usos inusitados para sua geladeira

Além dos procedimentos recomendados pela fábrica, o refrigerador tem sido alvo de usos inusitados, desde a sua invenção. Algumas pessoas atribuem ao refrigerador "poderes paranormais": abrem a geladeira, inspecionam todo o seu conteúdo, fecham a porta e voltam a abri-la várias vezes durante o dia, na esperança de que algum alimento apareça inesperadamente, antes da próxima tentativa. Esse hábito apenas sobrecarrega o sistema de refrigeração e aumenta a conta de energia no fim do mês.

Alguém descobriu que a "grade" de um refrigerador era bastante quente e muito útil na secagem de peças do vestuário, o que torna muitos condensadores, varais improvisados. O saldo final: um aumento do consumo de energia elétrica, pois a dissipação do calor na grade fica comprometida, redundando em maiores gastos energéticos. A limpeza periódica dessa estrutura é ação recomendável.

Não tente fazer isso em casa!

Como observação final, enfatizamos que você não deve fazer intervenções no circuito por onde passa o fluido refrigerante (tubulações). Em outras palavras, não tente acessar a parte interna do compressor e das tubulações (evaporador, condensador e tubo capilar), pois sem as técnicas e equipamentos adequados, você terá prejuízos financeiros e, na pior das hipóteses, poderá sofrer acidentes. Na dúvida, não ultrapasse... seus limites e recorra à mão de obra especializada.

Figura 8.18. O equipamento de soldagem a gás é apenas um dos acessórios essenciais para os trabalhos de reparação de um circuito (tubulação) de refrigeração. Sem os equipamentos necessários, o trabalho fica inviável para um leigo.

Você sabia?
BTU e calorias

Quando se fala em refrigeração, uma unidade muito citada é o BTU (**U**nidade **T**érmica **B**ritânica). Um BTU é a quantidade de calor necessário para mudar a temperatura de um 1lb de água (uma libra) em 1° F (Fahrenheit). Como você pode ver, é uma forma de medição de energia calorífica e compatível com o Joule e a Caloria. A propósito, um BTU = 1055 Joules e uma Caloria = 4,2 Joules. Só para lembrar, uma caloria é a quantidade de calor necessária para fazer variar a temperatura em 1° C de uma massa de água de um grama.

Um site muito interessante para a obtenção de informações relativas à refrigeração é www.embraco.com.br.

9. Os motores automotivos

O que você vai aprender neste capítulo?

No presente capítulo, você aprenderá como os motores de automóveis surgiram e como evoluíram. O capítulo se detém, especialmente, sobre os motores de 04 tempos. Você aprenderá conceitos e o vocabulário necessário para conversar niveladamente com um mecânico da próxima vez que for a uma oficina.

Água e fogo

O homem se apropriou dos recursos naturais à medida que demandava novas matérias-primas e energia para impulsionar o seu processo de desenvolvimento tecnológico. As jazidas nas quais esses elementos eram encontrados estavam, muitas vezes, inundadas por água, dificultando o trabalho dos mineradores. **Thomas Savery** anunciou que o problema das minas inundadas havia sido resolvido. Ele criara uma bomba que usava o vapor d'água condensado para criar vácuo, que seria usado para elevar a água das profundezas das minas até a superfície, tornando o trabalho de extração mineral bem mais cômodo. Um ferreiro chamado **Thomas Newcomen**, no remoto ano de 1712, criou um novo mecanismo com cilindro e pistão para o bombeamento de água - o resultado se mostrou bem mais satisfatório do que a bomba de **Savery**. Entretanto, a evolução das máquinas a vapor não parou aí. **James Watt** aprimorou a máquina de **Newcomen**, criando um condensador separado do cilindro principal, o que mantinha este sempre aquecido, reduzindo o consumo de carvão a 1/4 do consumo original e com mais eficiência em termos de potência.

Figura 9.1. Até o aparecimento das máquinas a vapor, como a máquina desenvolvida por *J. Watt vista acima*, a indústria dependia exclusivamente da força muscular (humana e animal), da força eólica (do vento) e da força hidráulica (do fluxo da água) para a produção de bens.

Mundo movido a vapor

Figura 9.2. Locomotiva de *R. Trevithick*.

O vapor transformou a **Inglaterra** na principal força industrial do mundo e a paisagem nunca mais foi a mesma. A força do vapor começou a ser empregada em toda a parte. Em 1804, ***Richard Trevithick*** criara um sistema de transporte que não necessitava de tração animal - trouxe à luz a primeira locomotiva. Anteriormente, algumas experiências já haviam sido realizadas com o vapor para o autotransporte, como, por exemplo, o veículo inventado *por **Nicolas Gugnot*** em 1769.

www.wikipedia.org

Figura 9.3. A esquisita máquina que *Gugnot* desenvolveu para transportar material bélico andava a meros 4 Km/h.

O primeiro motor moderno

Os motores que apresentamos a você, até agora, são genericamente denominados de "motores à combustão externa", pois o processo de queima do combustível ocorre numa câmara (fornalha) separada do cilindro gerador de potência mecânica. Na segunda metade do século XIX, ***Étienne Lenoir*** construiu um automóvel com **motor de**

combustão interna que utilizava o gás como combustível. Nesse processo, a queima do combustível é efetuada na mesma câmara ou cilindro que gera a potência mecânica utilizada para gerar o movimento. Em 1876, o motor de combustão interna, com os "04 tempos" que conhecemos hoje, foi concebido pelas mãos do alemão **Nikolaus Otto**. Um dia, em Paris, *Otto* viu um motor de *Lenoir* e ficou fascinado com a máquina. Passou a se dedicar integralmente ao projeto de aprimorar aquela invenção. Numa de suas experiências, usou o pistão como um "compressor", empurrando os gases combustíveis contra as paredes do cilindro. Acionou, então, a ignição, e o volante da máquina executou vários movimentos fortes e rápidos. Percebeu que, comprimindo a mistura antes da "explosão" da mesma, a eficiência do movimento obtido era maior. Sistematizou o seu "achado" no que hoje é conhecido como **Ciclo Otto**.

O primeiro carro

Em 1885, o primeiro carro com motor de "04 tempos" foi criado por *Karl Benz*, aproveitando um modelo de motor de ciclo Otto, instalando-o em um triciclo, que desenvolvia a espantosa velocidade de 16 quilômetros e era facilmente manobrável, sendo considerado o protótipo dos modernos automóveis.

Figura 9.4. O triciclo desenvolvido por Benz causava espanto por onde passava - as pessoas não estavam acostumadas à ideia de uma "carruagem" sem cavalos.

Produção em série

Anos depois, **Henry Ford**, revolucionou a linha de produção de automóveis, tornando-o um produto popular algum tempo depois. O domínio das máquinas que utilizavam o princípio da combustão (interna e externa) impulsionou o próprio "trem da História", com profundas mudanças estruturais na sociedade, com o advento de novas classes sociais e grande concentração populacional nos emergentes centros urbanos. Novas descobertas científicas e "invenções" conduzem o homem a um novo patamar tecnológico, acompanhado de mudanças no cenário socioeconômico, tais como a diminuição de postos de trabalho em algumas áreas e a extrema especialização da mão de obra que se tem verificado já há algum tempo. Trata-se, portanto, de um mito o fato de que o desenvolvimento tecnológico vai resolver todos os nossos problemas. Com a evolução da Ciência e da técnica, antigos problemas são solucionados e surgem novos desafios. O automóvel, por exemplo, inaugurou a era da rapidez e da comodidade, mas potencializou o efeito estufa e criou o fenômeno dos congestionamentos, além, é claro, da ilustre figura do "flanelinha".

Ignição, combustão e... ação!

No início, os motores eram de baixa rotação e possuíam, entre outros componentes interessantes, um sistema de ignição com barras incandescentes (as "velas" da época) e o famoso sistema de partida manual que já quebrou muitos ossos. Esse fato ocorria porque, às vezes, a **ignição** estava muito adiantada e a **combustão** acontecia muito precocemente, fazendo com que a manivela de partida manual desse um contragolpe violento que, eventualmente, quebrava um braço! Já no início do século passado, alguns carros vinham equipados com um sistema revolucionário para a época: um **motor de arranque** elétrico. E mais, um "moderno" sistema de ignição composto por **bateria**, **bobinas** e **platinados**. A **taxa de compressão** era baixa e o uso de compostos de chumbo passou a ser implementado para prevenir o fenômeno da **detonação**, que gerava a famosa **"batida de pino"**. Neste capítulo, você entenderá melhor esses e muitos outros termos e conceitos.

Convertendo ligações químicas em energia mecânica

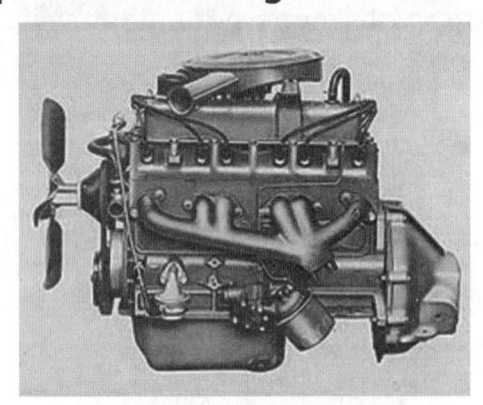

www.carangoantigo.com

Figura 9.5. Uma Usina de Força. Motor *Ford* dos anos 70, usado nos Mavericks da época. Os controles dos sistemas de ignição, arrefecimento e alimentação de combustível eram eletromecânicos até essa década. As décadas seguintes testemunharam a disseminação da eletrônica nos sistemas dos veículos, culminando com os comandos atuais, nos quais praticamente todas as funções dos veículos são gerenciadas eletronicamente.

O motor de combustão interna converte energia química (condensada nas ligações químicas das moléculas de combustível) em energia mecânica, por intermédio de um processo de combustão (queima), que consiste de uma reação entre o oxigênio do ar e as moléculas que compõem o combustível, como a gasolina, por exemplo. Como você pode perceber, a admissão do oxigênio, juntamente com o combustível, é essencial para que o processo de combustão ocorra. De onde vem esse oxigênio? Do próprio ar. Mais informações na seção "Carro também respira".

$2\ CH_4 + 4\ O_2 +$ Energia de Ativação $\rightarrow 2\ CO_2 + 4\ H_2O +$ Energia Disponível

O processo de combustão pode ser resumido como uma reação química entre o oxigênio e o combustível, iniciada por uma energia de ativação (uma faísca, por exemplo). Repare que existe a mesma quantidade de átomos no primeiro lado e no segundo da equação. A matéria se transformou (o metano converteu-se em água e gás carbônico). Não desapareceu. Essa regra vale para qualquer outra reação que envolva a queima de combustível.

Parafusos, pinos e porcas

Figura 9.6. O carburador é um componente complexo e os seus ajustes exigem equipamentos adequados e alguma experiência. O sucessor do carburador é o sistema de injeção eletrônica.

Você pode decompor um carburador em algumas dezenas de outras peças menores (molas, parafusos, tubinhos, porcas, boias, pequenos recipientes, etc.). Essas peças independentes não podem fazer muito, porém a sua atuação conjunta possibilita o funcionamento do saudoso carburador, um dos mais engenhosos componentes do bom e velho motor. É importante que você tenha sempre uma visão de conjunto, quando for analisar as peças e os sistemas componentes de um automóvel, para não se perder na "selva de porcas, cabos e molas" que o compõem.

Não se fazem mais carros como antigamente

O leitor deve pensar que o carburador é um componente ultrapassado. Bom, isso será verdade se o mesmo for comparado aos modernos sistemas de injeção eletrônica. No entanto, o que você talvez não imagina é que o carburador é um verdadeiro tributo à criatividade e à habilidade humanas. Entender o princípio de funcionamento do carburador é simples. Já conceber um carburador "de verdade" e colocá-lo em funcionamento não é tão simples assim. "Mas, o carburador, afinal, é uma tecnologia superada". Você acertou de novo se pensa assim, contudo é possível que o encontremos por aí, em "algum lugar do passado" ou em equipamentos contemporâneos, tais como cortadores de grama, motosserras, motocicletas e motonáutica.

Carburador "na teoria

O princípio de funcionamento do carburador é simples, como você pode observar na **Figura 9.7.** Quando o ar atravessa um túnel com uma zona de estrangulamento (estreitamento), como mostrado abaixo, cria-se uma área de baixa pressão na referida zona. Se ligarmos, nessa região, um tubinho imerso em um líquido, acontece algo interessante: o líquido é aspirado e lançado no túnel, dispersando-se na corrente de ar. Com uma montagem assim, você poderia alimentar um motor com rotação constante (como os utilizados para os geradores de eletricidade). "E se a gente quiser variar a rotação do motor"? Teremos que aumentar ou diminuir a quantidade de combustível aspirado e, para isso, basta controlar o fluxo de ar que passa pelo túnel: Quanto mais ar for admitido, maior será a liberação de combustível e quanto menos ar, menos combustível será aspirado. Quem controla esse afluxo (entrada) de ar é a borboleta do acelerador, como você verá oportunamente.

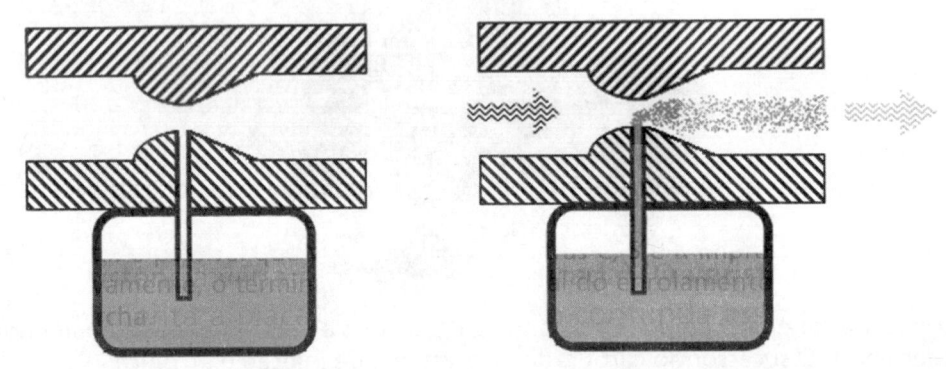

Figura 9.7. Aqui, temos a representação de um túnel com estrangulamento que ilustra o funcionamento de um carburador. Repare que a aspiração (sucção) de combustível ocorre somente quando há passagem de ar pelo túnel.

Carburador "na prática"

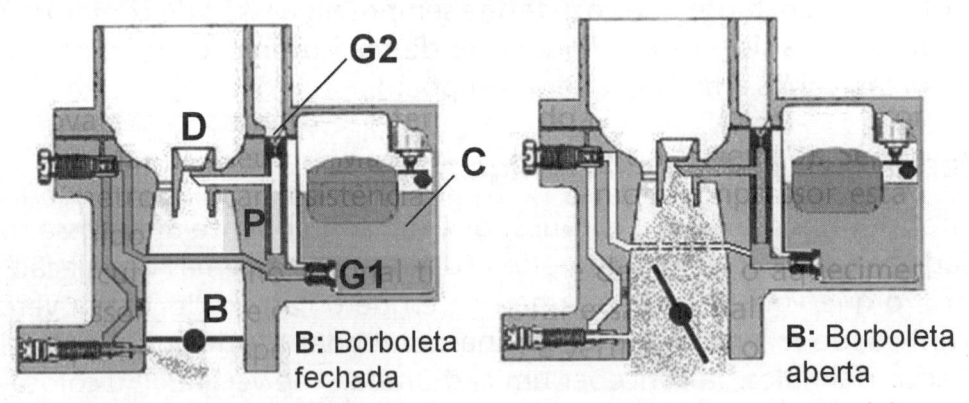

Figura 9.8. O esquema da esquerda representa o circuito percorrido pelo combustível dentro do carburador, quando o motor apresenta baixa rotação (circuito de marcha lenta). O esquema da direita representa o funcionamento do carburador, quando o motor está em maiores rotações (repare que a borboleta – B – do acelerador está aberta). D representa o difusor secundário; P é o poço; G1 é o giclê principal; G2 é o giclê de respiro da alta rotação e C é a cuba.

A função de um carburador é a mesma dos modernos sistemas de injeção eletrônica: disponibilizar aos cilindros um mistura balanceada de ar e combustível. O ar aspirado pelo motor (por força do movimento de descida do pistão nos cilindros que faz o efeito de uma "bomba de vácuo") passa por um canal dotado de um estrangulamento (estreitamento) dentro do carburador. Isso gera um aumento da velocidade do fluxo de ar, criando, por conseguinte, uma diminuição da sua pressão ou, em outras palavras, forma-se uma depressão ("vácuo") que aspira o combustível do reservatório do carburador (denominado cuba). Na região onde ocorre o estrangulamento e onde se manifesta o vácuo que succiona o combustível, encontra-se um tubo com saídas para o difusor secundário, que faz ligação com um canal (conhecido como poço). O poço, por seu turno, se liga, por meio do giclê (G1), ao reservatório do carburador (cuba), no qual se encontra o combustível a ser aspirado.

Acelerador, pedal de ar

Quando pisa no acelerador, você está, na verdade, aumentando o fluxo de ar que passa pelo carburador, ou seja, aumentando a depressão ("vácuo"), que "puxa" mais combustível do reservatório do carburador. Então, surge aí a seguinte indagação: "Como o combustível é succionado em um carburador"? A força de "bombeamento" do combustível vem do vácuo gerado na zona de estrangulamento, que puxa o combustível do poço por meio de um pequeno tubo. O poço se liga ao reservatório (cuba) por intermédio de um giclê (G1, em nossa figura). O que é e para que serve um giclê? Um giclê parece um parafuso "gordinho" e vazado (atravessado por fino canal), e a sua função é dosar com precisão o volume de combustível que sai do reservatório do carburador e vai para o poço, daí, para o tubo com abertura para o difusor secundário. Ligado ao poço existe, ainda, uma tomada de ar, cujo fluxo é controlado também por um giclê (G2 - corretor de ar ou respiro de alta) e um "tubinho" perfurado, conhecido como tubo emulsionador - o combustível que sai do poço recebe uma pré-aeração, permitindo uma melhor relação de ar- combustível em todos os regimes de funcionamento do motor.

Quando o motor está em baixa rotação, o acelerador obstrui quase totalmente a passagem de ar e, dessa forma, não há depressão ("vácuo") suficiente para succionar o combustível pelo sistema principal. Assim sendo, é acionado automaticamente o sistema de marcha lenta. A depressão produzida pelos movimentos do pistão atua nas saídas de combustível instaladas abaixo da borboleta de aceleração, quando essa se encontra fechada. O sistema de marcha lenta conta com um giclê próprio, que dosa a quantidade de ar misturado ao combustível.

O carburador não é nada simples. E ainda não acabou: existem outros sistemas e componentes que o tornam ainda mais complexo. A boa notícia é que os carburadores que você encontra em motosserras, cortadores de grama e outros motores de pequeno porte são bem mais simples do que os carburadores automotivos, sendo que estes entraram para a lista das "espécies ameaçadas de extinção", para a alegria de alguns e dissabor dos aficionados.

O motor

O objetivo de todas aquelas peças que você encontra debaixo do capô é o controle e o aproveitamento das forças das "explosões" que ocorrem no interior do motor, visando à execução de um trabalho útil, no caso, o movimento do veículo.

O bloco do motor

O **bloco do motor** é a estrutura de sustentação das demais peças e aloja os cilindros, nos quais os processos de combustão da mistura de ar-combustível ocorrem. Os blocos de ligas leves estão tornando-se uma forte tendência para os carros de passeio. A parte inferior do bloco abriga o eixo virabrequim (ou árvore de manivelas). A parte superior acomoda o cabeçote.

Figura 9.9. A figura da esquerda mostra bloco visto de cima, sem o cabeçote e sem os pistões. Repare nas quatro estruturas dispostas em linha no bloco: são os cilindros e abrigam os pistões. Na figura da direita, está identificado o eixo virabrequim. Esse componente está firmemente fixado ao bloco por um conjunto de estruturas de sustentação que permitem o livre giro do eixo, mas não sua movimentação lateral.

Outros componentes do motor

O cilindro acomoda o pistão. O **pistão** se assemelha, grosso modo, a uma "caneca" e é feito de materiais leves, tais como as ligas de alumínio. Possui ranhuras na sua parte superior, onde são fixados anéis cujas funções compreenderemos posteriormente. O pistão transmite o "golpe" da explosão para a **biela**, que nada mais é do que uma alavanca com dois elos (daí o nome biela), sendo um superior (ligado ao pistão por meio de um pino) e o outro inferior (ligado ao eixo virabrequim).

Figura 9.10. As três figuras superiores (da esquerda para a direita) são o pistão unido à biela, o pistão independente, revelando suas ranhuras para a fixação dos anéis, e o pistão dentro do cilindro (visto em corte) acoplado à biela, cuja parte inferior está ligada ao eixo virabrequim. A figura inferior é a biela, sendo o elo menor acoplado ao pistão por meio de um pino e o elo maior fixado ao eixo virabrequim.

Quando os milímetros também contam

Os gases produzidos pela queima da mistura de ar-combustível não devem escapar pela pequena folga ("vão") existente entre o cilindro e o pistão (essa folga é uma fração do milímetro), ou seja, o pistão deve estar bem ajustado ao cilindro, mas deve ser mantida uma pequena distância entre as suas paredes. "Por quê?". Como as peças (pistão e bloco) possuem coeficientes de dilatação diferentes, aumentando a temperatura do conjunto, ocorrerá uma dilatação diferenciada das peças: a dilatação proporcionada pelos materiais do pistão é maior do que a dilatação dos cilindros. Com isso, as peças engripariam (ficariam agarradas umas às outras), causando danos severos ao motor. Daí a importância de manter certa folga entre o pistão e o cilindro. Entretanto, isso provoca um sério inconveniente: os gases gerados no processo de combustão possuem altas pressões e, por isso, escapam facilmente do cilindro, com consequente perda de potência para o motor. Vedando a pequena passagem entre o cilindro e o pistão, **não** haveria a citada evasão (perda) de gases. "E como a vedação é obtida?". A vedação do cilindro é efetuada com a instalação de anéis no entorno (em volta) do pistão. Os **anéis** ficam em contato direto com as paredes do cilindro, obstruindo a pequena folga entre esse e o pistão. É claro que esse contato tem um preço: o atrito constante entre os anéis e o cilindro desgasta as peças e, com o tempo, os anéis devem ser trocados e/ou o cilindro "reformado". A "reforma" do cilindro consiste em aumentar seu diâmetro (frações de milímetros) e, ao mesmo tempo, realizar seu polimento, num processo conhecido nos meios técnicos como **retífica**. Um novo conjunto de pistões, de diâmetro compatível com o cilindro retificado, deve ser instalado. É bom lembrar que os anéis não exercem apenas a função de vedação. Os anéis também distribuem óleo nas paredes do cilindro, lubrificando-o, com o objetivo de minimizar o atrito entre as paredes do pistão e o cilindro, evitando um aumento excessivo de temperatura e o desgaste das peças.

A retífica

A parede interna do cilindro está sujeita ao desgaste, que aumenta em demasia as folgas (cilindros-pistões), resultando em perda de compressão e, consequentemente, perda de potência. A necessidade de retífica pode ser determinada com precisão por meio de um compressímetro, aparelho acoplado (enroscado) ao alojamento da vela de cada cilindro. Acionando o motor, a pressão interna do cilindro (o procedimento é feito em um cilindro de cada vez) é indicada pelo aparelho (em um mostrador analógico, com ponteiro). Se o nível de compressão for menor que o recomendado pelo fabricante, a retífica poderá ser necessária. Os valores recomendados estão disponíveis em tabelas especializadas. Para um motor a gasolina, um valor típico seria 13 kg/cm^2 e um pouco maior para os motores a álcool. Outra dica importante é que os registros de compressão de cada cilindro devem ser o mais semelhantes possível, caso contrário, haverá algum problema com o cilindro de menor leitura. Se a retífica for indicada, consistirá no desgaste uniforme de toda a superfície interna do cilindro (um desgaste preciso de 0,25 mm, ou maior, dependendo do estado dos cilindros). O trabalho, claro, deve ser realizado por profissional experiente e com os equipamentos adequados. Como o cilindro sofreu desgaste (aumentou seu diâmetro), um novo jogo de pistões e anéis deverá ser adaptado ao motor. A remontagem das peças é relativamente simples e o mecânico utiliza um torquímetro para conferir o torque (aperto) necessário aos elementos de fixação (porcas e parafusos). Outras causas de compressão deficiente estão relacionadas na tabela abaixo:

Causa	Solução
As válvulas não fecham corretamente.	Regular as folgas de acionamento das válvulas.
Vazamentos pelo cabeçote.	Avaliar o estado do cabeçote, buscando identificar empenamentos e reinstalá-lo com junta nova.
Válvulas com depósitos (queimadas).	Remover depósitos, esmerilhando as válvulas e suas sedes ou mesmo retificando as sedes instalando novas válvulas.

Tabela 9.1. Relação entre perda de compressão e suas possíveis soluções.

O cabeçote

No topo dos cilindros, existe uma estrutura conhecida como **cabeçote**. É geralmente construído em ligas de alumínio, eleito por sua leveza e boa capacidade de dissipar calor ou ferro-gusa. O cabeçote é uma espécie de "tampa" do bloco, que se encaixa com perfeição e confere o formato final à parte superior do cilindro. Entre o bloco e o cabeçote, existe uma junta construída com material resistente ao calor. Essa junta garante a perfeita vedação entre o cabeçote e o bloco, impedindo perda de compressão e vazamento de fluidos.

No cabeçote, encontram-se as válvulas de admissão e escapamento, e em muitos casos, o apoio do eixo de comando das válvulas. As velas de ignição e os injetores de combustível também estão instalados nessa estrutura.

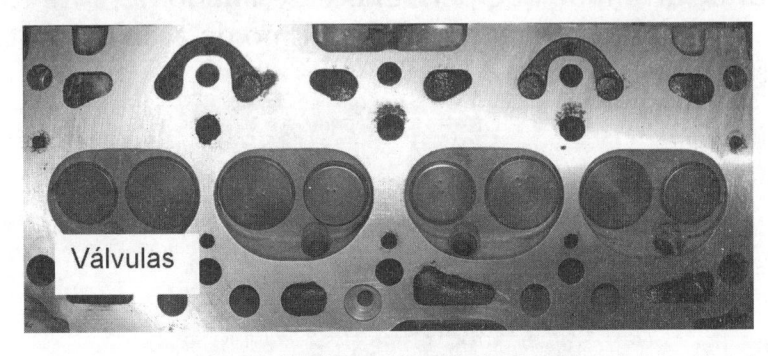

Figura 9.11. A primeira figura, de cima para baixo, indica a parte superior do cabeçote com o eixo de comando de válvulas exposto. Perceba que existem 8 ressaltos (cames) no eixo de comando de válvulas, cada um responsável pelo acionamento de uma válvula. A figura inferior corresponde ao cabeçote visto por baixo e você pode identificar, facilmente, as oito (8) válvulas, sendo as de menor diâmetro correspondentes ao sistema de escapamento e as de maior diâmetro, ao sistema de admissão.

O eixo virabrequim

O **eixo virabrequim** (ou árvore de manivelas) transforma os movimentos retilíneos do conjunto pistão/biela em movimentos de rotação, disponibilizando torque para o movimento do veículo. Possui, ainda, apoios que o fixam ao bloco do motor, todavia, permitem o seu giro com facilidade. Essas estruturas de fixação ao bloco do motor são denominadas mancais e são revestidas com ligas metálicas especiais antiatrito, conhecidas como **casquilhos** ou **bronzinas**, que podem ser facilmente substituídos em caso de desgaste. Todo o conjunto deve estar muito bem ajustado, pois folgas excessivas nessas peças resultam em vibrações excessivas caracterizadas por ruídos característicos nas acelerações e reduzidas (o barulho é semelhante a peças metálicas soltas e conhecidas popularmente como "motor rajando"). A solução do problema requer intervenção profissional, muito acima das possibilidades do ferramental de uma oficina caseira.

Figura 9.12. Virabrequim ou árvore de manivelas. Os apoios cortados pela linha central são de fixação do eixo ao bloco. Os demais apoios são elementos de fixação dos pistões.

Onde se situa o volante de um carro?

Se você disse no painel, acertou. E se disse no motor, também está certo. Essa peça está ligada ao **eixo virabrequim** e garante um movimento suave de todo o conjunto pistão/biela/virabrequim. Trata-se de um disco metálico circundado por uma coroa dentada (uma engrenagem grande). A coroa é ligada ao motor de arranque, o que possibilita o início do movimento do **eixo virabrequim** e dos pistões. Quando você aciona a chave do carro, está, na verdade, acionando o motor de arranque até que se iniciem as primeiras explosões, permitindo que o motor sustente seu movimento, independentemente do motor de arranque que permanece desligado durante todo o percurso do veículo. Explicaremos, oportunamente, o mecanismo de ação do motor de arranque.

Figura 9.13. O volante do motor é uma peça circular circundada por dentes que se acoplam (fixam) ao motor de arranque por ocasião da partida do veículo.

O cárter

Na parte inferior do bloco, encontramos o cárter, que exerce a função de armazenamento do óleo lubrificante. O cárter é feito em aço ou ligas de alumínio e é uma parte do motor muito exposta a choques mecânicos (quando você passa por uma famigerada lombada, por exemplo), estando muito sujeito a danos. Por essa razão, os carros, em geral, são guarnecidos com uma estrutura metálica na sua parte inferior, conhecida como protetor de cárter. Pelo cárter, remove-se o óleo do carro através de um bujão ("parafuso gordinho") afixado em sua base.

Homens visionários e suas máquinas fantásticas

Os princípios de funcionamento dos modernos motores a álcool, gasolina e GNV foram inaugurados em 1876 por intermédio do alemão ***Nikolaus A. Otto***. A Alemanha desempenhou papel fundamental no início da era do automóvel e mantém, até os dias atuais, um padrão de excelência quando o assunto é velocidade.

www.wikipedia.org

Figura 9.14 Muitas vezes, o que se denomina revolução tecnológica não passa, na verdade, de uma "releitura" do que já foi desenvolvido. Mesmo um moderno carro de fórmula 1, capaz de superar a casa dos 300 quilômetros por hora, utiliza no seu funcionamento os mesmos princípios básicos estabelecidos por *Otto*, há mais de um século.

A grande maioria dos automóveis funciona por meio de um processo de queima da mistura de ar-combustível no interior de cilindros especialmente construídos. Os gases resultantes se expandem, empurrando um pistão, que executa um movimento retilíneo convertido em rotação por um eixo especialmente desenhado, conhecido como **virabrequim** (árvore de manivelas), unido solidariamente ao pistão por intermédio de uma "barra", denominada biela. A forma como o ciclo de queima de combustível acontece é diferente nos veículos movidos à gasolina dos veículos movidos a diesel, como você verá nos tópicos a seguir.

O motor de "04 tempos" (ciclo Otto)

Vamos, neste ponto, analisar detalhadamente o ciclo de funcionamento de um motor à gasolina ou a álcool. A explicação serve, em linhas gerais, para os veículos abastecidos com gás. Um motor em alta velocidade pode completar aproximadamente 6.000 giros por minuto, ou seja, 100 giros por segundo! Logo, o fenômeno que você vai conhecer, passo a passo, ocorre com grande rapidez na prática e representa um grande esforço para as peças componentes do motor. Vamos escolher um cilindro e "ver" o que ocorre no seu interior.

Primeiro tempo - Admissão

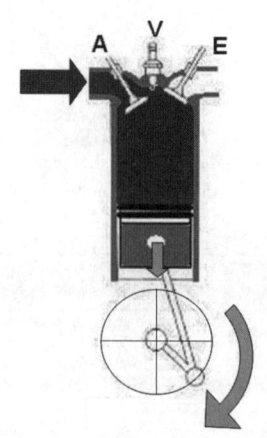

Figura 9.15. Na etapa de admissão, a válvula de admissão (**A**) se abre, permitindo a entrada da mistura de ar-combustível no cilindro. Nessa etapa, a válvula de escape (**E**) permanece fechada. Não há faísca disponível nos eletrodos da vela (**V**).

À medida que o pistão desce e cria um vácuo na parte superior do cilindro, a válvula de admissão se abre, liberando a mistura de ar-combustível. O pistão segue o seu curso descendente até o ponto em que o movimento cessa e começa a se inverter. Este é denominado de Ponto Morto Inferior (PMI). Nesse ponto, o cilindro está completamente cheio com a mistura "explosiva".

Segundo tempo - Compressão

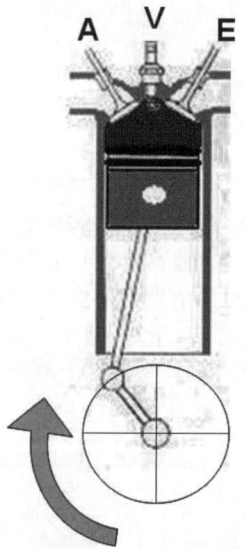

Figura 9.16. Na etapa de compressão, ambas as válvulas (**A** e **E**) permanecem fechadas. A faísca se estabelece entre os eletrodos da vela (**V**), ao final do processo de compressão.

Neste estágio, as válvulas de admissão e escapamento permanecem fechadas e o pistão empurra com grande pressão a mistura de ar-combustível em direção ao cabeçote. Os gases ficam comprimidos entre o cabeçote e a cabeça do pistão. O ponto em que o pistão para o mais próximo possível do cabeçote é chamado de Ponto Morto Superior (PMS). Cabe ressaltar que estes "tais" pontos mortos inferior e superior **não** têm nenhuma relação com o ponto morto do câmbio!

Terceiro tempo – Explosão

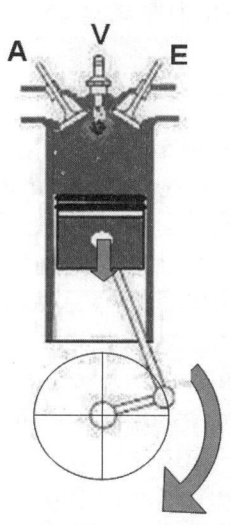

Figura 9.17. Na etapa de explosão, ambas as válvulas (**A** e **E**) permanecem fechadas. A vela (**V**) não emite faísca nessa etapa.

Estando a mistura comprimida entre o cabeçote e a cabeça do pistão, uma faísca é liberada entre os eletrodos da vela, causando a queima do combustível, liberando energia e um grande volume de gases, que empurra o pistão com violência. Por que isso ocorre? Os gases gerados no processo de combustão da mistura de ar-combustível se expandem e empregam a sua energia sobre o pistão, que, por sua vez, transmite movimento ao **virabrequim** por meio da biela, disponibilizando o torque necessário para o movimento do veículo.

Quarto tempo – Escapamento

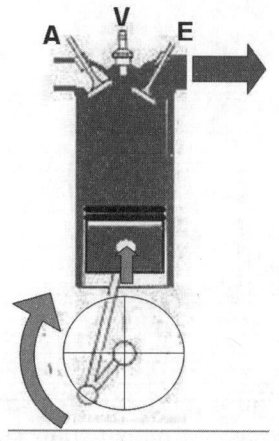

Figura 9.18. Na etapa de escapamento, a válvula de admissão fica fechada e a válvula de escapamento permanece aberta, liberando os gases formados no processo de queima da mistura de ar-combustível. A vela não emite faísca nessa etapa.

O pistão, chegando ao Ponto Morto Inferior (localizado na base do cilindro) inverte o seu movimento e empurra os gases da explosão para fora do cilindro pela válvula de escapamento (aberta neste estágio do ciclo) e daí, para o coletor de escapamento (dutos que conduzem os gases do processo de combustão para a atmosfera). Quando o pistão atinge o Ponto Morto Superior, inverte seu movimento e todo o ciclo se reinicia.

O comando de válvulas

Existe um mecanismo que coordena o movimento das válvulas de admissão e escape em relação aos pistões, de modo que os movimentos de abertura e fechamento daquelas e de "subida e descida" destes sejam perfeitamente sincronizados. "Que mecanismo é esse?". A árvore de manivelas (virabrequim) possui, numa das suas extremidades, uma engrenagem que está ligada ao eixo de comando de válvulas. Ela possui um número duas vezes maior de dentes do que a engrenagem do virabrequim. Portanto, o comando de válvulas gira com a metade da velocidade do virabrequim, ou seja, para cada duas voltas efetuadas por esse, o eixo de comando de válvulas gira apenas uma vez. De uma maneira geral, as engrenagens desses dois eixos encontram-se acopladas por meio de correias ou correntes. Em alguns casos, no entanto, as engrenagens ora citadas estão diretamente ligadas, mas o princípio de funcionamento é o mesmo.

Figura 9.19. O eixo de comando de válvulas e seu cames (ressaltos). Observando com cuidado a figura, você pode identificar pequenos discos abaixo dos cames. Esses discos pressionam (quando acionados pelos cames) as molas, que mantêm a válvula na posição fechada (abrindo-as).

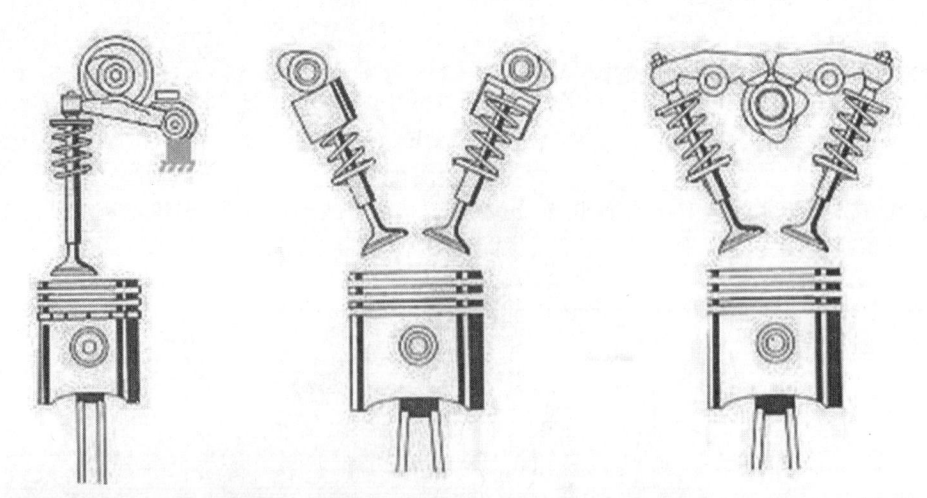

Figura 9.20. Aqui, estão representados alguns modelos de acionamento de válvulas. Muitas vezes, esses arranjos são mencionados através de siglas. As mais usuais são: **OHV** (*Overhead Valves* – válvulas no cabeçote), **OHC** (*Overhead Camshaft* – comando de válvulas no cabeçote) e **DOHC** (*Double Overhead Camshaft* – duplo comando de válvulas no cabeçote). Da esquerda para a direita, os comandos representados podem ser classificados como **OHV/OHC; OHV/DOHC** e **OHV/OHC**. Repare que somente a figura

central recebeu a denominação **DOHC** porque é a única com duplo comando, ou seja, os cames (ressaltos) estão distribuídos em eixos independentes.

O funcionamento do eixo de comando de válvulas

Como o eixo de comando de válvulas desempenha a tarefa de abrir e fechar válvulas? O mecanismo é interessante: no eixo de comando de válvulas, estão dispostas saliências, conhecidas nos meios técnicos como **cames**. Quando os mesmos giram, imprimem movimento, por intermédio das suas saliências, aos balancins (pequenas alavancas em torno de um eixo) ou, diretamente, às próprias válvulas. Como as válvulas voltam à sua posição original (fechadas)? Pois bem, as válvulas voltam à sua posição original por meio de molas. Para cada válvula, existe um **came** dedicado, ou seja, para um total de 08 válvulas (motor de 04 cilindros, sendo duas válvulas por cilindro), teremos 08 **cames** - um para cada válvula. Existem motores com maior número de válvulas por cilindro: nos motores de 4 cilindros e 16 válvulas, por exemplo, existem 4 válvulas por cilindro.

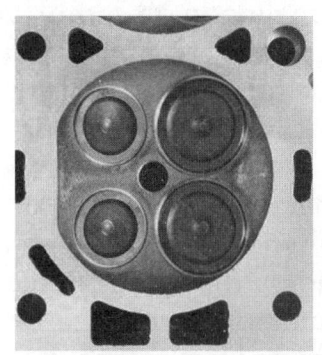

Figura 9.21. Nos carros de 4 cilindros com 16 válvulas, existem 4 válvulas para cada cilindro. Compare este cabeçote com a **Figura 9.11** e veja a diferença.

Na prática, a teoria é outra...

O ciclo de "04 tempos" que acabamos de analisar, não ocorre exatamente da forma como explicamos. Como assim? O fato é que, na prática, as válvulas de admissão e escape sofrem alguns adiantamentos e atrasos, visando melhorar as condições de queima da mistura e obter um aproveitamento mais eficiente da energia gerada. Analise, pois, as diferenças:

Na teoria: As **válvulas de admissão** começam a se abrir quando o pistão atinge o PMS.

Na prática: A válvula de admissão se abre um pouco antes do pistão atingir o PMS. Por quê? Para que a admissão de ar no sistema seja a mais eficiente possível, haja vista que uma abertura muito tardia não possibilitaria uma franca entrada da mistura na câmara de combustão. Explicando melhor: com a válvula de admissão aberta um pouco antes do PMS, a passagem da mistura será máxima quando o pistão iniciar o seu curso descendente. Da mesma forma, o fechamento da válvula de admissão não ocorre exatamente no PMI e sim, algum tempo depois, visando a uma melhor captura dos gases da mistura de ar-combustível.

Na teoria: As **válvulas de escape** começam a se abrir quando o pistão atinge o PMI.

Na prática: A válvula de escape sempre se abre instantes antes do PMI. Por quê? Os gases oriundos da combustão estão sob alta pressão e quando a válvula de escape se abre, eles se deslocam rapidamente para a parte externa do cilindro, o que é facilitado pelo movimento ascendente do pistão que empurra os gases. Existe uma outra forte razão para adiantar a abertura da válvula de escape: Se os gases confinados na câmara não fossem eliminados com rapidez, o pistão enfrentaria resistência no seu movimento ascendente, o que afetaria negativamente o desempenho do motor. Como você bem pôde observar, o mecanismo de controle das válvulas de escape e admissão é muito complexo e exige ajustes permanentes.

Ajustes no comando de válvulas

As válvulas conferem personalidade ao motor. As válvulas bem ajustadas oferecem ao motor a possibilidade de respostas mais rápidas nas acelerações abruptas, por exemplo. Sendo responsáveis pela admissão da mistura de ar-combustível nos cilindros e o caminho para a saída dos gases provenientes da combustão da mistura, as válvulas são fundamentais para o correto funcionamento do motor. As válvulas exigem um ajuste perfeito para a correta operação do motor. Entre a extremidade das válvulas e o dispositivo que as aciona, existe uma pequena folga (da ordem de frações de milímetros) que permite a compensação da dilatação térmica (ocasionada pelo aquecimento das peças). O excesso de folgas aumenta o ruído característico produzido pelas válvulas e pode afetar a admissão da mistura de ar-combustível ou dificultar a saída dos gases gerados na combustão. Lembre-se: o excesso de folga dificulta a abertura das válvulas e pode ocasionar falhas do motor. Se a folga for insuficiente, quando ocorrer o fenômeno da dilatação térmica, as válvulas permanecerão abertas, ocasionando uma severa perda de compressão do motor, comprometendo o seu desempenho. Se a válvula de admissão permanecer aberta, o que ocorrerá? Ora, como você pode imaginar, haverá maior entrada de combustível nos cilindros com as seguintes consequências: motor afogado, com funcionamento irregular, aumento do consumo de combustível e carbonização. As válvulas de escapamento permanentemente abertas permitem perda de combustível, desperdiçado juntamente com os gases de escape. O ajuste deve ser realizado com o motor frio, dispondo-se previamente dos valores de folga recomendados (o manual do veículo contém essas informações). O uso de um jogo de lâminas de calibre é essencial.

Figura 9.22. Existe uma pequena folga entre o balancim e a haste da válvula. O ajuste dessa folga é fundamental para a correta operação do motor.

Fumaça no escapamento

Em um motor de 4 tempos em funcionamento normal, não deve existir presença de óleo na parte superior do cilindro. O óleo em excesso, na parte superior do cilindro, resulta em fumaça no escapamento. Se isso acontecer, não se desespere... ainda. Existem duas hipóteses razoáveis para explicar todo esse óleo desperdiçado. A primeira (e mais benigna) é uma falha do retentor de válvulas. O óleo bombeado para o cabeçote escoa para o cilindro através dos retentores que consistem em pequenas peças de borracha que se adaptam à parte superior da haste das válvulas e cuja missão é impedir que o óleo acumulado na parte superior do cabeçote infiltre, penetre nas guias das válvulas e daí, na parte superior do cilindro, de onde é eliminado juntamente com os gases de escapamento, manifestando o típico sintoma de fumaça sobre o qual falamos. A solução para esse problema é relativamente simples: consiste na substituição dos retentores. A segunda hipótese é uma má notícia: O óleo está sendo queimado, pois existe folga excessiva entre o cilindro e o pistão. Neste caso, a solução é drástica: Trocar os anéis do pistão ou, pior ainda, realizar a retífica dos cilindros. "Como saber se o óleo vem das folgas nos cilindros ou nos retentores de válvulas?". Ligue o motor, ainda frio, e perceba se há muita fumaça saindo pelo escapamento. À medida que você acelera e o motor esquenta, a fumaça desaparece progressivamente. O problema está nos retentores das válvulas. Se o problema for folga excessiva nos cilindros, a fumaça aumenta quando você acelera o motor. E lembre-se, os desgastes dos retentores não afetam a compressão do motor; já as folgas excessivas nos cilindros resultam em significativa perda de compressão.

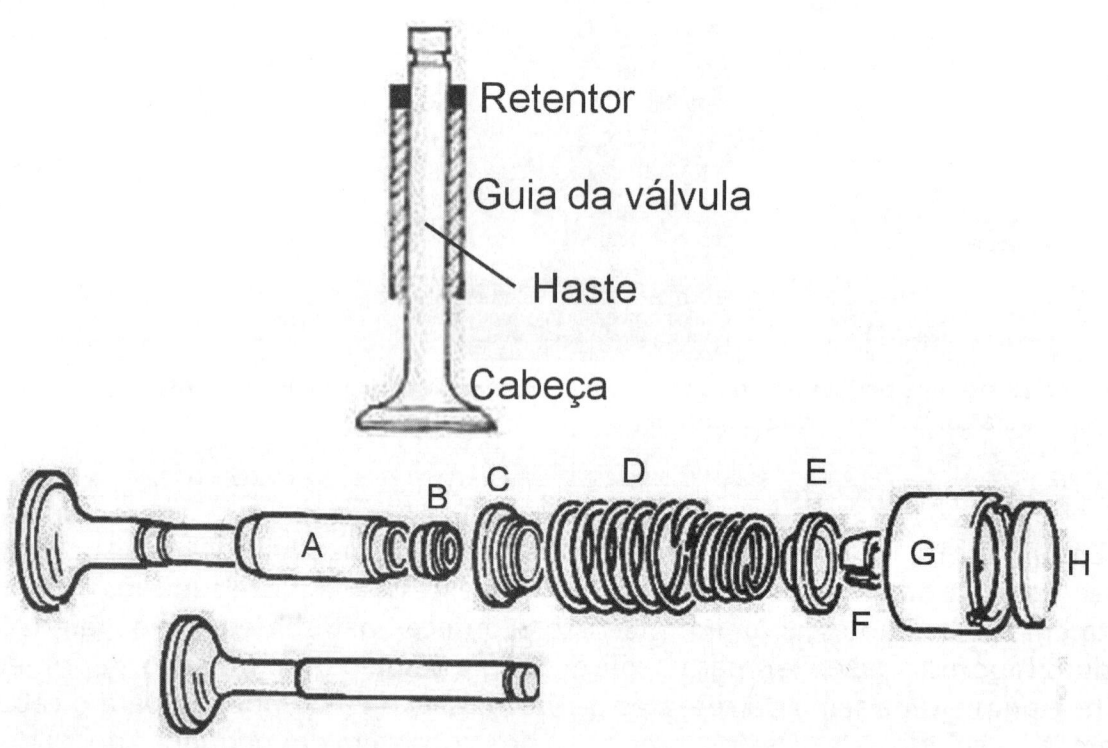

Figura 9.23. A figura representa parte dos componentes de acionamento das válvulas de escapamento e das válvulas de admissão. A. Guia da válvula; B. Retentor de óleo; C. Prato inferior da mola; D. Mola; E. Prato superior da mola; F. Chaveta; G. Tucho; H. Prato de regulagem.

Os combustíveis e os lubrificantes

Um mar de gasolina

O consumo mundial diário de gasolina é estimado em 04 bilhões de litros (quantidade suficiente para encher uma "piscina" de 500x500x16 m!). A gasolina é composta por um complexo de moléculas de carbono ligadas entre si, formando cadeias do tipo (-C-C-C-), cujo número de átomos de carbono (C) varia de 4 a 12. E são essas ligações que, quando rompidas, liberam a energia necessária à movimentação do veículo. Com a ignição da mistura de ar-combustível, se tudo der certo, inicia-se a propagação do processo de combustão (frente de chama), que percorre toda a mistura até atingir as paredes da câmara de combustão, onde se extingue, liberando grande quantidade de energia convertida no movimento do veículo. Entretanto, as coisas nem sempre ocorrem como esperamos e, menos ainda, como gostaríamos. Em certas circunstâncias de funcionamento, o motor pode apresentar detonações espontâneas e indesejáveis da mistura (em função das propriedades do próprio combustível), resultando em grandes prejuízos para o seu desempenho e, pior ainda, em severos danos às suas peças - em alguns casos, os pistões podem até sofrer fraturas. Que fenômeno é esse e como evitá--lo? É o que você verá a seguir.

Um pouco de história

Os Estados Unidos da América, durante a Primeira Guerra Mundial, necessitavam urgentemente encontrar uma gasolina de aviação militar que não explodisse espontaneamente no cilindro, quando a mistura fosse comprimida. Com a compressão da mistura de ar-combustível, eleva-se a temperatura da mesma e isto gera detonações espontâneas (não iniciadas pela vela), dentro do cilindro. "Então, por que não se diminuía a compressão?". Porque altos níveis de compressão da mistura representam um desempenho superior do motor e isso se mostrava estratégico, naquele momento, para os EUA. Baterias de teste iniciaram-se em busca de uma substância abundante e barata, capaz de conferir qualidades antidetonantes ao combustível. Dessa forma, a mistura poderia ser comprimida sem explodir espontaneamente. A substância escolhida foi um composto de chumbo (**Pb**), que passou a ser adotado como antidetonante na gasolina de aviação e que foi, posteriormente, disponibilizada nos postos de combustível para o uso civil. Estudos posteriores mostraram que os compostos de chumbo utilizados na gasolina estavam afetando a saúde humana: o chumbo causa, entre outros males, distúrbios mentais. O produto deixou gradativamente de ser adotado como antidetonante em virtude do aparecimento de novas tecnologias equivalentes, com a vantagem de que essas não ofereciam tantos riscos à saúde.

A octanagem

Como vimos, podem ocorrer combustões independentes da ignição, resultando em explosões de grande velocidade que podem danificar os pistões. O barulho dessas explosões é conhecido como "batida de pinos" ou ruído de detonação - a combustão de alta velocidade é extremamente prejudicial para o motor. "O que causa a "batida de pinos"? O aumento de temperatura da mistura. "E como a compressão da mistura interfere neste processo"? Comprimindo a mistura, a sua temperatura aumenta e, como vimos, a temperatura excessiva ocasiona a detonação espontânea. "Como prevenir a ocorrência desse fenômeno"? A técnica utilizada é aumentar certos grupos de hidrocarbonetos no combustível. "Como identificar um combustível com propriedade antidetonante"? Criou-se uma grandeza, denominada octanagem, para identificar essa propriedade no combustível. Trata-se da medida da capacidade do combustível ao resistir à compressão sem detonar espontaneamente. Em outras palavras, a octanagem indica a capacidade do combustível de resistir à "batida de pinos" em condições reais de uso do motor. "Como medir a octanagem de um combustível"? Dois métodos são utilizados para a determinação da octanagem, denominados **RON** e **MON**, cuja metodologia não será explicada aqui, bastando saber que os métodos geram índices e que, quanto maior forem esses, maior será a octanagem de um combustível, ou seja, maior a sua capacidade de resistir ao fenômeno da detonação. "É verdade que, quanto maior for a octanagem do combustível, maior será a potência do motor"? Na verdade, o motor **não** ganha potência com o aumento da octanagem. A octanagem guarda uma relação com a organização das moléculas do combustível e não com o seu poder calorífico. O álcool, por exemplo, tem alta octanagem e poder calorífico relativamente baixo (disponibiliza pouca energia, quando queimado). Os motores modernos podem operar com combustíveis situados numa ampla faixa de octanagem (o sistema de controle do motor faz ajustes automáticos quanto aos níveis de octanagem do combustível utilizado). O manual do veículo especifica a octanagem correta para um bom desempenho do motor (ponto de máximo desempenho) e, nesse caso, o uso de um combustível detentor de uma octanagem maior significa, simplesmente, "queimar dinheiro", pois o aumento da octanagem significa combustível mais caro. No entanto, se você estiver usando um combustível com a octanagem abaixo da recomendada, um combustível com octanagem superior se traduzirá em maior potência e menor consumo de combustível para o seu veículo. Para os carros antigos, não há a possibilidade de ajustes automáticos do motor em relação à octanagem do combustível administrado ao motor, de maneira que o uso de combustíveis com baixa octanagem resultará, certamente, em recorrentes detonações espontâneas, com as consequências de praxe: Baixo desempenho e danos severos ao motor.

O sistema de arrefecimento

A temperatura no interior da câmara de combustão pode atingir níveis superiores a 1000º C. "E se o excesso de calor não for eliminado, o que acontecerá?" As altas temperaturas destroem os lubrificantes e dilatam excessivamente as peças do motor, provocando o "engripamento" (travamento) das partes móveis do motor em questão de minutos. "Como impedir que a temperatura atinja níveis excessivos?". Realizando a troca de calor entre o motor e o meio externo. Isto se torna possível com a atuação do sistema de arrefecimento, constituído basicamente por um radiador, uma bomba d`água, dutos e ventilador, entre outros componentes. Existem, ainda que mais raros, sistemas de arrefecimento que não empregam água, utilizando o ar diretamente como elemento de dissipação do calor. Tanques de guerra são refrigerados a ar. Você pode imaginar o motivo? Mais informações a seguir.

O arrefecimento indireto

A água é comumente utilizada como "meio de transporte" do calor gerado no motor para o meio externo. A água aquecida troca calor com o meio externo por meio de um radiador. Um radiador é um conjunto de microtúbulos metálicos que, somados, proporcionam uma extensa superfície de contato com o ar atmosférico. É por essa intrincada rede de canalículos que a água circula e cede calor para o meio, mantendo a temperatura do motor em níveis apropriados. O próprio movimento do veículo fornece o fluxo de ar necessário para a dissipação do calor da massa de água quente que circula pelo radiador. Entretanto, quando o veículo está em baixa velocidade, o fluxo de ar não é satisfatório, devendo ser suplementado com o auxílio de um ventilador, cujo acionamento pode ser elétrico ou mecânico. O sistema de arrefecimento dispõe, ainda, de outras peças, entre as quais destacamos o interruptor térmico e a válvula termostática. O interruptor térmico é um dispositivo que aciona o ventilador toda vez que o líquido de arrefecimento atinge determinada temperatura. É conhecido como "cebolão". A válvula termostática impede que o líquido de arrefecimento circule pelo radiador em certas circunstâncias. "Isso fará a temperatura aumentar". É verdade, sendo esse aumento benéfico, dentro de certos limites. O motor não pode aquecer-se demais; contu-

Os motores automotivos | 183

do, se a temperatura for excessivamente baixa, o motor não funcionará com a máxima eficiência. A válvula termostática (acionada pela temperatura) somente permitirá a circulação do líquido de arrefecimento pelo radiador se sua temperatura superar 90°C, em média. Quando a temperatura se eleva demasiadamente, a válvula termostática se abre, permitindo a circulação do líquido de arrefecimento pelo radiador, diminuindo, por conseguinte, sua temperatura.

O arrefecimento direto

No arrefecimento direto, o ar remove o calor diretamente dos componentes do motor. Neste caso, qual a diferença em relação ao sistema de arrefecimento indireto? O **sistema de arrefecimento direto** é mais robusto (você não enfrentará, por exemplo, uma pane no motor por falta de água). O sistema de arrefecimento direto apresenta como desvantagens o custo adicional para confeccionar as peças do motor com os elementos de dissipação do calor, tais como as aletas dispostas em torno dos cilindros. "Onde esse sistema é usado?". O sistema é encontrado em motores de avião, motos e, mais raramente, em carros.

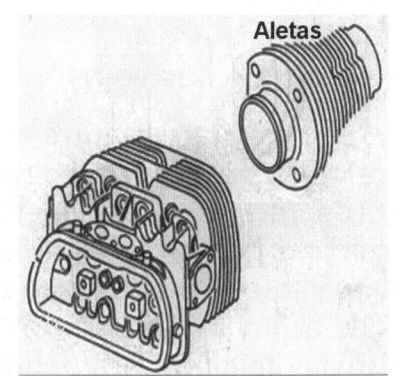

Figura 9.24. O motor deste *Volkswagen* é refrigerado a ar (sistema direto de refrigeração). Os cilindros desse motor são circundados por aletas (lado direito da figura) para aumentar a área de contato com a corrente de ar responsável pelo arrefecimento do motor.

É o melhor!

O uso da água para o arrefecimento de motores é amplamente adotado. Por quê? A água permite uma ótima transferência de calor das peças para o meio externo. Na verdade, é o ar ambiente que continua a fazer o trabalho de arrefecer o motor, mas, dessa vez, ele não o faz diretamente sobre as peças aquecidas, atuando sobre a água, que retém a energia térmica gerada nos cilindros. A água circula num sistema que possui, num dos seus extremos, o radiador, e no outro, os canais e as câmaras que circundam o bloco do motor, principalmente os cilindros. A água circula impulsionada por uma bomba - a bomba d'água. Uma válvula termostática controla o fluxo de água entre o radiador e o motor, mantendo a temperatura operacional constante. Se a água sempre circulasse pelo radiador, poderia alcançar temperaturas inadequadamente baixas, o que afetaria negativamente o desempenho do motor. O sistema de arrefecimento conta, ainda, com um tanque para acomodar a expansão térmica (dilatação) do líquido de arrefecimento.

Superaquecimento do motor

A perturbadora luz de alarme de temperatura indica que algo não está bem com o sistema de arrefecimento. A simples falta de água pode comprometer seu desempenho. Uma outra hipótese, mais sutil, é o mau funcionamento da correia que movimenta a bomba d`água ou a própria bomba d`água que pode apresentar algum tipo de desgaste. O ventilador também pode estar avariado - uma olhada no quadro de fusíveis (procure o fusível relativo ao ventilador) pode solucionar a questão. Às vezes, no entanto, o defeito está no próprio ventilador, o que exige o auxílio de um eletricista. Uma tampa de radiador mal ajustada ou mangueira com vazamento podem resultar em superaquecimento (com uma fita isolante, você pode fazer um reparo de emergência na tubulação). Lembre-se: insistir em conduzir o veículo superaquecido pode causar danos graves ao motor. Outros problemas, tais como defeitos na válvula termostática (a válvula mecânica que regula a circulação de água entre o bloco do motor e o radiador) ou no interruptor térmico que aciona o ventilador do sistema de arrefecimento, também conhecido como "cebolão", podem ser as causas do aquecimento excessivo, problemas difíceis de ser identificados por um leigo, mas fáceis de ser sanados por um profissional experiente.

"Coração de lata e óleo nas veias"

A lubrificação inibe o atrito entre as partes móveis de um veículo. Sem a correta lubrificação, o calor gerado pelo atrito seria demasiadamente intenso, o que comprometeria a correta operação do motor, além de culminar no desgaste excessivo das peças. Onde fica armazenado o óleo necessário à lubrificação de um motor? Fica armazenado no cárter (a "tampa" que protege a parte de baixo do motor). O cárter é, na verdade, um recipiente que acumula alguns litros de óleo que é aspirado por uma bomba (o "coração" do sistema de lubrificação), distribuindo o lubrificante por todo o motor. A parte inferior dos cilindros é lubrificada pelo próprio movimento do virabrequim que se choca contra o óleo armazenado no cárter. Assim, o óleo é aspergido (lançado), lubrificando cilindros e pistões. As partes superiores do motor, tais como o comando de válvulas, no entanto, não podem ser alcançadas pelo óleo armazenado no cárter sem o auxílio da bomba de óleo que empurra o lubrificante até as partes altas do motor.

O óleo absorve parte da energia térmica gerada pelo motor, contribuindo para o seu arrefecimento.

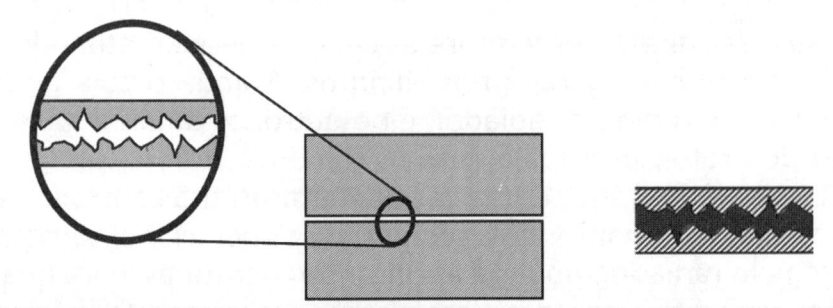

Figura 9.25. Duas superfícies perfeitamente planas e lisas, quando observadas por um microscópio, apresentam uma série de irregularidades. O óleo lubrificante preenche todo o espaço entre as superfícies e reduz o atrito, sendo este o responsável pelo aquecimento das peças.

Jornada nas estradas

O óleo é submetido a condições mecânicas e térmicas adversas. Conhecendo algumas das suas propriedades, você entende melhor como ele consegue desempenhar a sua função e manter-se íntegro depois de uma longa jornada de milhares de quilômetros.

Viscosidade

O óleo apresenta maior ou menor resistência ao movimento (escoa com maior ou menor facilidade). A medida dessa resistência denomina-se viscosidade. Há uma tendência da viscosidade diminuir com o aumento de temperatura.

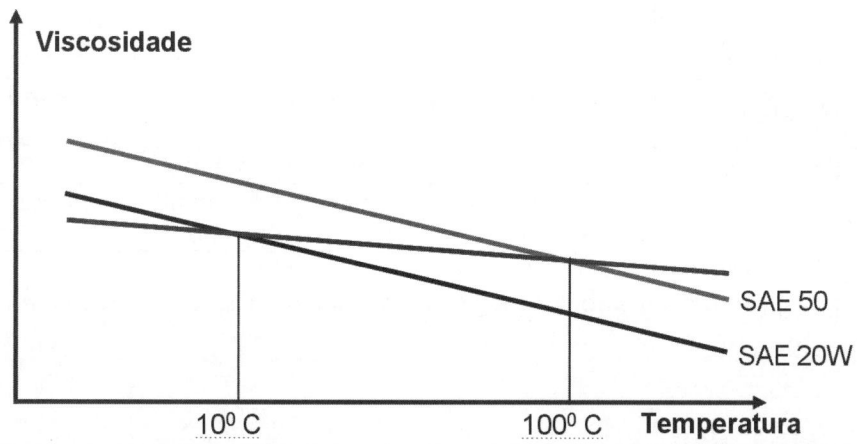

Figura 9.26 A tendência da viscosidade é diminuir com o aumento de temperatura. Repare a reta central. Ela representa um óleo que atua com viscosidades mais adequadas em uma ampla faixa de temperaturas (em baixas temperaturas, possui uma viscosidade relativamente pequena e em altas temperaturas, sua viscosidade diminui, mas não em demasia). Esse é o denominado óleo multigrau. Reta superior: óleo SAE 50 e reta inferior: óleo SAE 20W. A reta central representa o óleo multigrau, com propriedades intermediárias em relação aos outros dois citados anteriormente.

A viscosidade do óleo é uma característica tão importante (e evidente) que uma de suas mais antigas formas de classificação adota-a como critério. As primeiras tentativas de classificação do óleo quanto à sua viscosidade foi estabelecida pela **SAE (Sociedade de Engenheiros Automotivos)**. Esta fornece informações sobre a viscosidade de um lubrificante, todavia, não informa sobre nenhuma outra característica. Reúne os lubrificantes em duas categorias, a saber:

• Uma escala para baixas temperaturas, variando de 0 a 25 W, sendo W relativo à inicial da palavra *Winter* (inverno);
• Uma escala para altas temperaturas, variando de 20 a 60.

Quanto maior for esse índice, mais viscoso será o óleo. Assim sendo, um óleo **SAE 20 W** possui uma viscosidade menor que um óleo 60, à mesma temperatura. Existem atualmente no mercado os chamados óleos de múltipla graduação, conhecidos também como óleos multigrau. Eles atuam adequadamente numa ampla faixa de temperaturas. Nas partidas a frio, permitem um fácil bombeamento pelo sistema de lubrificação, alcançando todas as partes do motor e apresentando a viscosidade adequada em altas temperaturas, de modo a manter a película protetora entre as peças e garantir, assim, uma lubrificação satisfatória. Por exemplo, um óleo 20W40 cobre as funções de um óleo monograu 20 W e resiste a altas temperaturas, como um óleo monograu 40.

A viscosidade recomendada pelo fabricante deve ser observada por ocasião da troca do óleo do motor - um óleo mais viscoso que o recomendável pode dificultar a lubrificação do motor nos primeiros estágios de seu funcionamento e, por outro lado, um óleo excessivamente "fino" (de baixa viscosidade) pode apresentar-se em excesso na câmara de combustão, sendo desperdiçado (eliminado juntamente com os gases do escapamento). A tabela mostrada a seguir fornece informações sobre a classificação desenvolvida pela *API* (*American Petroleum Institute*) para os óleos automotivos:

Categoria	Período	Propriedades
SG	1989 até hoje	Previne depósitos no motor e inibe a oxidação
SH	1994 até hoje	Maior proteção contra depósitos e oxidação em relação ao SG
SJ	1996 – 2001	Mais estável do que o SH
SL	2001 até hoje	Melhor desempenho do que o SJ em altas temperaturas e menor consumo

Tabela 9.2 Nesta tabela, estão explicitadas aquelas siglas indecifráveis que aparecem na embalagem do óleo lubrificante.

A personalidade do óleo

Apresentaremos a seguir algumas condições de degradação dos óleos lubrificantes e como evitá-la.

Corrosão. Os óleos são cadeias carbônicas que se oxidam (agregam moléculas de oxigênio às suas estruturas) e formam ácidos orgânicos, que têm a infeliz propriedade de "atacar" as peças que deveriam ser protegidas. Os próprios processos de combustão e o ar atmosférico podem gerar substâncias ácidas. Aditivos **anticorrosivos** são adicionados ao óleo para evitar a ação desses ácidos.

Emulsão. A emulsão se forma quando uma substância se divide e se dispersa em outra. Isso acontece com o óleo: o ar, sob a forma de pequenas bolhas, fica retido no óleo. O óleo emulsionado não é tão eficiente para a lubrificação e, ainda, estimula a formação de ácidos que, como já vimos, são prejudiciais às peças do motor. Para prevenir o processo de emulsificação do óleo, são adicionadas aditivos **antiespumantes** aos lubrificantes.

Sedimentação. Os depósitos de substâncias que se formam no lubrificante se aglomeram e podem causar obstruções (entupimentos) nos canais de lubrificação, impedindo a correta distribuição de óleo no motor. Agentes **dispersantes** e **detergentes** são utilizados para a prevenção desse problema.

Oxidação. Quando o óleo permanece íntegro (não se oxida), dizemos que o mesmo é estável. Um óleo pouco estável formaria ácidos, vernizes e sedimentos (borra) nocivos ao motor. Agentes **antioxidantes** são adicionados ao lubrificante para garantir a manutenção de sua estabilidade, ou seja, previnem os processos de oxidação - "envelhecimento" - do óleo, mesmo nas condições exigentes de um motor moderno.

Filtragem do óleo

O óleo que se encontra no cárter (reservatório de óleo do motor) é uma verdadeira sopa de impurezas, na qual todos os tipos de substâncias se acumulam. A função do sistema de filtragem é garantir que o óleo esteja, o máximo possível, isento de impurezas. O "pé" da bomba de óleo (por onde o óleo do cárter é captado) possui uma pequena malha metálica que efetua a separação inicial do material mais grosseiro disperso no óleo. Esse lubrificante "pré-filtrado" passa por um filtro responsável pela remoção do material em suspensão no óleo. Esse filtro possui um elemento filtrante poroso (composto por celulose e/ou outros elementos sintéticos), sendo todo o conjunto filtrante descartado após certo período de uso que é, na média, 10.000 km ou seis meses de uso do veículo, o que ocorrer primeiro, sendo essa uma recomendação geral, devendo cada proprietário observar o que o manual do veículo recomenda.

Alguns mitos e verdades sobre óleos lubrificantes

É melhor pecar por excesso do que por falta de lubrificante

Nem uma coisa, nem outra. O nível de óleo deve permanecer situado entre as marcas superior e inferior da vareta de medição. O excesso de óleo pode causar danos às bielas. Além disso, esse excesso será queimado na câmara de combustão, comprometendo o funcionamento da vela e das válvulas.

Os óleos de qualidade não "abaixam o nível"

Incorreto. Todo carro consome óleo em maior ou menor grau. Essa perda varia, dependendo das características do motor do seu carro. Entretanto, um consumo excessivo certamente é sintoma de que algo não está bem. Como você já sabe, existe uma folga entre o pistão e o cilindro, e é evidente que pequenas quantidades do óleo do cárter passam para a câmara de combustão, sendo consumidas. Se o consumo for excessivo, verifique as velas em busca de acúmulos de óleo, que são um indício de folga excessiva entre o pistão e o cilindro. A solução para esse problema pode ser a troca dos anéis do pistão ou, até mesmo, a retífica do cilindro. Por outro lado, o problema pode ser resultado da folga excessiva nos retentores das válvulas de admissão e escapamento, um problema de fácil solução.

Para corrigir um possível vazamento, outro fator responsável por um consumo excessivo, inspecione os possíveis pontos de fuga de óleo (uma junta pode estar gasta ou mal ajustada, por exemplo), fazendo os reparos necessários, a fim de eliminar as perdas de lubrificante.

Óleo escuro é óleo ruim

Nada disso. Os aditivos existem para manter os sedimentos (impurezas) em suspensão no óleo, que ficará escuro. Óleo escuro é sinônimo de que as impurezas não estão acumulando-se no motor.

Para a troca do óleo, o motor deve estar quente

É verdade. Isto porque o óleo fica mais fluido (menos viscoso) em temperaturas elevadas e escorre mais facilmente. Quando for medir o nível do óleo, aguarde 5 minutos para que o lubrificante escorra para o cárter e você possa obter uma medida mais precisa do nível do óleo.

Comprei um óleo com validade vencida

É impossível. Os óleos possuem validade indeterminada, desde que sejam mantidos nas suas embalagens originais, distantes do sol e do calor.

Os óleos podem ser aditivados no posto

Errado. Os óleos de boa procedência já possuem todos os aditivos necessários para um desempenho adequado e a aditivação não surtirá o efeito desejado, podendo, inclusive, comprometer o desempenho do óleo original.

Óleos diferentes não se misturam

Mito. Você pode misturar óleos diferentes, desde que tenham viscosidades e níveis de desempenho compatíveis. No entanto, se você não gosta de suspense, o melhor mesmo é usar uma marca de cada vez.

Quanto maior for o número indicado na embalagem, maior será a viscosidade do óleo

É verdade. O número que aparece na embalagem é relativo à classificação proposta pela **SAE** e quanto maior for o índice, maior será a viscosidade do lubrificante.

Carro também respira!

Todo processo de combustão demanda oxigênio. Nos cilindros de um automóvel, como já sabemos, ocorrem processos de combustão. O oxigênio necessário é provido pelo ar circundante. No entanto, existe uma infinidade de partículas dispersas no ar que devem ser eliminadas antes que cheguem aos cilindros. E como se faz isso? Toda massa de ar, que vai passar pelos cilindros, é filtrada previamente para a remoção do material particulado, que exerceria um efeito abrasivo (de "lixamento") se chegasse aos cilindros e, "via óleo", a outras peças do motor, danificando-as. A massa de particulados retida por um filtro num carro de passeio, ao longo de uma década, varia de poucos gramas até alguns quilogramas! O material filtrante tradicional é a fibra de celulose ou fibras sintéticas. A troca do filtro com a regularidade recomendada pelo fabricante é fundamental para o máximo desempenho do motor. É um trabalho fácil que você pode fazer em alguns minutos. Cuidado com o sistema de braçadeiras que fixam a tampa do alojamento do filtro (não perca nenhuma!) e não deixe que a poeira acumulada tenha acesso à linha de ar filtrado, pois os particulados chegariam ao módulo de admissão, indo daí diretamente para os cilindros.

Figura 9.27. Para acessar o filtro, remova-o de seu alojamento. O suporte está fixado com grampos (cuidado para não perder nenhum deles).

Injeção eletrônica

O sistema de injeção eletrônica é muito superior ao sistema tradicional de carburação, este predominante até a década de 70, sendo aquele introduzido no Brasil no final da década de 80 com o GOL GTI da *Volkswagen*. Veja algumas vantagens, entre outras, de um sistema de injeção eletrônica:
- Melhor pulverização do combustível, permitindo uma mistura mais efetiva com o ar;
- Mistura de ar-combustível ideal para todos os regimes de operação do motor;
- Menor consumo de combustível por km rodado;
- Maior controle da marcha lenta;
- Facilidade da partida a frio;
- Redução da emissão de poluentes.

Uma mistura explosiva

Existe uma mistura ideal de combustível e ar a ser queimada no cilindro para a geração da energia necessária à movimentação do veículo. Para cada 15 kg de ar, queima-se 1 kg de gasolina. Para o álcool, a relação é diferente, demandando apenas 9 kg de ar para 1 kg de combustível. Essa proporção é também conhecida como relação estequiométrica ou, em outras palavras, há oxigênio suficiente na mistura para a queima total de toda a massa de combustível. Se a mistura não obedecer exatamente às proporções indicadas acima, o motor funcionará com baixo rendimento, ou seja, a energia química que o combustível possui **não** será convertida em energia mecânica (movimento) com a eficiência esperada.

Misturas pobres e ricas

O sistema de injeção foi projetado para garantir que a queima de combustível obedeça à proporção ideal para cada regime de operação do motor. A propósito, as misturas com menos combustível que o necessário para uma mistura balanceada (15:1 para a gasolina e 9:1 para o álcool) são denominadas misturas **pobres**. Dizer que a mistura tem menos combustível do que o necessário para o volume de ar admitido significa que ela é mais **empobrecida** em combustível proporcionalmente a uma mistura balanceada e as misturas com mais combustível do que o necessário para o volume de ar admitido é uma mistura **rica**. Aqui, a proporção de combustível é maior - **enriquecida** - se comparada a uma mistura balanceada.

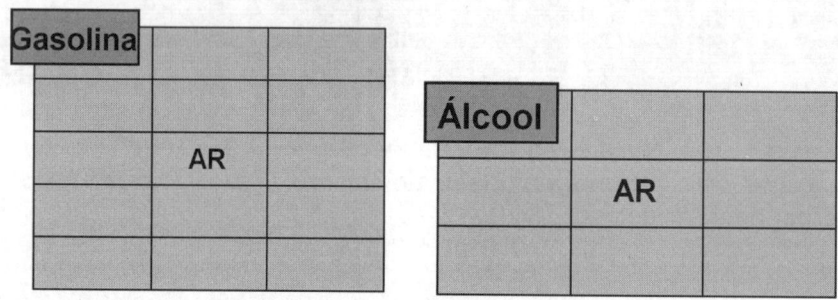

Figura 9.28. A figura representa a proporção ideal (em Kg) de combustível e ar para a formação de uma mistura adequada.

Certamente, o uso de uma mistura muito enriquecida gera consumo elevado de combustível. Então, este fato induz você a pensar que uma mistura pobre é menos prejudicial. Na verdade, uma mistura extremamente **pobre** acarreta sobrecarga térmica nas peças e pode resultar em graves danos ao pistão, cabeçote, válvulas etc.

O sistema de alimentação de combustível

O objetivo do sistema de alimentação de um motor é fornecer uma mistura compatível com o regime de operação do mesmo. O carburador é um dispositivo muito bem concebido, mas não é capaz de fornecer uma mistura adequada em todos os regimes de funcionamento do motor. A injeção eletrônica, ao contrário, é capaz de fornecer a mistura adequada, proporcionando a quantidade correta de combustível e ar para qualquer situação, desde uma partida a frio até máximas velocidades. "Como isso é possível?" O sistema de injeção é constantemente alimentado com informações provenientes de sensores distribuídos por todo o motor, com as mais variadas funções, tais como identificar a quantidade de ar admitido, a temperatura e a rotação do motor etc. "E para onde os sensores enviam as informações coletadas"? Para uma central eletrônica conhecida como **Unidade de Comando Eletrônico**, que vamos abreviar como **UCE**. Essa unidade apenas processa informações e não tem nenhuma capacidade de ação. "Então, nada acontece"? Acontece, sim. O módulo envia sinais para os dispositivos denominados atuadores, que, por sua vez, executam uma série de ações visando à manutenção da relação ar-combustível ideal para cada fase de funcionamento do motor. Os sistemas de injeção são complexos e os modelos variam bastante. Vamos conhecer um pouco mais sobre esses sistemas.

Sistemas de injeção unitários e múltiplos pontos

O sistema de injeção unitário lembra muito um carburador no que tange ao seu aspecto físico, porém possui um funcionamento bastante diverso, ainda que o fim seja o mesmo: injetar uma quantidade de combustível nos cilindros que seja compatível com o volume de ar admitido. Um bico é responsável pela injeção de combustível na câmara de combustão. Na verdade, a aspersão de combustível ocorre em coletores que conduzem o combustível até a câmara de combustão. Esse sistema é também conhecido como **monoponto**.

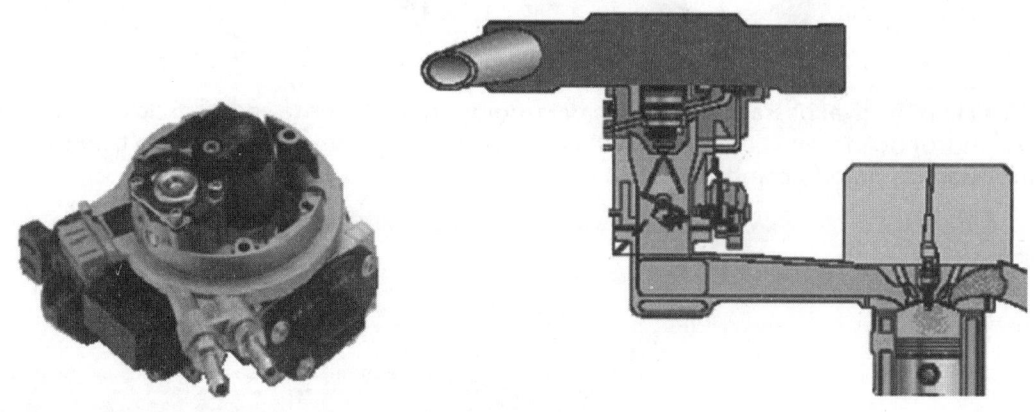

Adaptado do manual automotivo Bosh

Figura 9.29. O lado esquerdo da figura mostra um sistema monoponto visualizado em sua porção superior. O lado direito mostra o bico injetor responsável pela injeção de combustível nos cilindros. Como só existe um bico injetor, o combustível é injetado no coletor de admissão para ser aspirado assim que a válvula de admissão de cada cilindro se abre.

É um sistema ainda encontrado em carros antigos, contudo, está em desuso nos modelos atuais.

No sistema de **múltiplos pontos** de injeção, também denominado de **multiponto**, há um injetor para cada cilindro do motor. Como você pode imaginar, esse sistema é muito mais eficiente do que o sistema de injeção **monoponto**. Então, por que este foi tão difundido pelas montadoras? A explicação é simples e pode ser resumida numa única palavra: Custo. A partir do final da década de 90, o sistema **monoponto** cedeu lugar, definitivamente, ao sistema **multiponto**.

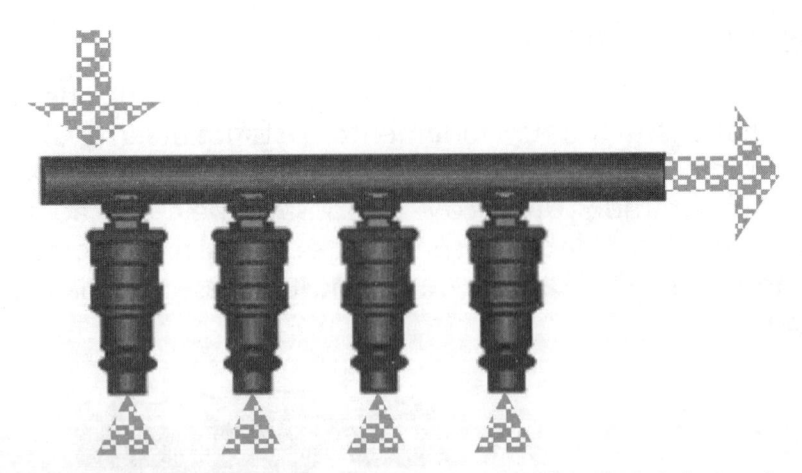

Figura 9.30. O combustível passa por um tubo distribuidor que alimenta cada um dos bicos injetores (um para cada cilindro) do motor. O bico injetor libera o combustível somente quando o cilindro está em sua fase de admissão (aspirando combustível).

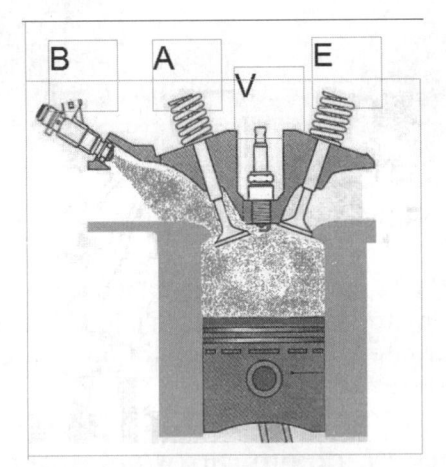

Figura 9.31. A figura acima representa um corte em um cilindro com sistema de injeção multiponto. Cada cilindro possui um bico injetor exclusivo que, como você pode imaginar, aumenta a precisão da injeção de combustível requerida para formar uma mistura equilibrada. **B, A, V** e **E** representam, respectivamente, o bico injetor, a válvula de admissão, a vela e a válvula de escape.

Injeção direta e indireta

Existe a possibilidade de injeção de combustível no coletor, que conduz o material pulverizado até a câmara de combustão. Consiste no sistema de injeção **indireta**. Uma outra possibilidade é a injeção de combustível **diretamente** na câmara de combustão (sistema de injeção direta). E esses sistemas são muito diferentes? Uma diferença é importante: O sistema de injeção **direta** tem um circuito de bombeamento que injeta o combustível com elevada pressão na câmara de combustão. No sistema de injeção **indireta**, a mistura de ar-combustível é formada fora da câmara de combustão: o ar e o combustível já se encontram misturados quando a válvula de admissão se abre. No sistema de injeção **direta**, o ar e o combustível só "se encontram" na câmara de combustão - quando a válvula de admissão se abre, aspira apenas ar porque o combustível é injetado **diretamente** na câmara de combustão, onde a mistura se forma.

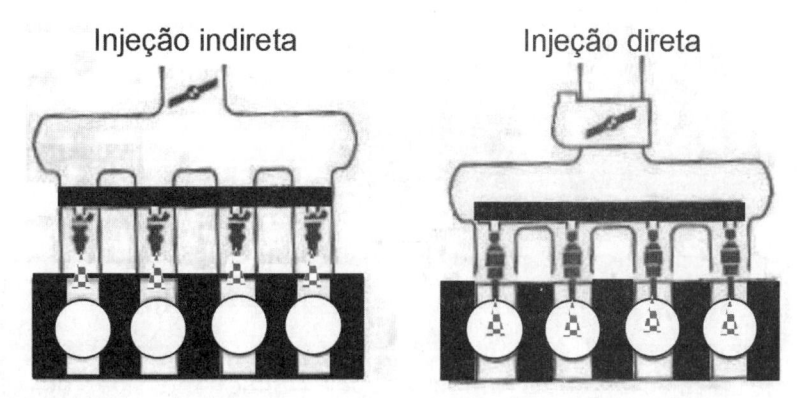

Figura 9.32. A injeção multiponto pode ocorrer no coletor de admissão e daí, para dentro do cilindro (injeção indireta), como mostra a figura da esquerda, ou pode haver injeção de combustível diretamente da câmara de combustão (injeção direta), como indicado na figura da direita.

A anatomia do sistema de injeção eletrônica

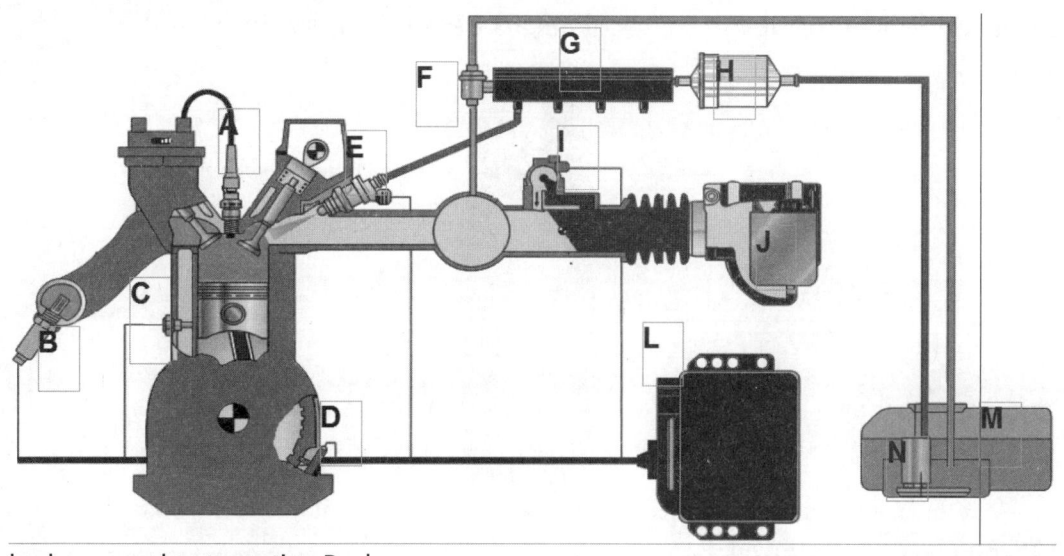

Adaptado do manual automotivo Bosh

Figura 9.33. A figura representa um sistema de injeção multiponto com injeção indireta de combustível. A. Vela de ignição; B. Sonda lâmbda; C Sensor de temperatura; D. Sensor de rotação; E. Válvula de injeção; F. Regulador de pressão; G. Tubo de distribuição; H. Filtro de combustível; I. Atuador de marcha lenta; J. Medidor de fluxo de ar; L. Unidade de comando; M. Tanque de combustível; N. Bomba de combustível.

Os sistemas de injeção, por maiores que sejam as suas peculiaridades, são constituídos por alguns componentes comuns, que passaremos a analisar em seguida.

Unidade de Comando Eletrônico (UCE) - É o cérebro do sistema de injeção. Na UCE, são processados sinais dos sensores e enviados comandos para os dispositivos atuadores, visando à regulação da quantidade correta de combustível a ser admitida nos cilindros. A UCE funciona, na verdade, como um computador. Desse modo, a UCE, além de comandar o funcionamento da injeção, controla outras funções, tais como a ignição, o ventilador do sistema de arrefecimento e a rotação do motor etc.

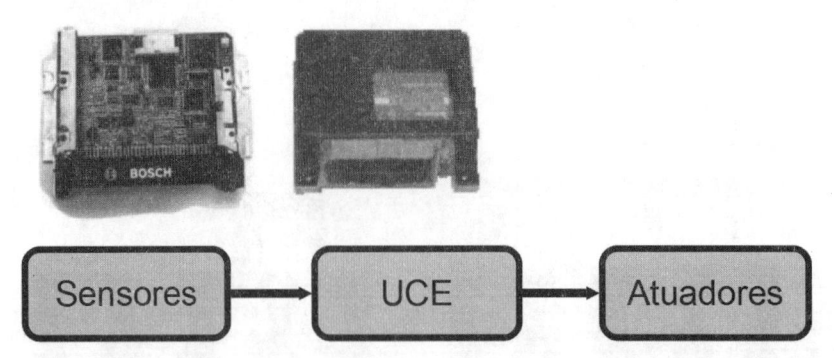

Figura 9.34. Aparência típica de uma UCE, responsável pela captação dos sinais dos sensores e pela emissão dos comandos efetuados pelos atuadores.

Bomba elétrica de combustível: A função do dispositivo em tela é disponibilizar combustível em quantidades suficientes e submetidas à pressão necessária para que a injeção possa processar-se de forma adequada. A montagem da bomba no interior do tanque é a tendência moderna de localização desse dispositivo.

Figura 9.35. Bomba de combustível

Filtro de combustível

O filtro de combustível possui a função de impedir que as impurezas contidas no combustível cheguem até as válvulas injetoras e os cilindros, causando avarias nos componentes do sistema de injeção e no motor de um modo geral. Os filtros obstruídos forçam a bomba, reduzindo a vida útil desta, com risco potencial de interferir no desempenho do motor, já que os cilindros não recebem as quantidades necessárias de combustível. A prevenção deste problema é simples: A troca periódica, conforme a recomendação do fabricante.

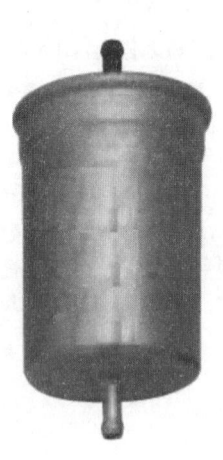

Figura 9.36. Filtro de combustível.

Calculando a massa de ar

O montante de ar admitido nos cilindros varia com o acionamento do pedal do acelerador. No caso do **carburador**, quanto mais ar é admitido, mais combustível é succionado e pulverizado na câmara de combustão. Na **injeção eletrônica**, o fluxo de ar admitido nos cilindros é igualmente importante, todavia, a forma ou o mecanismo de controle da proporção ar-combustível em nada se assemelha ao funcionamento de um **carburador**. Já sabemos que a determinação do montante de ar admitido é fundamental para a injeção do volume correto de combustível, contribuindo decisivamente na formação de uma mistura ideal. A grande questão é: Como mensurar o montante (massa ou volume) de ar que chega aos cilindros? As técnicas utilizadas são relacionadas abaixo:

1. **Ângulo da Borboleta x Rotação do Motor**: Define-se o tempo de injeção pelo ângulo da borboleta de aceleração e da rotação do motor, sendo as informações armazenadas numa espécie de memória permanente (constituída fisicamente por um Circuito Integrado). Para determinar a massa de ar admitida, a UCE compara as informações gravadas nessa memória com os dados de rotação do motor e o ângulo de abertura da borboleta. É um método pouco utilizado atualmente;
2. **Rotação x Densidade**: O fluxo de ar é calculado em função da rotação do motor, volume dos cilindros e densidade do ar. A densidade, por seu turno, é calculada em função da pressão absoluta do coletor de admissão e da temperatura do ar admitido. Todo o sistema que utiliza esse princípio constitui-se de um sensor de pressão absoluta (conhecido pela sigla *MAP*) instalado no coletor de admissão;
3. **Fluxo de Ar (Leitura Direta)**: O fluxo é determinado diretamente por um medidor de vazão instalado após o filtro de ar e antes da borboleta de aceleração, com correções realizadas em função das variações de temperatura;
4. **Massa de Ar (Leitura Direta)**: A massa de ar é determinada diretamente por um medidor mássico (de massa de ar), que corrige automaticamente as variações da pressão atmosférica e da temperatura ambiente.

Não importa o método utilizado, o objetivo é determinar o montante de ar admitido nos cilindros, de modo que se possa injetar a quantidade ideal de combustível na câmara de combustão, visando à formação de uma mistura balanceada.

Figura 9.37. Da esquerda para a direita, temos: Medidor de massa de ar; medidor de fluxo de ar; sensor de pressão; potenciômetro da borboleta. Esses são alguns dos principais elementos utilizados em um sistema de injeção eletrônica para a determinação da massa de ar admitida pelo motor, o que é de fundamental importância para o cálculo da quantidade correspondente de combustível demandada pelo veículo em um dado momento.

Sensor de temperatura do ar

Usa um termistor (resistor cuja resistência varia com a alteração da temperatura) para informar à UCE a temperatura do ar aspirado pelo cilindro.

Figura 9.38. Sensor de temperatura do ar

Sensor de temperatura do motor

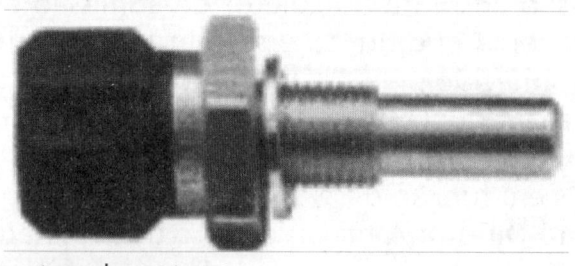

Figura 9.39. Sensor de temperatura do motor

Mantém-se em contato direto com a água de arrefecimento do motor. Os dados da temperatura alimentam a UCE para que a mesma possa definir estratégias quanto a:
- Etapa de Aquecimento do Motor. Quando o motor está frio, por exemplo, a UCE,

a partir dos dados enviados pelos sensores de temperatura, aumenta o tempo de injeção, enriquecendo a mistura. A ignição, neste caso, deve ser adiantada, tarefa cumprida pela UCE;
- Comandar o acionamento do eletroventilador do sistema de arrefecimento. Neste caso, os dados enviados pelo sensor são essenciais para o acionamento do ventilador em tempo hábil e por um período adequado.

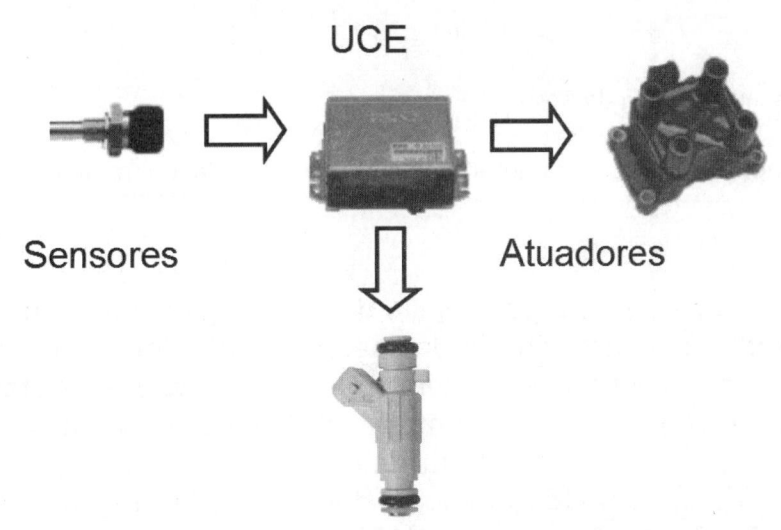

Figura 9.40. Representação esquemática do modo de operação dos sensores e atuadores no sistema de injeção eletrônica. Os sensores captam dados relativos ao regime de funcionamento do motor (temperatura, rotação etc.) e enviam essas informações para a UCE, onde os dados são processados e convertidos em "comandos" repassados para os elementos atuadores que ajustam a forma de operação do motor.

Sensor de rotação do motor e posição da árvore de manivelas

A finalidade do mesmo é gerar dados quanto à posição da **árvore de manivelas (eixo virabrequim)**, ou seja, indicar em qual ponto do seu curso giratório ela se encontra e a rotação do motor. Podem ser do tipo indutivo ou funcionar por efeito *hall*. A UCE usa esses dados para determinar os parâmetros citados a seguir:
- Avanço e sincronismo da ignição;
- Tempo e sincronismo da injeção;
- Frequência da abertura das válvulas injetoras.

A figura abaixo mostra um sensor do tipo indutivo. Quando os dentes da roda dentada estão próximos do sensor, o fluxo magnético é máximo e quando o sensor está em frente a uma lacuna (espaço entre os dentes), o fluxo magnético é mínimo. Essa variação de fluxo gera uma força eletromotriz nos enrolamentos do sensor. Esses sinais são interpretados pela UCE para a determinação da posição da **árvore de manivelas** e da rotação do motor.

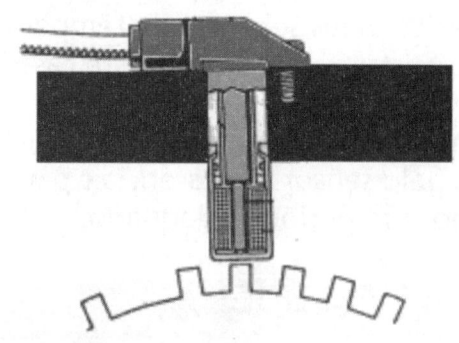

Adaptado do manual automotivo da Bosh

Figura 9.41. Sensor indutivo utilizado na determinação da posição da árvore de manivelas.

Sensor de detonação

A UCE é informada sobre a ocorrência de detonações que, como vimos, são extremamente prejudiciais à integridade das peças componentes do motor. O sensor é piezelétrico (cristais especiais captam as vibrações mecânicas e convertem-nas em sinais elétricos). O sensor encontra-se firmemente fixado ao motor. O aquecimento excessivo do motor, a sobrealimentação ("carro turbinado") ou o uso de combustível de baixa octanagem pode ser a causa do fenômeno da detonação. As informações enviadas pelo sensor de detonação são processadas pela UCE, que intervém alterando o ponto de ignição do motor, resultando na eliminação das detonações.

Figura 9. 42. Sensor de detonação.

Sensor de oxigênio

Esta sonda é conhecida como sonda *lambda*, cujo objetivo é detectar o teor de oxigênio eliminado pelo escapamento. E o que esse teor nos informa? Ora, como sabemos, a combustão é um processo de oxidação, no qual o oxigênio se combina quimicamente com as moléculas do combustível. Se houver uma grande quantidade de oxigênio na saída, isso significará que a mistura estava **pobre** (muito ar e pouco combustível). O raciocínio inverso indica uma mistura **rica** (muito combustível e pouco ar na mistura). Essa informação alimenta a UCE, permitindo que a mesma gerencie o sistema de injeção, de maneira que um grande teor de oxigênio na saída (mistura **pobre**) induzirá mais injeção de combustível nos cilindros e um baixo teor de oxigênio no escapamento, (mistura **rica**), por seu turno, induzirá uma diminuição do volume de combustível injetado nos cilindros. O objetivo é sempre o mesmo: A obtenção de uma mistura estequiométrica (balanceada), visando a menores consumos de combustível e baixos índices de emissão de poluentes.

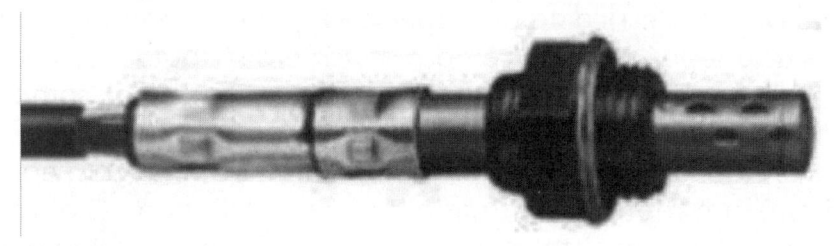

Figura 9.43. Sonda lâmbda.

O injetor

Trata-se de uma válvula controlada eletronicamente - quando um sinal elétrico chega ao injetor, um eletroímã move um êmbolo que desobstrui um minúsculo bocal, pelo qual passa o combustível pressurizado pela bomba. O combustível é atomizado (finamente dividido) ao passar pelo bocal, sendo esse fato muito importante para que a mistura com o ar seja a mais plena possível, visando à máxima eficiência do processo de combustão.

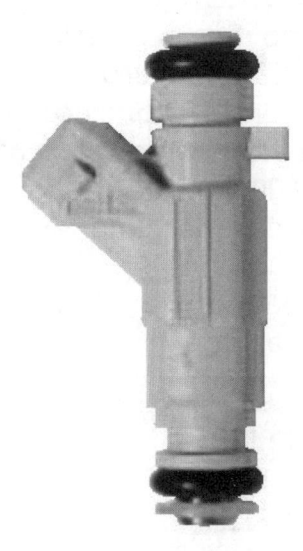

Figura 9.44. Válvula de injeção

Sistema de ignição

O sistema de ignição atual é muito diferente dos existentes antigamente, que eram controlados mecanicamente com o auxílio do famoso platinado (uma espécie de interruptor), situando no interior de um conjunto distribuidor. Vamos analisar os sistemas históricos de ignição e passaremos, posteriormente, à análise dos sistemas de ignição comandados eletronicamente.

Arqueologia da ignição. Como tudo começou?

Se você abrir o capô do seu carro, o certo é que encontrará velas, cabos de velas e bobina(s) (exceto na rara ignição por descarga capacitiva, na qual a energia da ignição é armazenada no campo elétrico de um capacitor) que são comuns a todos os sistemas de ignição. Por outro lado, a forma como a faísca é distribuída para os cilindros (e o exato momento em que isso ocorre) é uma função exercida por componentes muito diferentes, se compararmos os sistemas modernos e antigos de ignição.

Os sistemas antigos de ignição consistem em uma bobina (com enrolamentos primário e secundário), um ruptor ("platinado") e um distribuidor. O ajuste do ponto de ignição é fornecido por dois mecanismos: um de avanço controlado por força centrífuga e outro controlado pelo vácuo no coletor de admissão.

A bobina

O princípio de funcionamento do componente é semelhante ao funcionamento de um transformador (consulte capítulo 02). A grande diferença é que não existe uma corrente alternada para proporcionar a variação de campo magnético e, consequentemente, indução de tensão no secundário da bobina. O primário da bobina é ligado à bateria (por meio da chave de ignição). Quando o primário é atravessado por uma corrente elétrica, manifesta-se um campo magnético proporcional e constante em volta do enrolamento primário (todo fio percorrido por corrente manifesta um campo magnético em seu entorno, como você pode comprovar com a experiência do eletroímã). Nada acontece no secundário. Se você desligar o circuito, a corrente no primário (com determinado valor) "cairá" para zero e o campo magnético também variará (acompanhando a variação da corrente). O que acontece no secundário? Nos terminais do secundário, manifesta-se uma alta tensão (o primário tem, em média, **200 espiras**, enquanto o secundário possui **20.000**, o que explica a diferença entre as tensões nos terminais da bobina) capaz de fazer saltar uma faísca nos terminais da vela à qual estão ligados. Você deve estar perguntando-se: Como executar a tarefa de liga/desliga no terminal primário da bateria para que a alta tensão continue manifestando-se no secundário? É o que veremos agora.

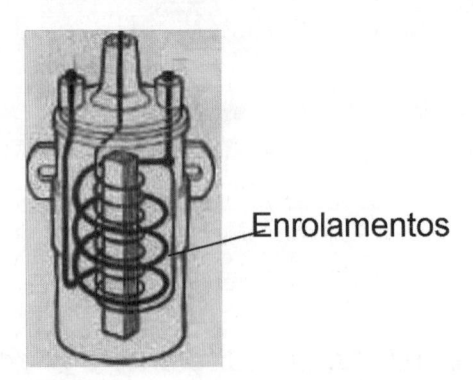

Adaptado do manual automotivo da Bosh

Figura 9.45. O princípio de funcionamento da bobina assemelha-se ao funcionamento de um transformador, tendo a bobina, inclusive, dois enrolamentos - um primário e outro secundário.

O ruptor é um elemento muito conhecido dos antigos sistemas de ignição e é mais conhecido como **platinado** (antigamente, os ruptores eram fabricados em **platina**, material resistente, e o nome platinado "pegou"). O ruptor é, na verdade, um interruptor controlado por um came que gira solidário a um eixo que, por sua vez, é controlado pelo giro do eixo de comando das válvulas. Você deve estar começando a entender algo importante: Existe uma ligação mecânica entre o eixo de comando das válvulas e o came que controla a abertura e o fechamento do ruptor. Por quê? Para que haja um perfeito sincronismo entre a emissão da faísca (no momento em que o circuito primário é interrompido pela abertura do ruptor), o fechamento das válvulas (fase de compressão) e a subida e descida do pistão. Lembre-se, o eixo comando de válvulas é acionado pelo virabrequim, que "comanda" o movimento dos pistões.

O condensador

É um capacitor que atua como um componente de aprimoramento da ignição, prevenindo a formação de faísca entre os terminais do platinado, reduzindo o seu desgaste e reforçando a descarga da faísca entre os terminais da vela. O condensador tem seus terminais ligados aos terminais do ruptor.

O distribuidor

O distribuidor é uma peça fácil de ser localizada no motor. Procure cinco cabos flexíveis, montados em carcaça preta de plástico. O cabo central conduz a alta tensão do secundário da bobina para o distribuidor que, a partir dos quatro cabos restantes, distribui (daí seu nome) a tensão para os cilindros. É bom ressaltar que nos carros com 6 cilindros, existem 7 cabos (um terminal de entrada de alta tensão e os demais de distribuição). Nos sistemas mais modernos de ignição, você não encontra um distribuidor, como explicaremos a seguir. Instintivamente, você reconhece a necessidade do distribuidor já que ele é responsável pela transferência da alta tensão da bobina para cada um dos cabos de vela. A ligação elétrica entre o terminal central de alta tensão e os demais terminais do distribuidor (ligados aos cabos de vela) é realizada por uma peça móvel conhecida popularmente como "cachimbo". O "cachimbo" está instalado no mesmo eixo que sustenta o came, que permite ao ruptor abrir e fechar.

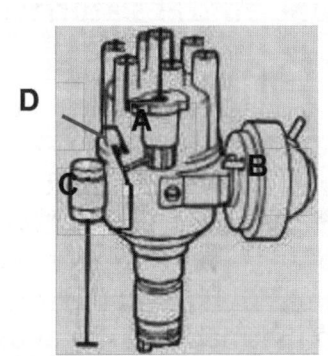

Adaptado do manual automotivo da Bosh

Figura 9.46. Distribuidor. A. Rotor ou cachimbo; B. Mecanismo de avanço da ignição; C. Condensador e D. Platinado.

Mecanismos de avanço da ignição

Os motores atuais desenvolvem altíssimas rotações, o que significa, em outras palavras, rapidíssimos movimentos dos pistões. O processo de combustão tem uma velocidade limitada, ou seja, entre a emissão da faísca nos eletrodos da vela e a completa queima da mistura de ar-combustível no cilindro, decorre um pequeno intervalo de tempo suficiente para o pistão se deslocar um pouco. Acontece que esse "pouco" é suficiente para comprometer o desempenho do motor. Quando o motor está em alta rotação, a ignição deve ser adiantada para que a queima se inicie precocemente, de modo que quando o pistão, no seu curso descendente, passar imediatamente do **Ponto Morto Superior (PMS)**, seja máxima a pressão dos gases exercida sobre ele. Se a ignição **não** fosse adiantada, o início da queima da mistura ocorreria exatamente quando o pistão alcançasse o PMS. Neste caso, quando a queima se completasse (vimos que a queima demanda tempo para se concretizar), a oferta de torque pelo motor seria menor. Resumindo: A velocidade do processo de combustão é limitada, se comparada aos rápidos movimentos dos pistões. É por isso que os ajustes de ignição são necessários. O problema é que a rotação do motor varia (de 2.000 a 6.000 rpm), o que exige ajustes proporcionais no avanço da ignição, de modo que, quanto maior a rotação do motor, maior é o avanço necessário. O mecanismo encontrado para ajustar a ignição (mais ou menos avançada) é conhecido como avanço centrífugo que aproveita o próprio giro do eixo do distribuidor para deslocar pequenas massas ("pesinhos") ligadas por molas a uma base que força o came a executar um pequeno movimento angular no sentido de fazer o ruptor abrir um pouco mais cedo, adiantando a ignição. A ignição também precisa ser ajustada em função da potência ou da carga do motor, o que é alcançado com uma solução engenhosa - como os regimes de operação do motor refletem-se no **vácuo criado no coletor de admissão** em função de uma maior ou menor abertura da borboleta de aceleração (a borboleta fechada gera um vácuo máximo e proporcionalmente menor à medida que a borboleta abre), o vácuo criado é utilizado para acionar uma membrana, que atua no sentido de ajustar o momento de emissão da faísca – adiantando a ignição, se for o caso. Esse mecanismo de avanço da ignição é conhecido como avanço a vácuo.

A eletrônica entra em ação: Ignição transistorizada

Os componentes eletrônicos, notadamente os semicondutores, podem ser utilizados como chaves controladas pela eletricidade, ou seja, no lugar de um interruptor mecânico, podemos instalar um transistor, por exemplo, que será responsável pela passagem de corrente de um ponto a outro de um circuito. O transistor, em função da sua forma de polarização, pode ficar "aberto" ou "fechado" para a corrente elétrica. Essa propriedade interessante dos semicondutores elegeu-os para desempenhar a função de chave eletrônica nos sistemas de ignição. Existe o modelo (menos adotado), no qual o transistor é acionado pelo platinado, ou seja, apesar de ser um sistema transistorizado de ignição, está presente, ainda, um platinado que, como dissemos, aciona o transistor que está ligado ao primário da bobina de ignição. Um outro sistema de ignição transistorizada **não** emprega o platinado, que é substituído por um gerador de impulsos que, por sua vez, aciona um transistor de potência instalado no módulo de comando de ignição. O gerador de impulsos utiliza duas tecnologias:

a) Por efeito de indução: Quando a ponta do rotor vai aproximando-se da ponta do estator, ocorre o "delocamento" do campo magnético produzido pelo ímã, resultando na variação do campo magnético que envolve a bobina e causando a indução de uma voltagem em seus terminais, criando um sinal que será amplificado e convertido no sinal que será aplicado no circuito transistorizado de controle da ignição.

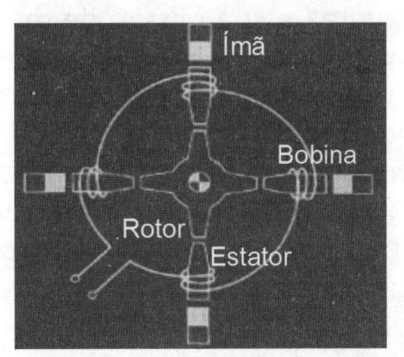

Adaptado do manual automotivo da Bosh

Figura 9.47. Esquema de um sistema de geração de impulsos, tipo indutivo.

b) Por efeito Hall: O efeito Hall (descoberto em função das pesquisas de Edwin Hall) manifesta-se quando um campo magnético atravessa pastilhas semicondutoras, criando uma diferença de potencial nos polos da pastinha, Essa diferença de potencial é utilizada para criar um sinal que tem o mesmo destino do sistema acima - controlar as descargas das velas.

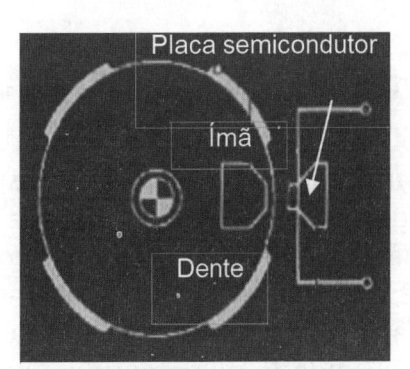

Adaptado do manual automotivo da Bosh

Figura 9.48. Quando um dente passa em frente ao ímã, faz variar a intensidade da corrente gerada na placa semicondutora.

Os elementos de avanço centrífugo e a vácuo continuam presentes, assim como o distribuidor. Aliás, quando o eixo do distribuidor gira, gera uma tensão (por indução ou efeito Hall) que é "trabalhada" pela unidade de comando para que possa ser aplicada ao primário da bobina e, daí, gerar a faísca entre os eletrodos da vela ligada ao secundário. Observe que a atuação do "cachimbo" é a mesma vista anteriormente para o sistema de ignição convencional (eletromecânico), ou seja, distribui a tensão aplicada ao terminal de entrada de alta tensão do distribuidor pelos cabos de vela, em ordem adequada à explosão da mistura em cada cilindro.

A ignição moderna

Assim como os **carburadores**, os sistemas convencionais de ignição estão em extinção, mas cumpriram com "bravura" a sua missão de manter os motores em funcionamento até há bem pouco tempo. Os modernos sistemas de ignição herdaram dos seus predecessores a mesma função, ou seja, fornecer uma centelha elétrica apta a inflamar a mistura dos cilindros na sequência correta, durante o intervalo de tempo conveniente. Bom, a coisa não é tão simples como parece à primeira vista - a ignição deve sofrer ajustes automáticos à medida que a rotação do motor varia. Outros ajustes se fazem necessários em função de outros fenômenos, contudo, o importante é que os modernos sistemas **eletrônicos** de um carro armazenam as melhores estratégias de ignição em função do regime de funcionamento do motor. À medida que as informações sobre o funcionamento do motor chegam à UCE, a partir dos sensores, a ignição é ajustada automaticamente. Fácil, não? O ponto de ignição influencia o torque do motor, as emissões atmosféricas e o consumo de combustível.

Ah, há mais uma coisa: O ponto de ignição se diz adiantado quando a faísca é acionada antes que o pistão atinja o **PMS** e está atrasado quando a faísca é liberada depois que o pistão passou pelo **PMS**. Uma ignição adiantada aumenta a potência e reduz o consumo de combustível. "Puxa! Então, o negócio é adiantar a ignição...". Até certo ponto, pois, além do aumento das emissões poluentes, uma ignição muito adiantada pode levar o motor a uma operação detonante, com sérios prejuízos ao seu desempenho e durabilidade.

Um sistema de ignição moderno

É composto por uma bobina (que funciona como um transformador, elevando a tensão a 30.000 volts no **secundário)**, um sistema de distribuição (quase sempre integrados como subsistemas de gerenciamento do motor) e velas de ignição.

O sistema de ignição garante a liberação da faísca de ignição no cilindro correto, no tempo adequado e com a energia requerida. Um anel de impulsos é instalado na **árvore de manivelas**, sendo varrido por um sensor que capta e repassa a informação da posição angular do eixo para a unidade de comando. Outro sensor monitora a fase do **eixo de comando de válvulas**. Conjugando esses dois sinais, é possível para o sistema de gerenciamento eletrônico do motor definir quando, como e onde liberar as faíscas de ignição entre os eletrodos das velas.

> ⚠️ **Atenção.** Quando você for manipular ou trocar as peças do sistema de ignição, mantenha o veículo desligado, já que as tensões envolvidas em qualquer sistema de ignição são extremamente perigosas!

A vida vil da vela

Há peça mais característica de um carro do que a vela de ignição? Ela é quase tão antiga quanto o automóvel e acompanha-o até hoje. Entretanto, a vida de uma vela não é fácil: ela tem que suportar vibrações extremas, temperaturas que podem passar dos **1.000º C** choques térmicos violentos, uma saraivada de descargas que, em alguns sistemas de ignição, pode alcançar a magnitude dos **30.000 volts** e pressões que podem atingir a marca de **100 bares**. Para aguentar essa "maratona" de processos destrutivos, a vela é confeccionada com materiais especiais que vão desde cerâmicas até ligas metálicas resistentes ao calor e a vibrações contínuas.

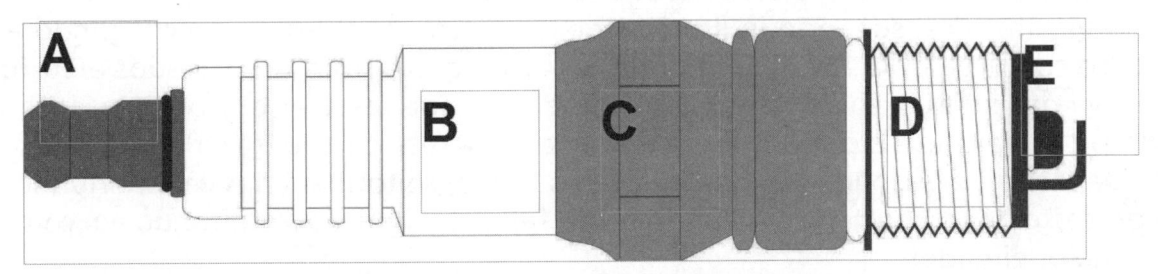

Figura 9.49. A vela de ignição. A. Terminal para ligação do cabo de vela; B. Isolador; C. Hexágono para fixação da vela; D. Rosca e E. Eletrodos.

"Certamente, pelo que foi dito, as baixas temperaturas são mais favoráveis para as velas, certo?". Não é bem assim que as coisas funcionam. Veja, se a temperatura da região próxima dos eletrodos de uma vela for muito "baixa" (para uma vela, 300º C é uma temperatura baixa!), restos de fuligem e óleo se depositarão na mesma, podendo criar um curto-circuito entre os eletrodos, aí a faísca não se forma e "adeus" ignição. Se a temperatura permanecer sempre acima de 500º C, não haverá o risco de acúmulo de material entre os eletrodos, e tudo ficará bem. Entretanto, isso não significa que a temperatura pode elevar-se muito, pois correríamos o risco de formação de pontos quentes na vela, resultando em processos de inflamação da mistura de forma não intencional. Por conseguinte, a temperatura não deve superar os 900º C.

Outro fato importante, quando se fala em velas, é a distância entre os eletrodos. Se a distância entre os eletrodos for excessivamente pequena, a inflamação da mistura será ineficiente devido à dissipação excessiva de calor nos eletrodos da vela durante os primeiros estágios da ignição. Os eletrodos podem vir a retirar energia excessiva do núcleo da chama, o que pode ocasionar falhas na inflamação da mistura de ar-combustível. Por outro lado, uma distância excessiva entre os eletrodos pode gerar uma demanda de tensão incapaz de ser fornecida pela bobina, com consequentes falhas na ignição. Quanto maior for a distância entre os eletrodos, mantendo-se constantes todos os demais parâmetros, maior será a tensão que a bobina deverá fornecer às velas para que a ignição se efetive. A distância entre os eletrodos de uma vela varia, sendo expressa no manual do veículo e em tabelas especializadas. Um valor típico para a distância dos eletrodos de uma vela de ignição de um carro popular à gasolina é 0,7 mm, para você ter uma ideia.

A vela como testemunha do funcionamento do motor

O motor, a partir do seu modo de operar, deixa "rastros". Se você for um bom "detetive", talvez possa desvendar os mistérios do funcionamento de um motor a partir do estado das velas. Como isso é possível? Mostraremos a seguir quatro situações típicas nas quais as condições operacionais do motor deixam "pistas" na região dos eletrodos, que podem ser utilizadas para diagnosticar alguma anomalia nos sistemas de alimentação de combustível, ignição ou lubrificação.

Vela Normal - Eletrodos levemente desgastados e com tons variando entre o marrom e o cinza são indicativos de um funcionamento bem ajustado do motor. Depósitos esbranquiçados também são considerados normais;

Depósitos Oleosos - São indicativos de que óleo em excesso está chegando à câmara de combustão. A sua origem pode ser anéis dos pistões desgastados e/ou folga excessiva nas guias das válvulas. A troca de anéis pode resolver o problema, mas se a folga entre o pistão e o cilindro for demasiada, uma retífica poderá vir a ser necessária;

Depósito de Gasolina - Depósitos pretos (secos) se formam nas velas, oriundos de um processo de combustão incompleto ou de falhas na ignição (resultando em combustível não queimado).

Velas Queimadas - os eletrodos estão bastante desgastados. Deficiências no arrefecimento podem ser a causa desse fenômeno.

A troca das velas

É recomendável, em média, fazer uma inspeção nas velas a cada 5.000 km (para limpeza e reajuste no posicionamento dos eletrodos) e trocá-las a cada 15.000 km ou quando o desgaste dos eletrodos é excessivo e não permite mais ajustes. Um jogo de velas não é caro e sua troca pode ser feita em casa (para quem gosta de uma atividade extra de fim de semana) ou em qualquer oficina. Apesar de ser um procedimento simples, a troca de velas exige alguns cuidados. Para isso, você precisará de uma chave de velas e um jogo de lâmina de calibre. Para localizar as velas, identifique os... cabos de vela! Cada cilindro tem uma vela correspondente para o seu funcionamento e cada vela possui o seu respectivo cabo de vela - os condutores elétricos dentro de cabos flexíveis que estão ligados às bobinas ou ao distribuidor, conforme o caso. Se seu carro possui 4 cilindros, quantas velas ele tem? Quatro é a resposta esperada. Então, é de se esperar que o veículo possua quatro cabos que devem ser removidos para a exposição das velas. Cuidado para não inverter a ordem dos cabos na remontagem. Para não se confundir, numere todos os cabos antes de retirá-los. Use a chave de velas para remover o componente. Repare que algumas velas possuem um anel de ajuste, fundamental para uma perfeita adaptação do componente. Uma vez removida, avalie as condições dos eletrodos e a aparência geral da vela em busca de anomalias. Aproveite para efetuar uma adaptação dos seus eletrodos. Utilize a lâmina de calibre para aferir a folga entre os eletrodos. Nunca substitua as velas por outras com características desconhecidas ou não recomendadas pelo fabricante. O manual do proprietário indica a vela a ser usada em cada caso. Se você fizer uma substituição não recomendada pelo fabricante, estará correndo risco de um funcionamento irregular do motor ou, o que seria desastroso, graves danos ao cabeçote. Repetimos o alerta: Utilize somente velas recomendadas pelo fabricante. Com as mãos, recoloque as velas em sua sede até que estejam bem ajustadas. Com a chave, conclua o trabalho de enroscar a vela. O aperto final deve ser enérgico o suficiente para que a vela permaneça fixa em sua posição. O aperto excessivo, no entanto, pode "espanar" (danificar) a rosca da sede de velas, portanto, não exagere. Para um trabalho de precisão, é recomendável o uso de um torquímetro para a aplicação da força de aperto necessária. As embalagens das velas trazem esse tipo de informação. Se você não dispuser de um torquímetro, proceda assim: Com a vela totalmente enroscada, confira um aperto de 90° (para velas novas) ou um aperto de 30° (para velas usadas).

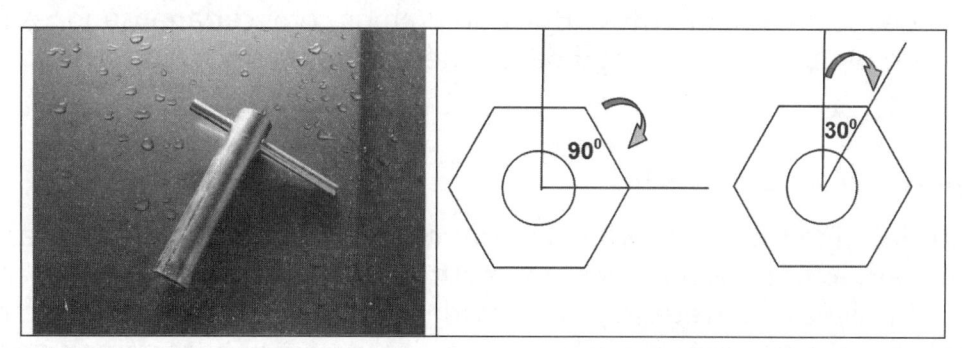

Figura 9.50. A chave de vela mais comum tem o aspecto mostrado na figura da esquerda. O torque pode ser referenciado numa medida angular que você pode utilizar, se não dispuser de um torquímetro. O ângulo indica a rotação que você deve conferir à vela depois de assegurar que ela está perfeitamente assentada em sua sede: 90° para velas novas e 30° para velas usadas.

Defeitos e falha no sistema de ignição

Quando um motor apresenta um desempenho aquém de seu potencial ou quando ele "falha", funcionando de modo irregular ou simplesmente não funcionando, é possível que algo não vá bem com o sistema de ignição. Vamos analisar alguns desses sintomas em busca de suas causas.

- O motor de partida gira, mas o motor do automóvel não "pega"

Vistorie a tampa do distribuidor, o rotor e os cabos de vela em busca de sujeira ou mau contato. Se não houver faísca, avalie o cabo da bobina que está ligado ao distribuidor e a própria bobina. Remova os cabos ligados aos terminais da bobina e meça a sua resistência - as leituras devem indicar continuidade do cabo.

- O motor funciona com falhas

Um teste interessante é remover e colocar os cabos de vela, um por um, e verificar se existe alguma diferença no funcionamento do desempenho do motor. Caso não sejam detectadas diferenças no desempenho do motor por ocasião da desconexão do cabo de velas, o circuito correspondente pode estar comprometido, devendo ser avaliado do distribuidor até a vela correspondente. Em qualquer caso, a avaliação das condições da bobina, cabos de vela, distribuidor e velas pode resultar na localização de algumas anomalias, às vezes de fácil correção.

- Consumo excessivo de combustível, superaquecimento e motor com desempenho ruim

Além de observar os mesmos pontos indicados acima, uma outra possível causa para o problema são falhas no ajuste do sistema de ignição, problema solucionável apenas por especialistas.

O sistema elétrico do veículo

Antes de termos uma visão global do sistema elétrico de um veículo, vamos abordar cada um dos seus componentes principais. Vamos começar analisando a função e o funcionamento das baterias. Em seguida, conheceremos melhor o alternador e o motor de partida.

O que esperar de uma bateria?

As baterias modernas são muito seguras quanto ao manuseio e isentas de manutenção. Ademais, as normas que regem a fabricação e o descarte das mesmas buscam a preservação ambiental. Entretanto, as indevidas manipulação, manutenção e/ou instalação de uma bateria pode ser perigoso: curto-circuito entre os terminais de uma bateria, danos à sua parte externa e exposição a fontes de ignição (faíscas e chamas) podem levar a vazamentos e, acredite, a explosões. As consequências vão desde queimaduras até sustos à beira de um infarto. "Então, é melhor dormir com uma granada debaixo do travesseiro do que lidar com baterias de carro"? Não é bem assim! Se você seguir atentamente as instruções dos manuais da bateria e de operação do veículo, não terá problemas!

Fabricando uma bateria

Uma bateria é formada por um conjunto de placas de chumbo imersas numa solução de ácido sulfúrico diluído, sendo todo o conjunto encerrado numa caixa de polipropileno (plástico). Reações químicas entre o chumbo e o ácido em solução criam a tensão e a corrente usadas para a alimentação dos sistemas elétrico e eletrônico do automóvel.

O alternador

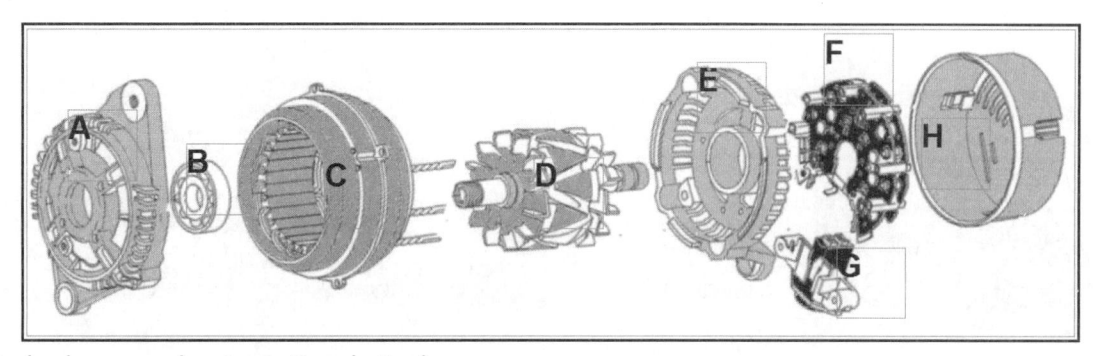

Adaptado do manual automotivo da Bosh

Figura 9.51. O alternador. A. Mancal; B. Rolamento; C. Estator; D. Rotor; E Mancal; F. Retificador; G. Regulador e H. Capa protetora.

O alternador é um dispositivo que gera energia elétrica a partir da energia mecânica fornecida pelo próprio motor. O acoplamento entre a polia motora e a polia do alternador se dá por intermédio de uma correia.

Os alternadores, como o nome sugere, geram tensões alternadas. No entanto, o sistema elétrico demanda corrente contínua para o seu funcionamento. Dessa maneira, a tensão alternada, disponibilizada nos terminais do alternador, é retificada (convertida em corrente contínua) por diodos retificadores (integrados ao alternador) e estabilizada por um dispositivo estabilizador de tensão. Dos terminais do estabilizador, sai a tensão necessária à alimentação dos sistemas elétricos do veículo e à recarga da bateria. A voltagem é estabilizada em torno de 14 volts para os sistemas elétricos de 12 volts. O regulador pode ser testado facilmente por meio da seguinte sequência de ações:

- Verificar se a bateria está carregada;
- Ligar o motor;
- Aferir a tensão nos polos da bateria. A leitura deve estar próxima de 14 volts (situada na faixa de 13, 5 a 14,5). Tensões fora dessa faixa indicam que o regulador de tensão está comprometido. Sendo assim, remova-o e verifique as suas escovas - é possível que as mesmas estejam desgastadas. A substituição do regulador é fácil e o componente é relativamente barato. Problemas no próprio alternador também respondem por essa situação. No entanto, sua solução exige a intervenção de um profissional.

Figura 9.52. Apresentando o alternador! Você pode ver, facilmente, a sua polia de acionamento.

O motor de partida: Partindo do início

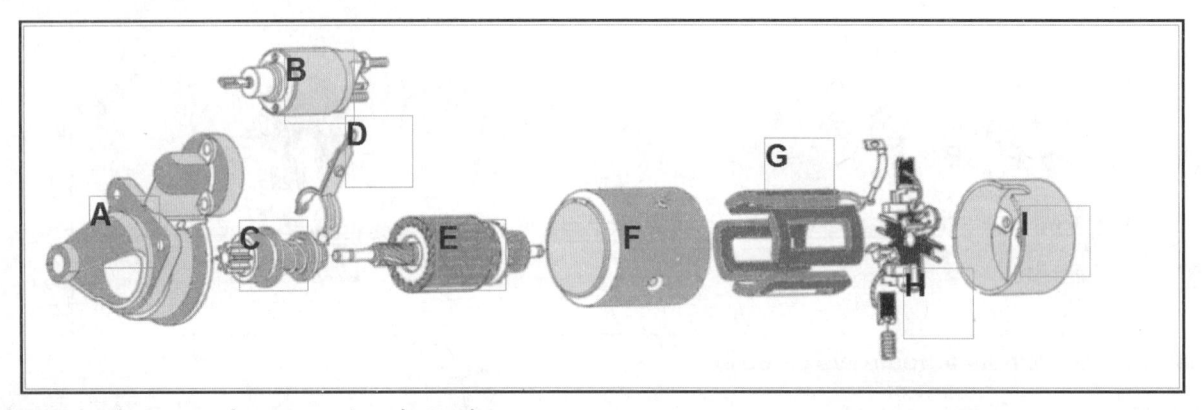

Adaptado do manual automotivo da Bosh

Figura 9.53. O motor de partida. A. Mancal; B. Relé de engrenamento (Solenoide); C. Roda livre com pinhão; D. Alavanca de comando (garfo); E. Induzido; F. Carcaça; G. Bobina de campo; H. Mancal do coletor e I. Protetor.

Figura 9.54. O motor de arranque (A) e o relé de engrenamento (solenoide) (B) são acionados quando você vira a chave para a partida do carro. Depois disso, em todo o percurso, eles (o motor e o relé) permanecem desativados.

O motor de partida (arranque) é um potente motor elétrico que se acopla por meio de uma engrenagem (pinhão) à engrenagem do volante do motor (cremalheira ou coroa) e permite o acionamento inicial da **árvore de manivelas (virabrequim)**. O pinhão é engrenado na coroa do volante por meio de um relé de engrenamento, também conhecido como solenoide, que executa duas funções: ligar o motor de partida e acionar um "garfo" (alavanca de comando) que empurra o pinhão em direção à cremalheira (coroa). Depois que o motor do carro "pega", a sua rotação aumenta rapidamente e supera as rotações do motor de partida. Nesse momento, soltando a chave de ignição, o relé de partida é desativado e uma mola de desengrenamento desacopla o pinhão da coroa. Por que o motor de partida não fica acoplado em definitivo ao volante do motor? Porque, se isso acontecesse, o motor de partida assumiria uma elevadíssima rotação, o que comprometeria a sua estrutura num curto espaço de tempo. Aliás, um motor de arranque avariado pode drenar elevada corrente da bateria, descarregando-a em poucos instantes. Espiras do rotor em curto-circuito, rolamentos, buchas, engrenagens e/ou ligações elétricas em más condições são possíveis causas do elevado consumo da corrente por parte de um motor de partida.

Mais informações sobre o motor de partida

Antes de falarmos sobre a parte elétrica desse dispositivo, vamos fazer algumas considerações sobre o mecanismo de acoplamento do pinhão à cremalheira. O motor de partida aciona o motor do veículo por meio de uma pequena engrenagem móvel (pinhão) presente no eixo do motor que se acopla (engrena) à engrenagem maior (denominada cremalheira) situada em torno do volante (do motor do veículo, claro).

O motor de partida gira a **2.000 rpm** (rotações por minuto), aproximadamente, e aciona o motor do veículo a uma rotação de **200 rpm**, o que é suficiente para o motor "pegar". Até aí, tubo bem. O problema é que é necessário desacoplar (desengrenar) a cremalheira do pinhão, já que o motor de um carro, quando está em marcha lenta, gira a uns **2.000 rpm**, o que significa que, se o motor de partida estivesse engrenado, ele giraria a **20.000 rpm**! Essa velocidade, certamente, causaria danos ao motor de partida em pouco tempo. Então, foi preciso criar um mecanismo de **acoplamento** e **desacoplamento** do pinhão à cremalheira. Existem duas tecnologias de engrenamento. O sistema de engrenamento por inércia (em um eixo com fuso, semelhante a um parafuso, "corre" o pinhão) é conhecido como sistema "Bendix" (foi patenteado pela empresa americana "Bendix Corporation"). O outro sistema é baseado na tecnologia da embreagem corrediça e é amplamente difundido nos veículos modernos. Não vamos abordá-lo com detalhes e basta saber que é acionado por um jogo de molas e uma alavanca (garfo) que empurra um colar (carretel) em direção a uma peça (embreagem) que aciona o pinhão, acoplando-o e desacoplando-o à cremalheira nos momentos convenientes. Apesar de ser um sistema bem diferente do acionamento por inércia, o sistema de acionamento por embreagem corrediça é, muitas vezes, denominado "bendix" por muitos profissionais de mecânica automotiva, por uma questão de hábito.

O relé de engrenamento (solenoide)

O **relé de engrenamento (solenóide)** é o componente responsável por acionar o garfo (alavanca de comando) do sistema de acoplamento do pinhão e, também, proporciona o acionamento elétrico do motor de partida - o solenoide (um eletroímã) atua como uma chave, daí ser conhecido também como chave magnética. É bom lembrar que o solenoide é um componente relativamente recente e foi criado em função dos novos motores de arranque que drenam elevadas correntes da bateria (até 300 amperes!). Se uma corrente dessa magnitude passasse diretamente pela chave de ignição, esta teria que ser muito mais robusta (resistente). Então, a solução foi a seguinte: a chave de ignição acionaria o solenoide e este, por seu turno, controlaria a corrente que o motor de arranque necessita para o seu funcionamento.

Quando o motor de arranque não funciona

Não existe nada mais desagradável para o motorista do que acionar, pela manhã, a chave de ignição e ouvir aquele som característico de motor de arranque falhando. Qual seria a causa desse defeito enervante? Resumimos algumas dicas para que você possa diagnosticar o problema.

Multímetro na mão e fique ligado nos faróis

Se o multímetro não estiver ao alcance, o próprio sistema de iluminação do veículo pode oferecer indícios da causa do problema. Vamos imaginar que o carro não "queira pegar" de jeito nenhum. Primeiro, ligue os faróis do veículo. Em seguida, acione a chave de partida. Normalmente, os faróis cedem um pouco porque a drenagem de corrente pelo motor de partida, como vimos, é grande e a bateria não consegue sustentar todos os sistemas simultaneamente. Se os faróis brilham com a mesma intensidade, podemos deduzir que existe uma interrupção em algum ponto do circuito do motor de partida. Se as luzes ficam muito fracas, podemos estar diante de uma bateria descarregada ou de um motor de arranque travado ou curto-circuitado. As luzes apagadas, ao tentar dar a partida, indicam uma bateria com problemas ou conexões elétricas oxidadas ou folgadas em excesso. O multímetro (na escala conveniente para medir a tensão contínua compatível com o valor indicado na bateria) também pode fornecer importantes informações acerca do funcionamento dos circuitos do motor de partida. Com as pontas de prova do multímetro apoiadas nos terminais da bateria, realize a leitura. Peça para que alguém acione o motor de partida e anote a nova leitura. Se não houver variação na leitura, significa que não há drenagem de corrente ou, em outras palavras, há uma interrupção em algum ponto do circuito de alimentação do motor de partida. Agora, imagine que a leitura no multímetro, com a chave de partida acionada, seja inferior ao constatado com o carro desligado. Como o carro não pega, deduzimos que o motor apresenta uma resistência maior do que a normal, provavelmente ocasionada por uma conexão mal feita (folga excessiva ou oxidação) ou, ainda, algum problema no próprio motor de partida. A terceira hipótese é a seguinte: a leitura, com a chave acionada, cai muito, o que configura uma bateria descarregada ou um curto-circuito no motor de arranque (induzido ou bobinas de campo em curto), o que resulta em uma forte drenagem (mas, o motor não funciona). Danos no motor de partida (coletor sujo, soldas avariadas, escovas gastas, bobinas em curto ou abertas) podem ser a causa de falhas no arranque, mas a solução exige a intervenção de um profissional habilitado.

Uma visão global do sistema elétrico de um veículo

O sistema elétrico de um veículo tem como constituintes um acumulador de energia (bateria), um alternador (transforma energia mecânica em energia elétrica) e os consumidores (aparelhos eletroeletrônicos), que podem ser reunidos em várias categorias, a saber: consumidores contínuos (ignição e injeção), consumidores de longa duração (iluminação, por exemplo) e consumidores de curta duração (pisca-alerta, por exemplo). Com o motor em funcionamento, o alternador tem que gerar corrente suficiente para os consumidores e, adicionalmente, carregar a bateria. A bateria deve ser capaz de realizar partidas a frio e, com o motor desligado, alimentar determinados consumidores por um período razoável.

Os acessórios elétricos de um veículo moderno (sistemas de som, alarmes, travas, sistemas de navegação e muitos outros) elevam o conforto. De qualquer forma, às vezes, as novas instalações demandam mais corrente do que o sistema de alimentação original (de fábrica) pode oferecer. Para verificar se há compatibilidade entre a alimentação e o consumo, proceda da seguinte forma (esse procedimento exige equipamento

especial). **Não tente realizá-lo com amperímetros comuns, pois as correntes envolvidas são muito intensas.**
- Desconecte o cabo negativo da bateria;
- Insira o aparelho medidor de corrente apropriado (não é o multímetro comum) entre o polo da bateria e o seu respectivo cabo de conexão;
- O motor deve ser colocado em marcha lenta (câmbio em ponto morto);
- Ligue todos os equipamentos acessórios do veículo.

Nessas condições, a leitura poderá ser de corrente nula ou positiva. As leituras negativas indicam que a bateria está descarregando, ou seja, o alternador não está gerando a corrente requerida pelos sistemas do veículo. Correias de acionamento do alternador com tensão insuficiente, marcha lenta desregulada ou mau contato nos terminais elétricos podem explicar o fenômeno. Se o veículo estiver demandando mais corrente do que o sistema de alimentação pode suprir, este deverá ser redimensionado (baterias e alternadores de maior capacidade devem ser instalados).

Outra possibilidade de descarga da bateria é o aparecimento de correntes de fuga intensas, em função de anomalias no funcionamento dos circuitos. Quando os sistemas elétricos do veículo estão desligados, a corrente (corrente em vazio) máxima drenada da bateria deve ser da ordem de 0,05 % da sua capacidade. Para aferir a corrente em vazio, proceda assim:
- Mantenha **o carro desligado** e as portas fechadas;
- Coloque o multímetro na escala de miliamperímetro;
- Desconecte o cabo negativo da bateria e insira o multímetro, em série, entre o polo negativo da bateria e o cabo desconectado.

A leitura não pode exceder 0,05% da capacidade da bateria. A capacidade de uma bateria é fornecida em Amperes-hora (Ah), medida que indica a corrente média que uma bateria pode fornecer em determinado intervalo de tempo. Deste modo, uma bateria com capacidade de 100 Ah poderia fornecer 10 amperes por 10 horas. Vamos imaginar que uma bateria tenha a capacidade de 50 Ah. A máxima corrente de fuga em vazio permissível será de 25 mA (0,05% de 50). Correntes que excedam exageradamente esse valor indicam fugas relevantes de corrente. Com o amperímetro ainda instalado, remova os fusíveis de proteção dos sistemas consumidores, realizando, sempre, a leitura no amperímetro. Quando você retirar um fusível e a corrente de fuga se estabilizar em torno do valor previsto (0,05 % da capacidade da bateria), terá acabado de encontrar o sistema responsável pela drenagem excessiva de corrente. A partir desse ponto, você deverá buscar identificar as possíveis anomalias nos componentes do sistema suspeito, a fim de eliminar a causa da fuga de correntes.

Uma análise simples do estado de uma bateria é a determinação da tensão entre os seus polos. Numa bateria de 12 V, a leitura obtida com um multímetro, em paralelo, com os polos da bateria deve variar entre 12,2 e 12,8 volts. Leituras fora dessa faixa indicam que a bateria e/ou o sistema elétrico estão danificados. As principais causas de descarga da bateria são:
- Esquecer equipamentos ligados;
- A demanda de corrente excede a capacidade de geração do alternador;
- Instalação de novos acessórios elétricos no veículo;

- Baterias velhas;
- Conexões elétricas em mau estado de conservação;
- Correia de acionamento do alternador mal adaptada (correia tensionada insuficientemente);
- Percursos congestionados com o veículo em baixas velocidades.

Ajuda para a partida

Acionar um carro com a bateria "arriada", com o auxílio de uma bateria carregada de outro veículo, é um recurso utilizado por muitos motoristas. Um arranjo simples que, sem os devidos cuidados, pode danificar o carro em apuros e/ou, o que seria pior, deixar o carro de quem concede ajuda em "maus lençóis". Se a descarga da bateria for causada por um farol involuntariamente ligado por longo período, a ajuda para a partida poderá ser efetuada. Se, no entanto, a descarga da bateria tiver sido ocasionada por falha do sistema elétrico, o resultado da tentativa de ajuda poderá ser dano à bateria e/ou ao sistema elétrico do carro que presta auxílio. De qualquer modo, o melhor procedimento a ser adotado numa emergência é o seguinte:
- Desligue o motor do veículo que presta assistência;
- Conecte os cabos na seguinte ordem: primeiro **positivo** com **positivo** e depois **negativo** com **negativo**;
- Ligue o carro que está com a bateria carregada. Mantenha-o ligado por 5 minutos antes do próximo passo;
- Tente dar partida no veículo defeituoso. O carro deve "pegar" se o problema for, meramente, uma bateria descarregada

Como instalar uma bateria?

OBS: Antes de remover a bateria de seu carro, consulte o manual do proprietário. Se tiver alarme, consulte o manual desse dispositivo.

Instalar uma bateria é, sem dúvida, uma das tarefas mais simples de executar num automóvel. Para isto, tanto as instruções do fabricante do carro quanto da bateria deverão ser rigorosamente observadas, pois cada veículo tem as suas peculiaridades. Não negligencie nenhuma informação. A seguir, instruções gerais para a instalação de uma bateria nova:
- Todos os sistemas devem estar desligados;
- A bateria a ser instalada deve estar em perfeitas condições e ser compatível com o sistema elétrico do veículo;
- Se os polos estiverem protegidos por tampas, remova-as somente instantes antes da instalação dos cabos;
- Previna curto-circuitos entre os polos, mantendo ferramentas e cabos que não estejam sendo usados a uma distância segura dos polos da bateria;
- Remova o terminal negativo e depois o positivo, nessa ordem;
- Remova a bateria antiga e fixe firmemente a nova bateria com todos os recursos disponíveis dessa;

- Una firmemente o terminal correspondente ao polo positivo da bateria antiga ao polo positivo da nova bateria e repita o procedimento para o polo negativo, nesta ordem.

E lembre-se: As baterias podem ser recicladas. Baterias velhas devem ser devolvidas aos revendedores. Eles as destinam às empresas que realizam a separação dos materiais (ácidos, materiais plásticos e chumbo) que serão utilizados em vários processos produtivos, inclusive na construção de novas baterias.

O ciclo diesel

Os motores a diesel foram desenvolvidos por **Rudolf Diesel**, resultando daí a denominação do motor. Este foi criado no final do século XIX e começou a ser amplamente adotado a partir da década de 30 do século passado, aproximadamente. A grande diferença desse tipo de motor para os motores do ciclo **Otto** é basicamente a forma como a mistura é queimada. Um motor a diesel não aspira combustível, aspira somente ar e o mesmo é comprimido pelo pistão na câmara de combustão. A pressão sobre o ar aspirado é elevada, e o que acontece quando se comprime uma porção de ar? A temperatura da massa de ar aumenta e, no caso de um motor a diesel, a temperatura pode atingir 700^0 C (até mais, dependendo do arranjo da máquina). Quando o ar está suficientemente aquecido na câmara de combustão, a mesma recebe uma injeção de óleo diesel, que se inflama ao entrar em contato com a massa de ar aquecida. Veja que não existe, em nenhum momento, a intervenção de velas de ignição, pois a faísca não é necessária - o processo de combustão num motor a diesel depende apenas da temperatura do ar sob pressão nos cilindros. O motor a diesel pode ser de "dois" ou de "quatro tempos".

O ciclo diesel de quatro tempos pode ser resumido assim:

A admissão: O pistão inicia o seu curso de descida e aspira o ar pela válvula de admissão, que se encontra aberta nesse estágio.

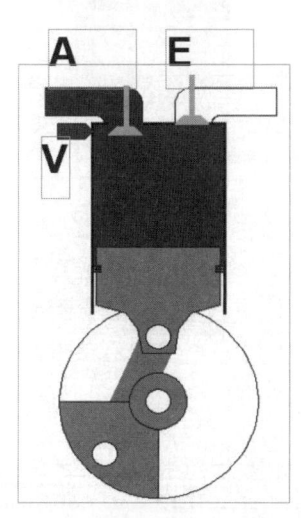

Figura 9.55. Representação da admissão: Neste estágio, a válvula de admissão (A) está aberta e a de escapamento (E) está fechada. V representa a válvula injetora de diesel

A compressão: O pistão inverte o seu movimento e aproxima-se cada vez mais do cabeçote (o pistão sobe), comprimindo violentamente a massa de ar admitida. Nesse período, as válvulas de admissão e escape permanecem fechadas. A temperatura atinge 700°C.

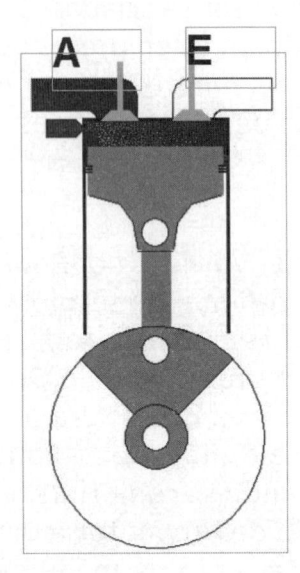

Figura 9.56. Representação da compressão: Neste estágio, ambas as válvulas permanecem fechadas (A e E). A válvula injetora pulveriza o cilindro com um jato de óleo diesel.

A combustão: Quando o pistão conclui seu movimento ascendente, há uma injeção de diesel na câmara de combustão. Na medida em que o óleo é admitido, vai sendo queimado e libera energia, que é responsável pelo movimento dos pistões. Isto é chamado de tempo motor.

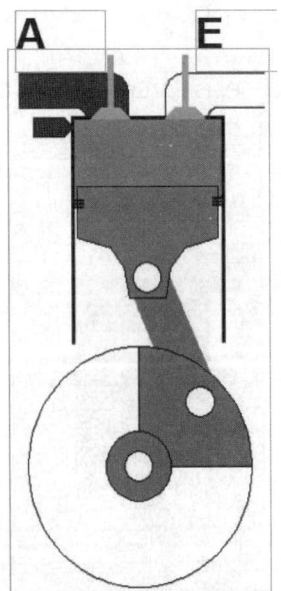

Figura 9.57. Representação da combustão: Neste estágio, ambas as válvulas permanecem fechadas (A e E). O óleo diesel injetado na etapa anterior encontra o ar comprimido (e aquecido) que inflama a mistura, causando sua combustão com um robusto golpe contra o pistão.

O escapamento: É a simples eliminação dos gases pela válvula de escapamento, quando o pistão sobe novamente, posicionando-se para o reinício do ciclo.

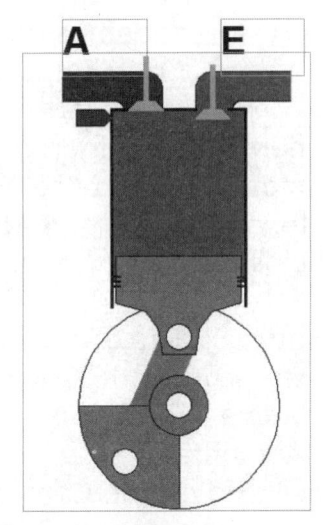

Figura 9.58. Representação do escapamento: Neste estágio, a válvula de escapamento (E) está aberta e a de admissão (A) está fechada. Todo o ciclo se inicia a partir dessa etapa.

É muito comum a presença de um compressor de ar de entrada nos motores a diesel, com o intuito de aumentar a quantidade de ar que é aspirado pelos cilindros. Imagine uma seringa (seringas comuns para a aplicação de medicamento, adquiridas em farmácias): Nada mais é do que um cilindro munido de êmbolo de borracha, movimentado por uma haste. Obstrua a saída da seringa (com o dedo ou com um pedaço de cortiça) e acione o êmbolo. O que acontece? A massa de ar contida no cilindro ocupa menos espaço, sobrando mais espaço para um volume adicional de ar (ou, em outras palavras, mais massa de ar pode ser admitida na seringa). É exatamente isso que um compressor faz, comprime o ar e assim, consegue introduzir mais massa de ar no cilindro. Mais ar significa mais oxigênio. Mais oxigênio significa que mais óleo diesel pode ser introduzido na câmara de combustão, sem afetar a relação estequiométrica (mistura balanceada), permitindo que o motor tenha um ótimo rendimento. O compressor pode ser acionado pelos gases de escape ou por meio de polias.

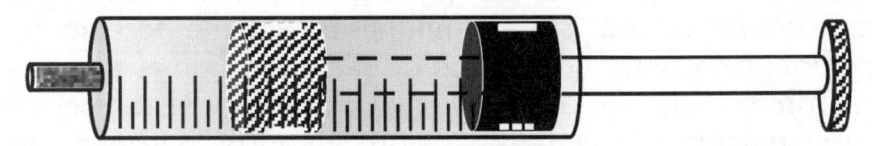

Figura 9.59. Quando comprimimos uma amostra de ar, concentramos sua massa em um volume menor. Em termos de admissão de ar em um veículo, isso significa mais oxigênio disponível.

Compressor de ar

Se você quer aumentar a potência de um motor, existem várias formas de fazê-lo. Que tal um motor maior? Isto significa mais peso e maiores custos de fabricação e manutenção. Uma solução é, como já vimos, comprimir o ar e com isto, criar a possibilidade de injeção de maiores volumes de combustível no cilindro, sem prejuízos ao perfeito equilíbrio entre a quantidade de oxigênio e o combustível requeridos para uma mistura equilibrada.

Qualquer dispositivo que eleve a pressão do ar de admissão é considerado um compressor. Para acionar um compressor, podemos utilizar correias de transmissão ou gases de escapamento do motor. Neste caso, o compressor recebe o nome de turbocompressor. O rotor do compressor deve ser acionado em alta rotação para criar o efeito desejado de comprimir ar para dentro dos cilindros.

Os motores que não possuem os recursos de compressão de ar são denominados de motores aspirados naturalmente, enquanto os motores que dispõem de sistema de compressão são conhecidos nos meios técnicos como motores sobrealimentados.

Outros procedimentos recomendáveis para o aumento da potência de um motor são:
- O aumento da cilindrada. É um recurso utilizado para obter mais potência de um motor. Grosso modo, a cilindrada é o volume que os cilindros, somados, deslocam (deslocamento volumétrico). Aumentando esse volume, teremos mais combustível queimado durante cada rotação do motor. Com cilindros maiores e/ou em maior número, o motor apresentará maior potência. Para aumentar o deslocamento volumétrico, uma alternativa existente é o aumento do curso dos pistões (maior distância entre os **PMS** e **PMI**);
- Taxas de compressão maiores. Já vimos que maiores taxas de compressão correspondem a mais potência disponível. No entanto, existe um limite para o aumento das taxas de compressão, já que o aumento dessas submeterá os cilindros a maiores temperaturas, que podem conduzir ao fenômeno da detonação. Em motores de alto desempenho, é fundamental o uso de combustível de alta octanagem, visando à prevenção do fenômeno supracitado. Na prática, ajustes no cabeçote resultam em um efeito desejado de aumento das taxas de compressão;
- Maior admissão de ar para os cilindros. Empregam-se os compressores para alcançar esse objetivo. Adicionalmente, uma geometria aprimorada e menor rugosidade dos coletores de admissão auxiliam o aumento do fluxo de ar para os cilindros. Filtros de ar com construção especial poderão ser empregados com a mesma finalidade;
- Resfriamento do ar de admissão. A densidade é uma medida do volume que uma dada porção de matéria ocupa. Em geral, quanto mais aquecida for a matéria, menos densa ela se tornará, isto é, num mesmo volume, teremos menos átomos de uma determinada substância. O uso de radiadores de ar de admissão (conhecidos como *intercooler*) tem como objetivo a redução da temperatura do ar e o consequente aumento da sua densidade ou, em outras palavras, com o uso desse acessório, podemos introduzir mais ar (mais oxigênio) nos cilindros. E já sabemos que mais ar possibilita a injeção de mais combustível, com o consequente aumento da potência disponibilizada pelo motor.

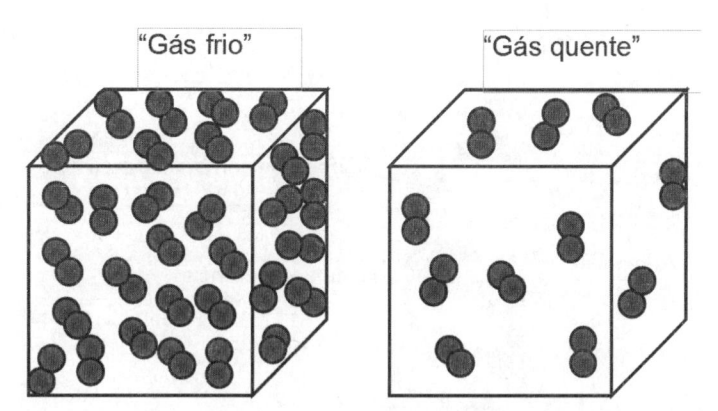

Figura 9.60. Quando você aquece um gás, ele se expande e temos menos moléculas desse gás em um dado volume. Resfriando-o, o fenômeno é inverso: mais moléculas em um dado volume. O *intercooler* resfria o ar e isso permite que mais moléculas de ar (e de oxigênio) entrem no cilindro em cada etapa de admissão da mistura de ar-combustível.

- Diminuição do peso das peças componentes do motor. Se você construir um veículo, instintivamente, vai preferir peças pesadas ou leves? É claro que a escolha recai sobre as peças leves. Entretanto, a leveza deve estar associada à resistência, pois materiais frágeis, ainda que leves, **não** são convenientes para a construção de motores. O uso de ligas de alumínio nos motores modernos traduz muito bem essa tendência de adotar materiais cada vez mais leves na indústria automobilística, sem prejuízos à robustez. No caso de componentes, tais como os pistões, sua massa afeta grandemente o desempenho do motor - os pistões mais leves possuem menor "resistência" para alternar os seus movimentos de "sobe e desce" e empregam menos energia nesse processo, resultando numa maior disponibilização de energia para o movimento do veículo.

O motor de "02 tempos"

O motor de "02 tempos" é interessante no seguinte aspecto: não utiliza válvulas de admissão e escape, o que facilita, em alguns aspectos, a manutenção. O pistão desempenha a função de válvula, fechando e abrindo passagens para a admissão da mistura e a saída dos gases provenientes da combustão. Uma das características mais peculiares desse tipo de motor é o fato de o cárter ter o papel de reservatório de ar e combustível, não podendo, assim, armazenar óleo. A lubrificação é obtida misturando óleo diretamente ao combustível a ser utilizado, o que torna esse tipo de motor bastante poluente. O motor de dois tempos foi inventado em 1880 pelo engenheiro britânico Dugald Clerk e seu ciclo de funcionamento é também conhecido como ciclo de Clerk.

220 | Entendendo a Tecnologia

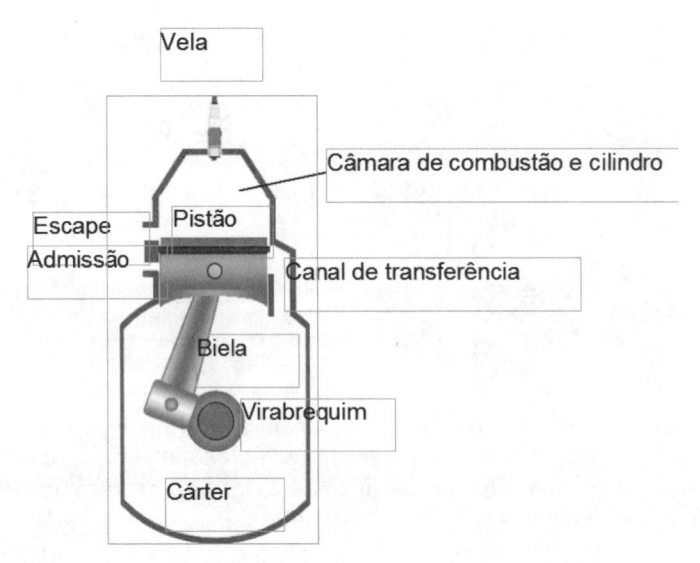

Figura 9.61. Um engenhoso sistema de "janelas" foi montado no corpo do motor de dois tempos, de modo que o próprio pistão atua como válvula.

O funcionamento do motor pode ser resumido assim:

Vamos imaginar o pistão no PMS (ponto morto superior), comprimindo uma mistura de ar e combustível. Ocorre, então, o disparo da centelha, que detona a mistura e empurra o pistão. O pistão, em seu movimento descendente (para baixo), permite que os gases sejam expulsos do cilindro pelo canal de escape. O cárter está repleto com a mistura de ar-combustível que é, no devido tempo, forçada no cilindro através do canal de transferência (o pistão desce e comprime a mistura que tem apenas uma saída, o canal de transferência). Repare que à medida que o pistão desce, "injeta" uma mistura de ar-combustível no cilindro. Durante esse processo, o pistão bloqueia o canal de admissão.

O pistão chega ao PMI (ponto morto inferior) e começa a inverter seu movimento. Ele começa a se mover para cima, promovendo uma diminuição na pressão do cárter (cria um vácuo). Quando o pistão libera a abertura do canal de admissão (ligado ao carburador), combustível e ar fluem para dentro do cárter, enchendo-o. Essa mistura será armazenada para a próxima etapa do ciclo. Um pouco antes do pistão atingir o PMS, a vela emite uma centelha, explodindo a mistura e reiniciando o ciclo.

"Rebinboca da parafuseta"

... E o que o mecânico disse?

Que ia dar um repique na retranqueta e equalizar o polidor *(trecho da obra de Luis Fernando Veríssimo).*

Se você pensa que afogador é "um assassino de praia", camisa é meramente um item do vestuário e que "grimpamento" ocorre quando uma pessoa "pega um resfriado", leia atentamente esta seção.

A mecânica, como qualquer ramo da tecnologia ou da Ciência, possui termos próprios e peculiares que, às vezes, soam enigmáticos e até engraçados para um leigo. Na verdade, o uso excessivo desses termos pode tornar o diálogo com um mecânico impraticável para quem não possui familiaridade com esses jargões. Este pequeno vocabulário vai ajudá-lo a dialogar com os profissionais da mecânica automobilística e identificar, eventualmente, alguns blefadores.

Abafador – Silenciador auxiliar destinado a eliminar os ruídos do escapamento.

ABS – *Antilock Brake System* – Sistema antibloqueio das rodas, que evita o travamento das mesmas, garantindo maior dirigibilidade ao sistema do que os sistemas convencionais de frenagem.

Afogador – "Borboleta" (placa móvel) utilizada para aumentar o afluxo de combustível para os cilindros. Usado, sobretudo, nas partidas a frio, ele é acionado manualmente a partir do painel e está associado aos **carburadores**, não sendo mais encontrado em carros dotados de **injeção eletrônica**.

Aletas – Superfícies que têm como objetivo conferir estabilidade ao carro (objetivo: aerodinâmica) ou superfícies finas e numerosas, aplicadas em pontos do motor e sujeitas a elevadas temperaturas (cilindros), sendo empregadas nos motores arrefecidos a ar.

Amaciamento – Consiste no tempo durante o qual o veículo deve funcionar até que suas partes móveis ajustem-se, eliminando os pontos ásperos gerados nos processos de usinagem. O amaciamento, atualmente, é uma prática desnecessária, já que os processos de usinagem estão muito mais precisos.

Anéis de segmento – Trata-se de anéis instalados no pistão, com o objetivo de conferir maior vedação entre as paredes do cilindro e do pistão, e retirar o excesso de óleo que se acumula nas paredes do cilindro.

Anodizar – Revestir um material com camada protetora por intermédio do uso de eletricidade.

Árvore – Elemento da máquina que transmite o movimento.

Balancim – Alavanca que se move em torno de um eixo e aciona as válvulas de admissão e escape.

Batida de pino – Nome popular concedido ao fenômeno da detonação (veja o tópico referente ao assunto!).

Bendix – É um sistema de acoplamento do motor de partida, estando em desuso e sendo substituído pelo moderno sistema de acoplamento com chave magnética, alavanca de comando e roda livre com pinhão, que herdou o nome original **bendix**.

Brunimento – Operação de usinagem final de uma peça, notadamente dos cilindros, destinada a eliminar as possíveis imperfeições geradas no processo de retífica.

Cabeça do pistão – É a superfície basicamente horizontal do topo do pistão.

Câmara de combustão – É o espaço compreendido entre a cabeça do pistão e o cabeçote.

Calço hidráulico – Fenômeno gerado quando, por algum motivo, uma substância em estado líquido (comumente água) tem acesso aos cilindros (água aspirada pelo sistema de admissão, por exemplo, quando o carro transita em áreas alagadas). Se o pistão comprimir o líquido contra o cabeçote, haverá severos danos ao motor. Isso acontece porque o líquido só pode ser comprimido até certo ponto. Ultrapassado esse limite, o líquido atua como um calço, transferindo o golpe do pistão para o cabeçote, danificando-o.

Came – Palavra de origem francesa, que significa ressalto.

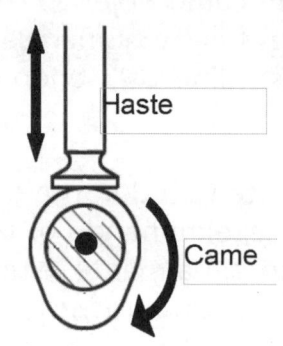

Figura 9.62. Quando o came gira, seu ressalto faz a haste subir e descer.

Camisa – Peça comumente instalada nos cilindros, sendo removível, o que facilita as operações de reparo.

Cânister – Recipiente que constitui o sistema de controle de emissões evaporativas (impede que o combustível vaporizado chegue à atmosfera).

Cárter – Consiste no reservatório de óleo do motor.

Cebolão – Nome vulgar do interruptor térmico. Trata-se de um interruptor componente do sistema de arrefecimento e é responsável pelo acionamento automático do ventilador do motor.

Chaveta – Elemento de imobilização de uma polia ou engrenagem, usado para a fixação num eixo - encaixa-se numa ranhura entre a engrenagem e o eixo, de modo que os mesmos movam-se solidariamente.

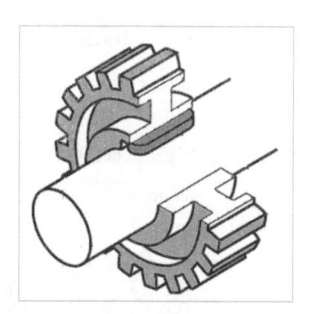

Figura 9.63. Chaveta.

Chicote – Conjunto de cabos que conectam os equipamentos elétricos à bateria.

Cilindrada – Para facilitar a definição do presente conceito, propomos a você que tente imaginar o curso do pistão no cilindro. Pois bem, o volume total definido pelo diâmetro do cilindro e o curso do pistão definem a cilindrada de um veículo. Deve-se multiplicar o resultado pelo número total de cilindros. As medidas devem ser feitas em centímetros e o resultado final é fornecido em centímetros cúbicos. Um exemplo: Um carro* com as seguintes características – diâmetro do cilindro (7,6 cm); curso do pistão (5,5 cm) e quatro (4) cilindros – terá uma cilindrada aproximada de 1000 cm².

Veja: C = { 3,14 x (7,6) ² x 5,5 x 4} \ 4   C = 997 cm² (apox. 1.000 cm²)

* Dados do Uno Mille 1.0. Disponível no manual do proprietário.

Coifa – Elemento de proteção fabricado em borracha, cujo objetivo é proteger as peças submetidas ao contato com poeira e água.

Coroa – É a engrenagem que recebe o movimento de outra menor, denominada **pinhão**.

Cremalheira – Trata-se de uma barra dentada que transforma a rotação em movimento linear.

Cruzeta – Peça em forma de cruz.

Engrenagem – São rodas com dentes padronizados utilizadas na transmissão de força e movimento entre dois eixos.

Figura 9.64. Engrenagem.

Feixe de molas – Conjunto de molas fixadas por grampos, utilizadas na suspensão do veículo.

Garfo – Peça constituinte do câmbio de um veículo.

Gaxeta – Anel de vedação.

Giclê – Orifício calibrado do carburador, pelo qual passa o combustível que se juntará ao ar admitido pelo motor, formando a mistura que será queimada nos cilindros.

Grimpamento – Atrito exagerado que leva a severos danos às superfícies das peças em movimento. A deficiência de lubrificação entre o pistão e o cilindro pode, por exemplo, levar ao "grimpamento" dessas peças. Ou seja, as peças ficam travadas.

Guia de válvula – Trata-se do orifício situado no cabeçote, por meio do qual corre a haste da válvula no seu movimento alternado de vaivém.

Junta – Qualquer material fino e flexível (cortiça, cartolina, metais macios, amianto) montado entre duas superfícies, que visa à estanqueidade do conjunto.

Mancal – Apoio de uma peça ou componente para permitir que outra gire com precisão e sem desgaste. Os mancais são classificados em dois grupos, quais sejam: de deslizamento e de rolamento. Eles possuem uma bucha polida que apoia os eixos, sendo os elementos lubrificados para diminuir o atrito.

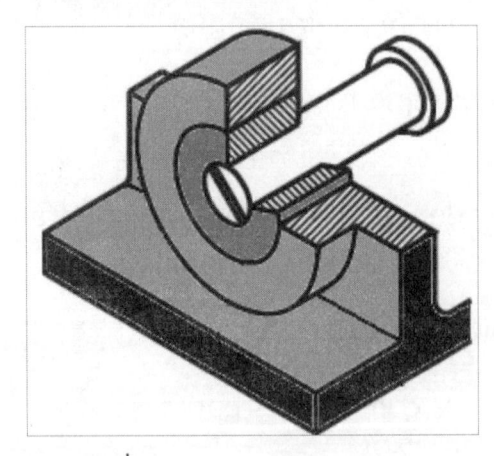

Figura 9.65. Representação de um mancal

Motor em linha – Nesta configuração, os cilindros estão enfileirados. Costuma-se representar essa disposição dos cilindros pela letra L.

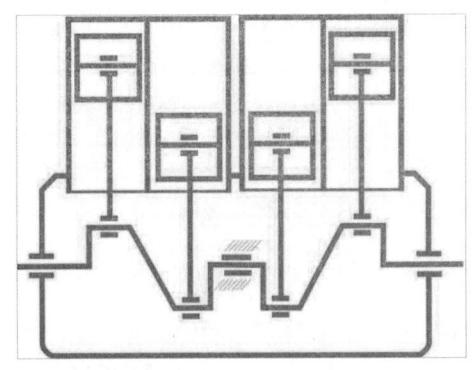

Figura **9.66.** Motor em linha de quatro cilindros.

Motor em V – Os cilindros dispostos na **árvore de manivelas** formam a letra V. Dessa maneira, um motor V6 significa um motor de 06 cilindros dispostos em V.

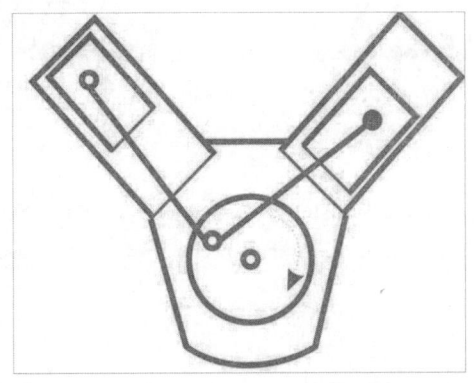

Figura 9.67. Representação do motor em "V" em vista frontal.

Motor multiválvulas – Todo motor que possuir mais de duas válvulas por cilindro será classificado como multiválvulas. Como o padrão é de quatro válvulas por cilindro, a designação de 16 válvulas quase se confunde com a classificação de motor multiválvulas. No entanto, alguns motores possuem 03 válvulas por cilindro e até, embora seja essa configuração menos comum, 05 válvulas por cilindro (Ferrari 355/360).

Óxido nitroso (N_2O) – Gás formado por átomos de nitrogênio e oxigênio. Muita gente pensa que o "nitro", como também é conhecido, é um combustível. Na verdade, ele apenas disponibiliza mais **oxigênio** para a mistura de **ar- combustível**, possibilitando a injeção de mais combustível na câmara de combustão. O uso do óxido nitroso permite um ganho considerável no desempenho do motor, com um detalhe adicional: esse ganho pode ser mantido por poucos quilômetros, uma vez que a quantidade de óxido que pode ser armazenada é limitada, em face da grande demanda de **oxigênio** requerida por um carro em funcionamento. Quanto ao nitrogênio presente no gás, saiba que ele não participa das reações de combustão.

Pinhão – Pequena engrenagem que mantém contato com outra maior (**coroa**), utilizado para a transmissão do torque entre os eixos. Usado também em conjunto com a **cremalheira** para a conversão dos movimentos retilíneos nos movimentos de rotação.

Platinado – Elemento do antigo **sistema de ignição**. Não é mais utilizado nos veículos modernos. É um tipo de contato metálico, a cuja liga se adicionava platina (sendo esta a origem do nome desse componente), sendo fabricado atualmente em aço de alta resistência.

Polca – A polca é uma dança típica. O elemento de fixação utilizado em associação com parafusos é a **porca**.

Prisioneiro – É um elemento de fixação que fica permanentemente rosqueado em uma das extremidades e a outra é fixada por uma porca.

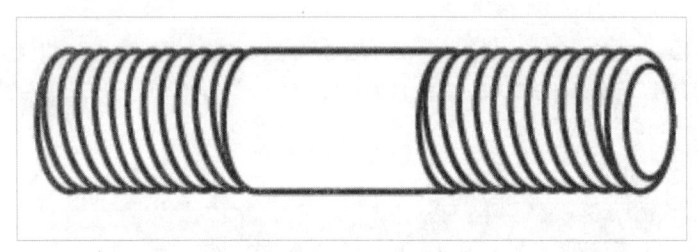

Figura 9.68. Prisioneiro.

Rolamento – Os rolamentos fornecem o apoio necessário para que os eixos girem com a menor resistência possível. Estas estruturas são constituídas pelos seguintes elementos, quais sejam:

- ✓ Pista externa;
- ✓ Pista interna;
- ✓ Elementos rolantes;
- ✓ Separador dos elementos rolantes.

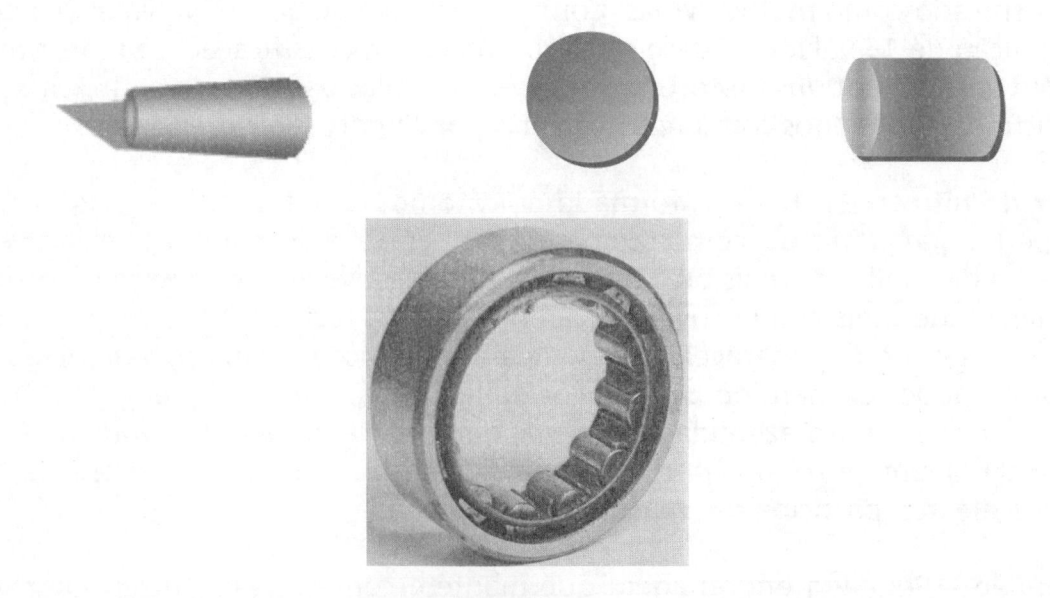

Figura 9.69. A figura mostra um rolamento com elementos rolantes cilíndricos. Na parte superior, um exemplo de algumas formas de elementos rolantes.

O formato dos elementos rolantes é escolhido em função do tipo de solicitação (esforço) a que o rolamento será submetido: **as esferas** são usadas em aplicações nas quais os esforços axiais e radiais são pequenos; **os rolos cilindros** distribuem a pressão de forma mais uniforme e são úteis quando as forças radiais são elevadas e as axiais não são muito intensas; e **os rolos cônicos** são empregados em situações nas quais as forças axiais e radiais são intensas.

Saia do pistão – É a base do pistão, do furo do pino para baixo;

Sapata de freio – Consiste no elemento em forma de arco que suporta o elemento de atrito (lona de freio) num freio a tambor.

Taxa de compressão – Relação entre o volume do cilindro (**V**) e o volume da câmara de combustão (**v**). Pode ser expressa assim:

Taxa de compressão = (V + v) / v
Ex: A taxa de compressão do Uno Mille é 9,5:1.

Torque – É um esforço de torção. Nos meios automobilísticos, refere-se à força absoluta de um motor ou, melhor ainda, à capacidade do motor de realizar trabalho. É uma grandeza relacionada à potência do motor, ainda que não sejam sinônimos. É comum também encontrar o presente termo relacionado ao esforço de aperto de parafusos e porcas;

Torquímetro – Consiste na ferramenta especialmente construída para medir o torque de aperto aplicado a parafusos e porcas. O uso do torquímetro é essencial em situações nas quais o torque de aperto é crítico - um torque insuficiente não imobiliza as peças corretamente e torques excessivos danificam os elementos de fixação.

Trem de válvulas – Todo o complexo de mecanismos dedicado ao acionamento das válvulas.

10. Processos de fabricação

O que você vai aprender neste capítulo?

Você aprenderá como os materiais são trabalhados para a produção de bens. Aprenderá os princípios básicos da soldagem, entre outros processos de fabricação. E descobrirá o que tudo isso tem a ver com o meio ambiente.

Tecnologia: O início do fim

Numa terra distante, muito tempo atrás...

Quando o homem surgiu na Terra, a natureza era a sua casa e não havia nenhuma distinção entre o mundo humano e o meio ambiente: o homem era apenas mais um ator no vasto cenário natural. Os seres humanos começaram a sua caminhada amedrontados pelos grandes predadores, mas superou-os no único exemplo conhecido de uma espécie que conseguiu escalar a cadeia alimentar por seus próprios meios. Como conseguiu realizar essa grandiosa façanha? Por meio da manipulação dos recursos à sua volta, o homem começou a interferir no seu próprio destino. Utilizando pedras, ele percutia outras rochas e obtinha novas formas úteis de cortar e perfurar.

Ossos eram utilizados, quando se exigia um acabamento mais fino para a construção de outras ferramentas ou como um instrumento em si mesmo. A madeira, por ser facilmente trabalhável, deve ter sido uma matéria-prima muito utilizada pelos primeiros humanos, porém, o registro dessa atividade é dificultado pela fragilidade dos artefatos primitivos de madeira, facilmente degradáveis no ambiente.

www.wikipedia.org

Figura 10.1. Parece rudimentar, mas, na verdade, é uma obra-prima da habilidade humana. O artífice que a produziu, deixou marcada sua passagem pelo planeta. O que nós deixaremos como testemunho de nossa existência para os arqueólogos do futuro?

Caminhos de pedra

Construir objetos simples a partir de matérias-primas comuns, tais como pedras, ossos e madeira, pode sugerir, à primeira vista, uma atividade menor. Contudo, essa tarefa exige uma boa dose de destreza, tanto para intuir o formato final da arma ou da ferramenta que se pode obter a partir de ossos ou rochas quanto na aplicação dos golpes com ângulo e força adequados para a realização do projeto que se tem em mente. As rochas, por exemplo, têm os seus caprichos, sendo que a sua constituição e a maneira de golpeá-las interfere no formato obtido, de modo que o fabricante de ferramentas rochosas deve preocupar-se em ajustar os formatos na medida em que os resultados dos golpes vão sucedendo-se, o que demonstra grande capacidade adaptativa ou, em outras palavras, inteligência. O homem é o único ser capaz de modificar as formas de um objeto (e hoje, claro, a conformação e a composição atômicas dos mesmos) com a finalidade de construir outros objetos e adaptá-los a novos usos. Alguns chimpanzés, por exemplo, utilizam como instrumentos, gravetos e pedras para, respectivamente, coletar insetos e esmagar frutos, conseguindo realizar pequenas adaptações, tais como escolher pedras mais adequadas e remover algumas folhas do graveto para melhor executar a sua tarefa, mas são incapazes de fabricar as ferramentas produzidas pelo mais primitivo dos homens. A curiosidade, a necessidade e a habilidade humanas foram fundamentais para o início do desenvolvimento tecnológico.

www.wikipedia.org

Figura 10.2. Este machado de mão tem cerca de 200.000 anos e era, provavelmente, utilizado para cortar peles e plantas. Se você tentar esculpir um fragmento de rocha, perceberá que a palavra "primitivo" é relativa.

A guerra do fogo

A mitologia antiga narra a história de um herói que rouba o fogo dos deuses e entrega-o ao homem. Essa é uma metáfora para a aquisição da racionalidade. Não conhecemos a origem da razão humana, mas o fogo certamente não foi um presente de Deus. Na verdade, ninguém sabe, ao certo, quando e como a humanidade passou a dominar o fogo. É fato que, o fogo (causado naturalmente como incêndios promovidos por descargas atmosféricas ou vulcões) é anterior ao homem e muitos de nossos antepassados tinham em relação ao fogo a mesma atitude de qualquer outro animal: Medo. No entanto, eventualmente, os incêndios causados se abrandavam e alguns de nossos ancestrais podiam aproximar-se com segurança de alguns focos menores. O cheiro dos materiais em chamas, os sons emitidos pela vegetação queimando, o calor e a típica luminosidade do fogo deixavam a "plateia" perplexa, até que um desses homens, mais ousado, talvez o líder ou alguém mais tolo, aproximava-se e tentava manipular as chamas diretamente com as mãos (ideia rapidamente abandonada) ou com algum objeto, tal como ossos ou madeira. O sentimento primitivo de medo cedia lugar a uma atitude de curiosidade e reverência, e as possibilidades se abriam com a utilização do fogo para aquecimento, afugentamento de animais, cocção de alimentos e elemento de modelagem de objetos.

A manutenção das chamas a partir de incêndios naturais, para o seu uso futuro ou o domínio completo do seu processo de produção, foi o mecanismo utilizado pelo homem para a "domesticação" do fogo. Fazer fogo parece a coisa mais banal do mundo (os isqueiros estão aí para provar isso). No entanto, a conquista do fogo não foi nada fácil: os indivíduos que realizaram a proeza de produzir chamas artificialmente utilizaram o atrito como mecanismo de obtenção do fogo. Não que essa tenha sido a sua intenção, mas o grande feito foi alcançado, provavelmente, em atividades relacionadas à fabricação de ferramentas e armas - fagulhas provocadas pelo atrito entre os materiais eventualmente incendiavam a vegetação seca ou os artefatos construídos com peles de animais. Ironicamente, a arte de fabricar ferramentas foi profundamente influenciada pelo domínio do fogo. O uso do fogo pelas populações primitivas é deduzido a partir do estudo de áreas restritas (como as cavernas), nas quais restos de ossos carbonizados, espessas camadas de cinzas e grandes quantidades de carvão foram encontrados e datados com técnicas especiais. A luta do homem para conquistar a natureza envolveu, em muitas ocasiões, o domínio do fogo - a válvula eletrônica é o "**fogo condensado**" num filamento que nos conduziu à revolução dos **semicondutores**, os processos de fabricação de metais foram resultantes do aprimoramento dos processos de **combustão de materiais**, o motor de **combustão interna** nada mais é do que o fogo domado e convertido em força. Mesmo hoje, testemunhando o lançamento do ônibus espacial ou diante de uma simples fogueira de acampamento, continuamos perplexos diante dos mistérios que o "fogo" ainda nos reserva. Entretanto, o fogo também pode ser colocado a serviço da destruição: a produção de **armas nucleares** é a mais recente página da evolução dos processos de utilização e domínio do "fogo" e se não nos mantivermos alerta, poderá ser a última!

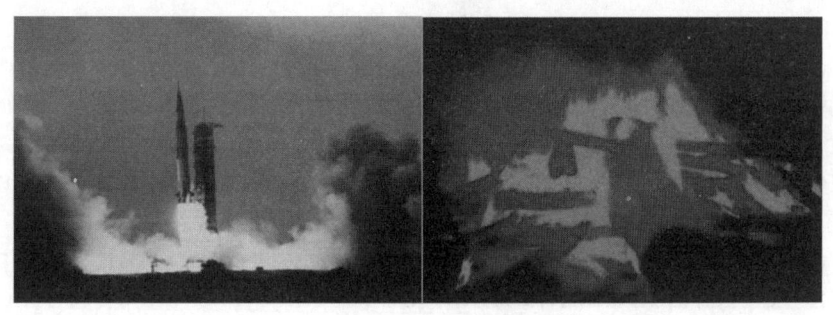

www.wikipedia.org

Figura 10.3. O fascinante lançamento de um foguete e a imagem hipnótica de uma fogueira noturna são faces do mesmo mistério que sonda a trajetória do homem: Qual foi o evento que tornou possível nos apossarmos das forças naturais e criarmos um mundo à parte e exclusivamente humano?

A idade dos metais

Mãos que moldam o mundo à sua volta e o fogo que reorganiza a matéria intimamente, modificando a sua conformação atômica: Nesse cenário, os metais foram os últimos materiais de ocorrência natural a serem utilizados pela humanidade como matérias-primas para a confecção de objetos. O fogo foi, sem dúvida, o protagonista na conquista dos metais; todavia, no início, os metais não foram trabalhados por aquecimento. Os primeiros metais a serem trabalhados pelo homem se encontravam em estado puro na natureza e foram trabalhados a frio, com fins ornamentais. Entre esses metais, estavam o cobre e o ouro. O primeiro material utilizado para a confecção de ferramentas foi o cobre e as suas ligas. O ferro começou a ser utilizado, aproximadamente, no ano 3.500 a.C., em situações esporádicas. Seu uso passa a ser mais regular por volta de 1.500 a.C. A primeira técnica utilizada para a produção de objetos de ferro foi o forjamento, que consistia em aquecer o metal (sem o fundir) e golpeá-lo até que adquirisse o formato desejado. A tecnologia da fundição foi desenvolvida somente muito tempo depois.

Você sabia?
Nem tudo que reluz é ouro

Fabricantes de alianças, brincos e cordões de ouro não utilizam o metal puro porque esse não possui as propriedades mecânicas necessárias para a confecção de adereços. As joias de ouro são, na verdade, ligas metálicas, nas quais o ouro é um dos elementos constituintes. Muitas vezes, essas ligas recebem nomes especiais em função da sua cor, tais como "ouro amarelo" (liga de ouro, prata e cobre), "ouro vermelho" (liga de ouro, cobre, prata e zinco) e "ouro branco" (liga de ouro, prata e paládio).

A pureza de uma peça de ouro é expressa em quilates. O ouro "24 quilates" consiste no ouro no seu estado semipuro (99,99% ouro), já o ouro "18 quilates" representa uma liga com 75% de ouro em sua composição e o ouro "16 quilates" equivale a uma proporção de 67% de ouro na liga.

Ferro e aço

Modernamente, os processos de fabricação de ferro e aço são realizados em grande escala utilizando altos-fornos (uma estrutura constituída internamente de tijolos refratários envolvidos por uma estrutura de aço), nos quais são adicionados o minério de ferro, carvão e outras substâncias importantes para a ocorrência das reações químicas de formação do chamado ferro-gusa, matéria-prima para a fabricação de ferro fundido e aço. O ferro-gusa é um material que possui uma grande quantidade de carbono na sua estrutura molecular (na faixa de 3,0 a 4,5% de carbono) e outras impurezas (silício, manganês, enxofre etc.) que o torna frágil (quebradiço). Para a obtenção dos aços (teor de carbono abaixo de 2,0%) a partir do gusa, deve-se eliminar o alto teor de carbono e impurezas que esta matéria-prima contém. Com a injeção de ar sob pressão no ferro-gusa em fusão, consegue-se obter o resultado desejado, oxidando as impurezas e o carbono em excesso, conferindo ao material novas propriedades e transformando-o em aço.

O ferro fundido também pode ser obtido a partir do gusa, mas os teores de carbono contido (na faixa de 2,0 a 4,5%) são maiores do que os encontrados no aço. O carbono confere ao ferro elevada dureza, porém o torna frágil. O que isso significa? Em geral, quanto maior for a concentração de carbono numa liga ferrosa, mais dura (alta resistência ao desgaste) e mais frágil (quebradiça) será a mesma; e quanto menor for a quantidade de carbono, mais maleável (flexível) e mole (baixa resistência ao desgaste) será o material.

Segue abaixo uma tabela com as principais aplicações das ligas ferrosas em função da concentração de carbono.

Classificação	Concentração de carbono	Aplicação
Aço com baixo teor de carbono	0,25%	Carcaças de automóveis, chapas utilizadas em tubulações, edificações, pontes etc.
Aço com médio teor de carbono	0,25 – 0,60%	Rodas e trilhos de trem, virabrequins, engrenagens etc.
Aço com alto teor de carbono	0,60 - 1,4%	Aços utilizados para a fabricação de ferramentas.
Ferros fundidos	2,0 – 4,5 %	Blocos e cabeçotes de motores, equipamentos para mineração, mancais etc.

Tabela 10.1 A concentração de carbono no aço e no ferro fundido define a vocação desses materiais para a construção de peças e estruturas.

Além do controle da quantidade de carbono, outros artifícios podem ser utilizados para adequar as propriedades das ligas ferrosas, tais como os tratamentos térmicos (aquecimento e resfriamento em condições controladas) ou a adição do elemento de liga. No caso dos aços, por exemplo, elementos, tais como o níquel, o manganês e o cromo, conferem propriedades especiais ao aço. Os denominados aços inoxidáveis, por exemplo, são altamente resistentes à corrosão, em função da presença de cromo na sua composição.

O cobre

O cobre é um metal usado desde os primórdios da civilização, apesar de ser relativamente escasso, representando apenas 0,007% da crosta terrestre. Na sua forma livre, é encontrado em pequenas quantidades e os primeiros objetos confeccionados com esse metal tinham função meramente decorativa, já que o cobre puro é extremamente maleável. O cobre atualmente utilizado na indústria é resultado da exploração de minérios com grande concentração desse metal. O material é triturado e recebe banhos especiais para a concentração do cobre. O material obtido nessa etapa pode ser fundido ou submetido a um processo de eletrólise para a obtenção de cobre 99,99% puro. Essa matéria-prima pode ser utilizada na fabricação de enrolamentos de motores e geradores, fios condutores, trilhas de circuito impresso, tachos, alambiques, radiadores, juntas automotivas, componentes de aparelhos de refrigeração, condutores de gás etc. Os antigos já utilizavam as ligas desse metal para a fabricação de armas e ferramentas, sendo que uma dessas ligas constitui um material tão importante que representa uma das fases da idade dos metais: "a Idade do Bronze". O bronze representa uma liga de cobre com 10% de estanho. O latão é outra liga conhecida do cobre e o elemento coadjuvante, desta vez, é o zinco.

O alumínio

Quase 8% da crosta terrestre é composta por alumínio. "Se existe tanto alumínio disponível, por que o ser humano não o utilizou desde o início?". Realmente, nunca houve uma idade do alumínio no passado remoto da humanidade, mas existe uma explicação para isso: A produção de alumínio envolvia conceitos e técnicas muito sofisticados para as populações primitivas e as primeiras amostras de alumínio foram obtidas somente em 1854, a partir de trabalhos realizados por pesquisadores no início do século XIX. O processo de produção industrial desse metal envolve a utilização da eletricidade em larga escala. O alumínio é mais comumente utilizado em ligas, já que a sua forma pura tem baixa resistência a esforço mecânicos. Entretanto, o alumínio no seu estado puro se presta à fabricação de embalagens, latinhas de bebidas, condutores, entre outros artefatos. No entanto, como você já sabe, o alumínio e suas ligas são utilizados até na construção de peças de motores de automóveis e na indústria aeronáutica. Uma das tecnologias utilizadas para melhorar as propriedades do alumínio é a adição de elementos químicos (exemplos típicos são o cobre, silício, manganês, magnésio, zinco e estanho) em proporções e combinações que definem as propriedades mecânicas que se deseja alcançar com a liga obtida.

Inferno na torre

Como o aço e o ferro fundido são obtidos?

O alto-forno é o lugar onde acontece a mágica da transformação do minério de ferro em **ferro-gusa** - a matéria-prima para a fabricação do ferro fundido e aço. O alto-forno é uma estrutura revestida internamente por material refratário (reflete o calor) para garantir que sejam obtidas e mantidas as altas temperaturas necessárias à produção do ferro-gusa. O alto-forno pode ser divido em três setores: a **cuba**, onde é colocada a carga de minério de ferro, coque (carvão) e fundente (calcário); a **rampa**, onde ocorrem os processos de combustão (auxiliados pela injeção de ar, soprado sob pressão); e o **cadinho**, onde se forma o gusa líquido e a escória, sendo esta última formada por impurezas que devem ser separadas do ferro-gusa líquido (em altas temperaturas, claro).

A alta temperatura atua sobre as substâncias introduzidas em um alto-forno e é responsável pelas **reações de eliminação do oxigênio** do minério de ferro, **pela fusão das impurezas** presentes no material (formando a escória, uma espécie de massa vítrea) e **pelo processo de carbonetação** do ferro (adição de carbono ao ferro), formando o ferro-gusa.

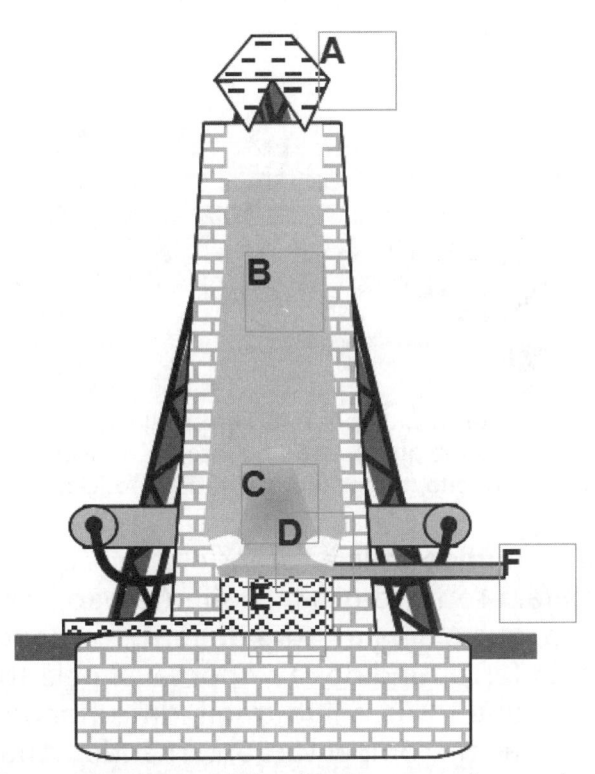

Figura 10.4. O esquema acima representa um alto-forno, no qual se pode observar: A. Carregamento de matéria-prima; B. Zona de pré-aquecimento da mistura; C. Zona de fusão; D. Zona de combustão; E. Ferro-gusa líquido disponível para as novas etapas do processo produtivo e F. Saída de escória.

A fabricação de aço e ferro fundido

A fabricação do aço é um processo relativamente antigo, mas as modernas técnicas de obtenção dessa liga, em larga escala, foram desenvolvidas em meados do século XIX e estão ligadas aos nomes do inglês **Henry Bessemer** e do americano **William Kelly**. O processo desenvolvido por eles consiste na injeção de ar diretamente no ferro-gusa, o que desencadeia uma série de reações entre as quais, a diminuição da concentração de carbono do material, deixando-o com concentrações relativamente baixas desse elemento, típicas dos aços. Os fornos que utilizam o princípio da injeção de ar atmosférico (formado basicamente de nitrogênio e oxigênio) na massa de gusa líquido são denominados conversores. Observe algo interessante: O processo de oxidação do carbono presente no ferro-gusa líquido mantém a alta temperatura do processo que, dessa forma, independe de uma fonte de combustível. O uso de oxigênio puro também é possível, tornando as reações ainda mais "violentas" e evitando a contaminação por nitrogênio presente nos processos que utilizam ar atmosférico. Lembremos que a maior parte do ar atmosférico é constituído por nitrogênio. Parece um pequeno detalhe usar oxigênio puro e não ar atmosférico, mas a contaminação do material por nitrogênio pode interferir nos processos futuros aos quais o aço é submetido, como a soldagem, por exemplo.

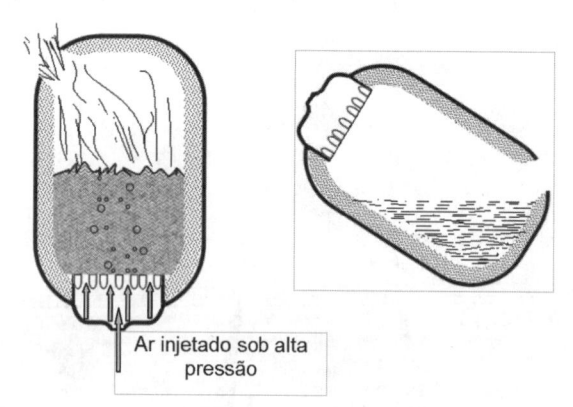

Figura 10.5. O conversor Bessemer é constituído por uma carcaça de aço revestida por uma grossa camada de material refratário. O ar é injetado sob alta pressão no interior do forno por uma estrutura perfurada montada em sua base. Na figura da direita, temos representada a posição de descarga do aço.

A fabricação de **ferro fundido** utiliza fornos elétricos e os chamados fornos cubilot. Nestes últimos, misturam-se ferro-gusa, coque (carvão), calcário e sucata para a obtenção de ferro fundido, que é uma mistura de ferro, carbono e silício. E esse silício, presente na composição do ferro fundido, é responsável pela formação de lamelas de grafita em sua estrutura, o que torna a liga frágil, dificultando um pouco o trabalho com esse tipo de material, mas em compensação, tornando-o muito duro (resistente ao desgaste). Podemos reunir os tipos de ferro fundido nas seguintes categorias:

Ferro fundido cinzento: A cor acinzentada do material se dá em função da presença de grafita em sua estrutura.

Ferro fundido branco: Neste material o carbono presente em sua estrutura fica na forma combinada com o ferro (Fe_3C) e **não se** forma grafita. Daí a cor mais clara do material.

Ferro fundido maleável: O ferro fundido e o aço possuem, cada um, suas vantagens e desvantagens. O ferro fundido maleável é a alternativa tecnológica que reúne o melhor dos dois mundos: um material maleável e resistente ao desgaste. Em função do tipo de tratamento térmico a que é submetido, o ferro fundido maleável pode ser classificado como **de núcleo preto** ou **de núcleo branco.**

Ferro fundido nodular: A sua estrutura apresenta partículas arredondadas de grafita.

Processos de fabricação

Os metais e suas ligas estão presentes em muitos objetos cotidianos, desde automóveis até simples ferramentas, tais como alicates e serrotes. Você deve estar perguntando-se: Como o aço produzido nas grandes siderúrgicas se transformou nesses objetos? Bem, existem muitos processos de fabricação disponíveis atualmente e essas tecnologias se desenvolveram paralelamente à descoberta dos materiais que influenciaram, por sua vez, os processos de fabricação num círculo virtuoso que nos conduziu ao estágio contemporâneo de fabricação de máquinas, ferramentas e bens de consumo em geral. No começo, nossos antepassados dispunham apenas de força muscular e habilidades manuais para a execução de tarefas, tais como cortar, furar, afiar etc. Hoje, esses processos continuam sendo necessários e realizados com o auxílio de máquinas e ferramentas. Para que você tenha uma ideia de como é possível que um lingote (bloco de metal), que sai de uma siderúrgica, se transforme em um bem de consumo, vamos analisar, sucintamente, alguns processos de fabricação. O que você deve ter em mente é que os processos de fabricação são complementares uns aos outros e cada processo gera, em regra, um produto intermediário que será novamente trabalhado até que se obtenha o componente, peças ou produto final desejado. Assim, uma simples panela nasce como minério em uma jazida e é transformado em ferro-gusa que é convertido em aço, passando por um processo de fundição e laminação para a obtenção de chapas que são cortadas em tamanhos convenientes e pressionadas contra uma matriz, formando um recipiente ao qual será aparafusado um cabo, por exemplo. Quantas etapas para fabricar uma simples panela! Não importa o resultado, se é uma panela ou um satélite, todos os bens que conhecemos passam por longas cadeias de fabricação desde sua origem como um rústico bloco de minério até o objeto final, finamente acabado.

A fundição

Consiste em preencher com metal líquido as cavidades de um molde previamente confeccionado e é um processo antigo, conhecido pelo homem desde a Antiguidade, sendo empregado em ligas como o bronze e, posteriormente, em ligas ferrosas que exigiam temperaturas bem mais elevadas. É um processo muito útil quando se deseja fabricar peças com formatos complicados, tais como os blocos de motor. Um modelo da peça (feito em metal, madeira ou outro material) é construído para possibilitar a construção de um molde feito de areia e aglomerante. A areia e o aglomerante são moldados sobre o modelo que, depois de removido, deixa uma cavidade com o seu formato. A cavidade é preenchida com metal fundido (líquido) que preencherá todos os vazios, adquirindo o formato da peça projetada inicialmente. Depois da desmoldagem e de pequenos ajustes (a remoção de rebarbas e limpeza), a peça está pronta.

Figura 10.6. No processo de fundição, o metal em fusão (derretido) é despejado em um molde previamente preparado adquirindo sua forma. Uma vez resfriado, o metal é removido do molde e submetido a processos de acabamento para a obtenção da peça final.

Conformação

Entre os processos de conformação mecânica temos:

A laminação. Neste processo, um lingote passa sucessivas vezes por dois cilindros, ficando cada vez mais delgado (fino) a cada passe de laminação até que uma espessura definida seja alcançada. Para a realização dessa operação, as chapas podem estar em temperatura ambiente ou ser previamente aquecidas, o que tem relação com o material a ser trabalhado ou o resultado que se quer obter.

Figura 10.7. No processo de laminação, uma chapa de aço é submetida à pressão exercida por dois cilindros.

A Extrusão. Quando se quer obter um produto com pequena seção transversal e grande comprimento, recorre-se à extrusão. A extrusão consiste em forçar um material contra uma "abertura". Imagine uma porção de massa de modelar sendo empurrada pela saída de uma seringa - este é um processo de extrusão. Nos processos de fabricação, no entanto, as pressões envolvidas são muito maiores. Metais mais duros, tais como o aço, podem exigir o pré-aquecimento para a obtenção de bons resultados.

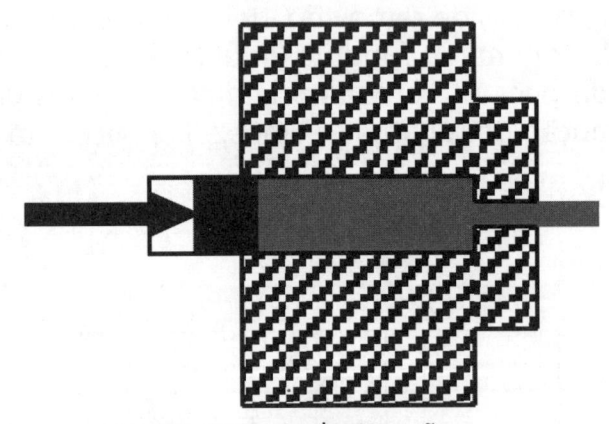

Figura 10.8. A figura acima representa um processo de extrusão.

A Trefilação. O material deve ser puxado por uma matriz (orifício) para adquirir a forma desejada. Esse processo é utilizado para a fabricação de fios condutores, por exemplo.

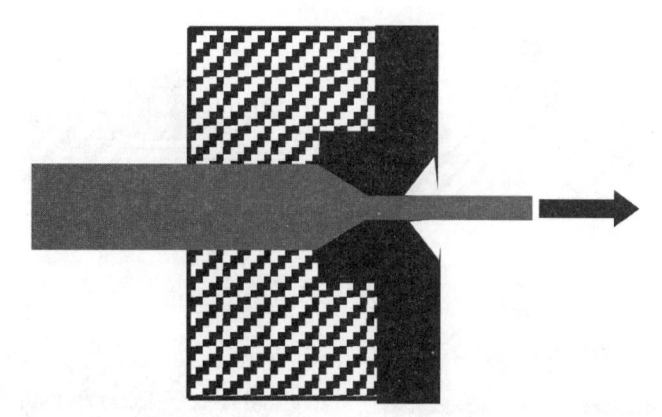

Figura 10.9. A figura acima representa um processo de trefilação.

O Forjamento. O material é deformado para a obtenção do formato desejado. O princípio é a aplicação de força ao material por meio de martelamento ou prensagem. Ainda que alguns metais possam ser trabalhados a frio, em geral, o material deve estar aquecido para que a sua conformação seja possível. Os ferreiros utilizam essa técnica quando moldam o metal, aplicando-lhe golpes cadenciados e sucessivos. Na indústria, no entanto, essa tarefa é realizada por máquinas.

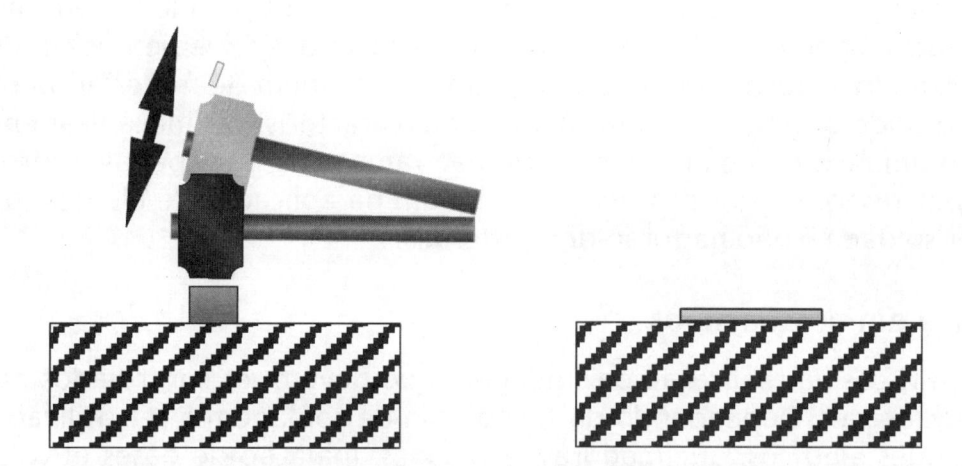

Figura 10.10. O forjamento foi uma das primeiras técnicas desenvolvidas pelo homem para trabalhar o metal.

Estampagem

Os processos de estampagem podem ser do tipo corte, estampagem profunda ou dobramento. O corte consiste na aplicação de um esforço de cisalhamento (golpe visando o corte) à chapa. Esse processo é o mesmo que você realiza com um furador de papel com a diferença, claro, dos esforços e dos materiais envolvidos. No dobramento, a peça é pressionada entre um punção e uma matriz, adquirindo um determinado formato. Na estampagem profunda, o processo é semelhante ao dobramento, mas como o nome do processo sugere, as peças são moldadas com maior profundidade.

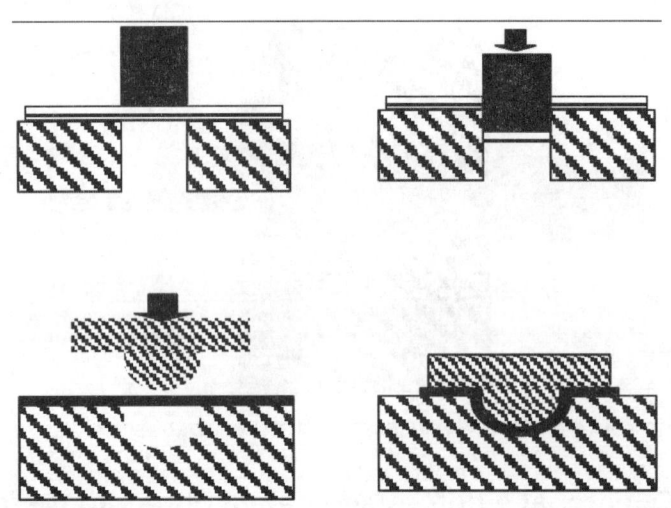

Figura 10.11. A figura superior representa um processo de corte em uma chapa, enquanto a figura inferior representa um processo de dobramento.

União

Processos, tais como colar, aparafusar ou rebitar, utilizados para a união de peças na realização de projetos são comumente empregados pelo leitor em seu cotidiano. Existe outra maneira de unir as peças sem recorrer aos expedientes citados acima. Como? Utilizando as tecnologias de soldagem. A soldagem de materiais permite uma união com grande vantagem: a continuidade das características mecânicas entre as peças unidas e uma excelente aparência externa. Vamos analisar apenas os processos de soldagem por fusão. Alguns processos se baseiam na aplicação de elevada pressão na região a ser soldada e não na fusão dos materiais.

A segurança em nossas mãos

Existem riscos na realização da soldagem que devem ser controlados para a prevenção de acidentes. Dependendo da tecnologia de soldagem a ser utilizada, podem ocorrer choques elétricos, queimaduras, explosões, inalação de gases etc. Para evitar acidentes, o operador deverá estar devidamente paramentado com roupas e equipamentos de proteção:
- Mãos protegidas com luvas apropriadas;
- Roupas protegidas por avental, mangas e ombreiras de raspa de couro;
- Proteção facial (máscaras com filtros de radiação infravermelha e ultravioleta).

Deve ainda garantir a ventilação do local onde se realiza a soldagem, removendo previamente qualquer material inflamável do local. Finalmente, restrinja o acesso ao local de realização dos trabalhos de soldagem.

A soldagem a gás

O aquecimento necessário para a realização da soldagem por esse processo provém da combustão de um gás na presença de oxigênio. O equipamento básico para a realização desse tipo de soldagem consiste em um cilindro para o armazenamento do gás oxigênio, um cilindro para o armazenamento de gás combustível, reguladores de pressão e mangueiras que ligam os cilindros a um maçarico. O gás adotado na soldagem a gás é, comumente, o acetileno, de maneira que o procedimento é comumente denominado soldagem oxiacetilênica. A proporção da mistura acetileno-oxigênio determina o tipo de material a ser soldado: a chama redutora (predomina o gás) é utilizada para a soldagem de ferro fundido e alumínio; a chama normal (mistura de gás, oxigênio do cilindro e oxigênio atmosférico) é aplicada na soldagem de cobre e aços; e a chama oxidante (predomina o oxigênio) é utilizada na soldagem de latão. O equipamento de soldagem a gás é muito versátil (pode ser utilizado para o corte de chapas, entre outras aplicações), mas sua manipulação exige muita... muita atenção. Cuidados especiais devem ser tomados quanto ao armazenamento e ao transporte dos cilindros, acionamento das válvulas, manutenção e manipulação da chama. Não vamos aprofundar-nos nessa técnica, uma vez que a solda com arco elétrico se aplica melhor a nossos propósitos, ou seja, pequenos projetos e manutenções simples.

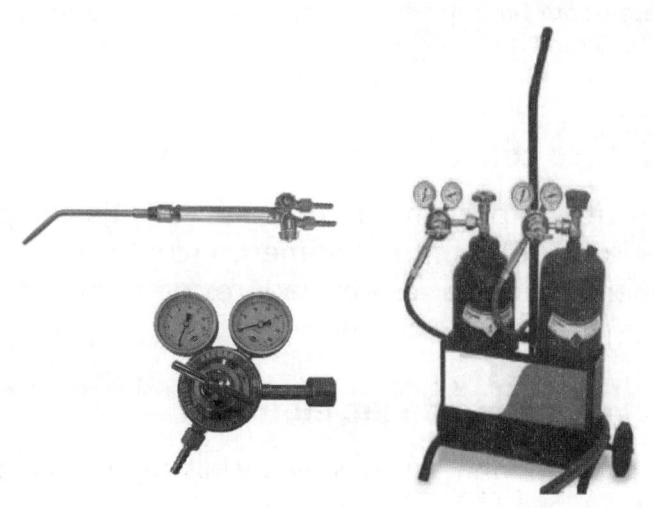

Figura 10.12. Equipamento de solda oxiacetilênica, mostrando em destaque a válvula reguladora de pressão (abaixo) e o maçarico (acima).

Soldagem a arco elétrico

A soldagem a arco elétrico se dá por fusão dos materiais para os quais a energia necessária para o processo é fornecida por um arco elétrico que se estabelece entre um eletrodo e a peça a ser soldada, sendo o arco resultado de uma diferença de potencial elétrico entre o eletrodo e a peça. O metal fundido do eletrodo é transferido para a peça, formando a chamada poça de fusão. É importante que, no processo de soldagem, a poça de fusão seja protegida para evitar a contaminação pelos gases componentes da atmosfera. Mas, como fazer isso? Existem muitas técnicas utilizadas para isolar a poça de fusão da atmosfera. Vamos apresentar em detalhes a técnica que utiliza o eletrodo revestido e, posteriormente, abordaremos sucintamente as outras técnicas.

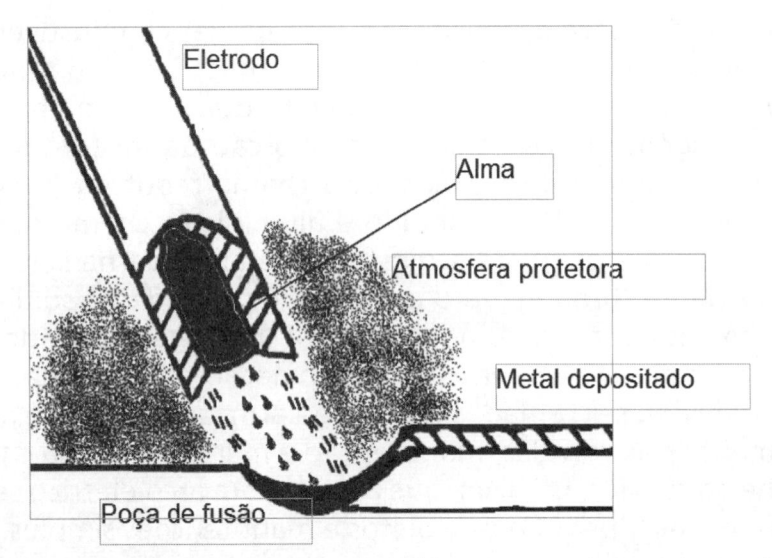

Figura 10.13. A figura representa um processo de soldagem com eletrodo revestido no qual se pode identificar sua principal característica: a formação de uma atmosfera protetora resultante do aquecimento do revestimento.

Soldagem a arco elétrico com eletrodo revestido

O eletrodo é constituído por um núcleo metálico (cuja composição varia em função do material a ser soldado) e um revestimento (cuja composição é bastante complexa, incluindo elementos de liga, estabilizadores de arco, materiais que formam a atmosfera protetora, entre outras substâncias).

Qual a função do revestimento de um eletrodo?

O revestimento desempenha funções essenciais para a realização de uma soldagem de qualidade. Entenda, agora, algumas dessas funções:

a) **Proteção do metal de solda.** Os eletrodos são revestidos com materiais que geram gases durante o processo de soldagem, criando uma atmosfera protetora que impede que o oxigênio e o nitrogênio do ar contaminem o metal em fusão;

b) **Adição de elementos-liga.** Durante o processo de soldagem, em função das perdas dos elementos-liga da vareta que ocorrem em função da volatilização e das reações químicas já previstas, elementos-liga, tais como o cromo, níquel, vanádio e molibdênio, são adicionados ao revestimento para compensar as perdas citadas.

c) **Formação da escória.** Entre outras coisas, a escória controla positivamente o aspecto do cordão de solda e fornece proteção adicional contra os contaminantes atmosféricos.

d) **Propriedades mecânicas desejáveis.** Em função da adição de determinados elementos, o metal de solda pode adquirir mais resistência e ductilidade, por exemplo.

e) **Isolamento.** O revestimento atua como isolante elétrico, impedindo que o arco se estabeleça entre o eletrodo e os pontos indesejáveis da peça a ser soldada.

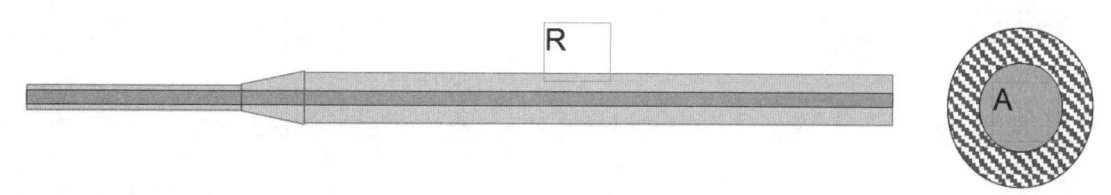

Figura 10.14. A figura representa um eletrodo no qual se identifica a parte central **A** (núcleo ou alma) e a região periférica **R** (revestimento).

Classificando os eletrodos

Os eletrodos são classificados segundo os padrões estabelecidos pela Sociedade Americana de Soldagem (**AWS**), cujo objetivo foi criar um código que facilitasse a escolha dos eletrodos para a realização dos trabalhos de soldagem. Veja a referência de alguns desses códigos.

AWS (American Welding Society)	
Referência	Eletrodos para
A. 5.1	Aços carbono
A. 5.3	Alumínio
A. 5.4	Aços inoxidáveis
A. 5.5	Aço de baixa liga
A. 5.6	Cobre
A. 5.11	Níquel
A. 5.15	Ferros fundidos

Tabela 10.2. Código referente a cada tipo de trabalho de soldagem. Por exemplo, a referência A.5.1 indica que os eletrodos são adequados para a soldagem de ligas de aço carbono em geral.

A classificação dos eletrodos pode ser resumida assim:

X XXX X X – X
1   2   3 4   5

1. Quando se trata de eletrodo para a soldagem a arco elétrico, a letra indicativa é o E;
2. A segunda sequência (2 ou 3 dígitos) indica a resistência à tração que o metal soldado admite. Para obter o valor de resistência à tração, os dígitos são multiplicados por 1.000.
3. O dígito indica a posição de soldagem: 1. Todas as posições; 2. Posição horizontal; 3. Posição horizontal e vertical.
4. Varia de 0 a 8 e indica o tipo de corrente a ser empregada (CC ou CA), penetração do arco, natureza do revestimento do eletrodo.

4º Dígito	0	1	2	3	4	5	6	7	8
Tipo de corrente	CC+	CC+ CA	CC- CA	CC- CC+ CA	CC- CC+ CA	CC+	CC+ CA	CC- CA	CC+ CA
Revestimento	Celulósico com óxido de ferro	Celulósico com silicato de K	TiO$_2$ e silicato de Na	TiO$_2$ e silicato de K	TiO$_2$, silicato e ferro	Calcário silicato de K	TiO$_2$; calcário silicato de K	Óxido de Fe silicato de Na	TiO$_2$, calcário e ferro

Tabela 10.3. Significado do 4º dígito no código de classificação dos eletrodos.

5. Indica a composição química do metal de solda presente no revestimento.

Realizando a soldagem

Para a realização de pequenos trabalhos de soldagem, você pode adquirir uma fonte de soldagem que é, na verdade, um transformador. Ligue a máquina a uma rede compatível (com fiação dimensionada para suportar as máximas correntes drenadas para os trabalhos de soldagem, algo em torno de 200 A). Vamos considerar que a referida máquina tenha uma saída do tipo contínua (existem modelos com saída alternada). O polo negativo deve ser ligado à peça a ser soldada e o polo positivo é ligado ao eletrodo (por meio de uma peça denominada porta eletrodo). Às vezes, a ligação é invertida (positivo na peça e negativo no eletrodo), dependendo do tipo de eletrodo. O núcleo do eletrodo (o nome técnico é alma) deve ter a mesma composição do material a ser soldado. Com as conexões elétricas efetuadas como indicado (não esqueça de usar os equipamentos de proteção individual), encoste o eletrodo na peça, próximo à área de soldagem, afaste-o uns 4 mm da peça para o estabelecimento do arco e realize a soldagem, mantendo o eletrodo distante de 2 mm a 3 mm da peça, aproximadamente, assim que se estabelecer o arco. O avanço do cordão de solda deve dar-se na direção do soldador (o eletrodo deve estar inclinado 60º em relação ao plano da peça). O avanço deve ser adequado para uma deposição regular do cordão de solda. Para as espessuras de chapas de até 6 mm, utilize a configuração das chapas mostrada abaixo. Para as espessuras maiores, adote o seguinte arranjo:

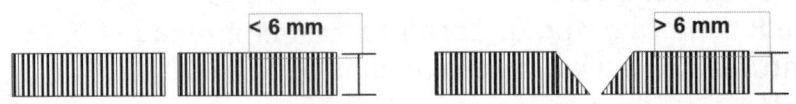

Figura 10.15. Configurações ideais dos perfis das chapas em função de sua espessura para a realização de um bom trabalho de soldagem.

Espessura do metal (mm)	Diâmetro do eletrodo (mm)	Tensão (V)	Intensidade da corrente (Amperes)
1,5	1,5	20	40 ± 10
1 a 2	2	22	65 ± 15
2 a 3	2,5	23	80 ± 30
3 a 4	3,25	24	130 ± 50
4 a 10	4*	26	170 ± 60

Tabela 10.4. Relação entre tensão, corrente, diâmetro do eletrodo e espessura do material a ser soldado.

* Para as espessuras maiores que 6 mm, são necessárias várias fases de soldagem para o eletrodo citado. Um eletrodo de diâmetro maior exigiria uma corrente elevada. Um eletrodo de 8 mm, por exemplo, demandaria uma corrente de 400 A!

A evolução do arco elétrico

TIG

Quando se exige um controle crítico do calor cedido à peça ou soldagens impossíveis de realizar com os métodos apresentados acima, uma das alternativas é o emprego da tecnologia de soldagem conhecida por TIG (*Tungsten Inert Gas*). É um processo de soldagem a arco elétrico no qual o arco se estabelece entre a peça e um eletrodo não consumível, envolto por uma cortina de gás inerte (hélio e/ou argônio) com função protetora. Pode haver ou não adição de metal no processo. Havendo adição de metal, ele é fornecido pela denominada vareta de adição.

MIG/MAG

Neste processo, o eletrodo é nu e a sua disponibilização é feita mecanicamente. MIG (Metal Inert Gas) e MAG (Metal Active Gas) se referem aos gases de proteção utilizados. A tecnologia MIG é mais amplamente empregada na soldagem de materiais não ferrosos e a tecnologia MAG é aplicada em materiais ferrosos.

Arco submerso

O arco se forma sob uma camada protetora de material granular ("fluxo"). Essa camada protetora impede a contaminação da região da solda pelos elementos atmosféricos.

Usinagem

A usinagem é uma grande família de processos de fabricação e caracteriza-se pela remoção progressiva de material de uma peça, visando conferir-lhe o formato desejado. Entre os processos de usinagem mais comuns, podemos citar: torneamento, fresamento, furação, serramento, retificação, afiação, limagem e polimento. Em algum momento, você já recorreu a algum desses processos para modificar a forma de um objeto ou peça, mesmo sem saber que se tratava de um processo de usinagem.

"O que todos esses processos apresentam em comum"? A remoção progressiva de material de um objeto por meio de um esforço de cisalhamento, ou seja, desagregação de pequenas porções (lascas) de material por aplicação de uma força localizada.

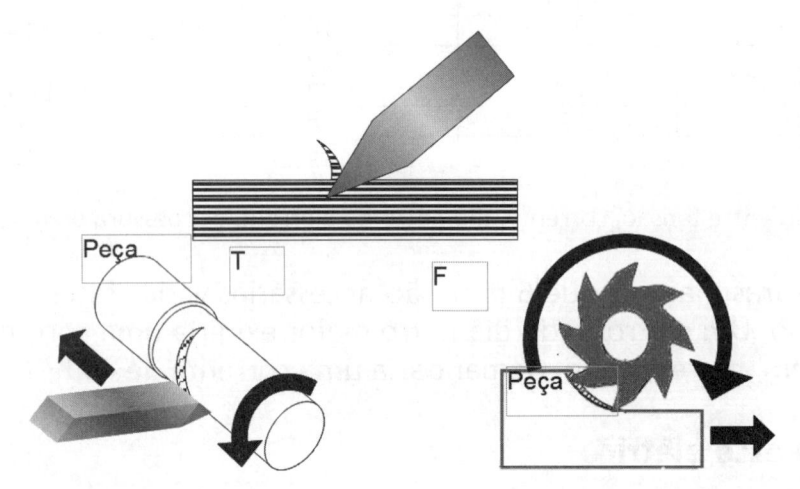

Figura 10.16. O princípio fundamental que explica os processos de usinagem é a cunha. A figura acima ilustra como as ferramentas (furadeiras, fresadora, torno, serra, lima etc.) atuam sobre um material. A figura inferior mostra a diferença entre as duas ferramentas utilizadas nos processos de usinagem. No torno (**T**), é a peça que gira, enquanto a ferramenta de corte se movimenta longitudinalmente em relação à peça. Na fresadora (**F**), ao contrário, é a ferramenta de corte que gira e a peça se move.

Na indústria, as atividades de usinagem são, em regra, realizadas por máquinas ferramentas, tais como tornos, fresas, furadeiras de coluna, serras de fita. Algumas dessas máquinas são aperfeiçoamentos de ferramentas simples como, por exemplo, furadeiras e serras manuais usadas pelo ser humano desde as primeiras civilizações.

As fresas e os tornos são muito utilizados na indústria e é provável que você não tenha uma desta em casa, ao contrário das serras e das furadeiras. As fresas são úteis para trabalhar as superfícies de uma peça, criando ranhuras e fendas de diversos formatos. Na fresa, a peça é movida em relação a uma ferramenta de corte giratória. Você pode fazer, por exemplo, uma engrenagem com uma fresa. O torno também remove pequenas lascas da peça, mas com uma diferença: a peça gira e a ferramenta de corte se move ao longo do bloco a ser usinado, removendo pequenas camadas a cada passe. Em um torno, você pode fazer, por exemplo, ressaltos em um eixo, roscas, ranhuras para fixar presilhas. Atualmente, esses processos estão automatizados e em muitas unidades de produção, quem faz todo o "trabalho sujo" são os computadores, o que se traduz num trabalho de maior precisão e rapidez se comparado com um operador humano. Uma nova tendência do mercado que parece inelutável: poupar mão de obra com a automatização dos processos, exigindo do trabalhador um alto grau de especialização para ocupar os novos postos de trabalho disponíveis, o que nem sempre é possível, principalmente para a geração que é surpreendida no meio desse turbilhão de mudanças tecnológicas.

A usinagem nossa de cada dia

Serrar e perfurar são os verbos mais conjugados pelo leigo, quando se trata de processos de usinagem. Escolher a melhor serra e a melhor broca para o serviço a ser executado é uma tarefa relativamente fácil e oferecemos algumas dicas para que você possa fazê-lo a contento.

Serrando o metal

A primeira coisa a fazer é instalar a serra corretamente no arco: os dentes devem estar apontados para o lado oposto ao cabo da ferramenta, já que o movimento de corte é para frente (em direção oposta ao operador).

O número de dentes por polegada é importante para o tipo de trabalho que se deseja executar. A lâmina de 18 dentes por polegada é ideal para todos os tipos de trabalho. Para o corte em materiais de pequena espessura, prefira as lâminas com 24 a 32 dentes por polegada, o que confere melhor acabamento. A indicação do número de dentes por polegada está impressa no corpo da serra. Para os materiais extremamente duros (aço temperado, cerâmica etc.), utilize uma lima de arco, que atua por abrasão.

Perfurando metais e outros materiais

Com furadeiras elétricas de uso doméstico, você consegue executar furos de até 13 mm de diâmetro. O ângulo de ponta (indicado na figura abaixo) mais comum nas brocas é 118º. Se você realizar trabalhos em chapas muito finas, utilize uma broca com um ângulo maior (140º, por exemplo). O ângulo indicado (140º) também é adequado para a realização de trabalhos em materiais difíceis de ser perfurados, tais como os aços de alta liga. Outro tipo de indicação que você encontra nas brocas são as letras H, N e W, que indicam o ângulo de hélice da broca (o ângulo formado entre o eixo da broca e a linha de inclinação da hélice). O tipo "H" é bom para trabalhos com mármores, granitos, PVC, prensados em geral e aço de alta liga. O tipo "N" é útil para trabalhos com aços de alto carbono, ferro fundido e latão. O tipo "W" deve ser usado para a perfuração de alumínio, plástico e madeira.

Para que o furo seja o mais centrado possível, marque com uma punção um ponto da peça e inicie aí o trabalho de perfuração. Não exerça pressão excessiva sobre a furadeira, evitando, assim, danos à borda de corte da broca. E, por fim, escolha o formato de ponta adequado ao trabalho a ser realizado -existem brocas adequadas para concreto, madeira e metal. A opção errada pode comprometer o trabalho e/ou a broca.

Figura 10.17. Do lado esquerdo da figura, está indicado o formato de ponta mais adequado a cada tipo de trabalho (metal, madeira e concreto, respectivamente). Na figura da direita, estão indicados os ângulos de ponta (S) e de hélice (G).

Materiais inventados

O homem sempre trabalhou com as matérias-primas disponíveis na natureza, sendo as pedras, os ossos e a madeira utilizados no seu estado bruto. Os metais foram sendo descobertos ao acaso e os fabricantes de armas e ferramentas perceberam que podiam modificar a forma e até a composição desses materiais. Os plásticos não fizeram parte da história até o século XIX, e apesar da borracha natural já ser um material conhecido há muito tempo pelo ser humano, foi substituída, em muitas aplicações, por materiais sintéticos. Plásticos e borrachas sintéticas são materiais inventados pelo homem e podem ser classificados genericamente como polímeros.

Polímeros

Os polímeros podem ser artificiais ou naturais. É interessante mencionar esse fato, já que o termo polímero nos remete à ideia de algo fabricado pelo homem. Na verdade, estruturas poliméricas podem ser encontradas no ambiente natural, tais como substâncias derivadas de plantas e animais. A celulose, utilizada na fabricação do papel, é uma estrutura polimérica encontrada nos vegetais e as proteínas, um outro tipo de estrutura polimérica, participam como elemento estrutural das células, além de atuarem como catalisadores de reações bioquímicas vitais para os seres vivos. Os polímeros produzidos pelo homem têm algo em comum com os polímeros naturais: ambos são constituídos por unidades estruturais que se repetem ao longo da cadeia polimérica.

Essas unidades são conhecidas, individualmente, como monômeros. A interligação dessas unidades resulta na formação de grandes moléculas, os polímeros. A analogia entre o polímero e uma corrente de aço comum simplifica o entendimento: cada elo equivale a um monômero e a corrente, inteira, representa um polímero.

Um hidrocarboneto (composto orgânico formado por átomos de carbono e hidrogênio) simples como o etileno (C_2H_4), que é um gás, pode ser utilizado para formar uma molécula polimérica. Submetendo o gás etileno à temperatura e à pressão adequadas, na presença de um catalisador (substância que viabiliza e acelera uma reação), o mesmo irá transformar-se em **polietileno**, que é um material sólido. Se os átomos de hidrogênio forem substituídos por átomos de flúor, o polímero resultante será o **politetrafluoroetileno (PTFE)**, cujo nome comercial é **Teflon**, sendo esses polímeros genericamente denominados fluorocarbonos. O **PVC** tem uma molécula semelhante, com a diferença de que um dos átomos de hidrogênio é substituído por um átomo de cloro, formando uma cadeia polimérica conhecida como **Cloreto de Polivinila**.

As técnicas de polimerização

O processo pelo qual as unidades monoméricas se unem para formar as cadeias poliméricas de grande peso molecular é denominado polimerização. As reações de polimerização podem ser reunidas em dois grandes grupos: reações de adição e de condensação. Na polimerização por adição, os monômeros são encadeados em sequência, formando as cadeias poliméricas, cujo crescimento é relativamente rápido (1.000 unidades monoméricas em 01 milissegundo). Nas reações de polimerização por condensação, o polímero formado é resultado da interação química entre moléculas diferentes, havendo a geração de subprodutos que são eliminados. Nesse processo, a formação de polímeros é mais lenta.

Plásticos

Os plásticos nasceram de simples "curiosidades de laboratório" e transformaram-se em produtos adaptados às necessidades industriais, sendo o sucessor da madeira e do metal em várias aplicações.

O plástico possui como ingrediente essencial uma substância orgânica polimerizada de grande peso molecular. As matérias-primas usuais para a fabricação de plásticos são as substâncias petroquímicas. Atualmente, a presença de materiais plásticos em nosso cotidiano é bastante comum - encontramos plásticos em automóveis, eletrodomésticos, materiais de construção, móveis - entretanto, nem sempre foi assim. O plástico nasceu da necessidade de substituição do marfim como matéria-prima para a confecção dos mais variados objetos, tais como teclas de piano e bolas de bilhar, para cuja fabricação se utilizava o marfim.

O primeiro plástico de significado industrial foi o nitrato de celulose, que foi comercializado como celuloide. É um material bastante instável (as primeiras bolas de bilhar construídas com o mesmo costumavam explodir). O acetato de celulose, desenvolvido posteriormente, era menos instável e foi muito empregado como filme fotográfico. O primeiro plástico sintético viável comercialmente, originado da polimerização do fenol-formaldeído, foi criado e patenteado por **Hendrik Baekeland**, material que veio a ser comercialmente denominado baquelite. Abaixo, outros tipos de polímero e alguns de seus nomes comerciais.

Grupos de plásticos	Nome comercial	Aplicação
Acrílicos	Pexiglas	Lentes
Epóxis	Araldite	Adesivos
Fenólicos	Bakelite	Telefones e distribuidores de automóveis
Fluorocarbonos	Teflon	Vedação anticorrosiva e revestimento antiaderente
Poliamidas	Nylon	Buchas e revestimentos
Poliéster (PET ou PETE)	Mylar	Vestimentas e fitas de gravação magnética
Vinis	Darvic	Discos fonográficos

Tabela 10.5. Plásticos e suas aplicações.

Aditivos

Muitas vezes, faz-se necessário modificar as propriedades físico-químicas de uma substância a um nível tal que a simples reorganização dos átomos na estrutura molecular não é suficiente. Esse intento pode ser alcançado com a adição de substâncias coadjuvantes que tornam o polímero mais adequado para determinado serviço ou função. Essas substâncias são comumente denominadas aditivos e podem ser **enchimentos** (melhoram as propriedades mecânicas do polímero), **plasticizantes** (aumentam a maleabilidade dos polímeros), **estabilizadores** (os materiais poliméricos podem ser deteriorados pela exposição à luz e ao oxigênio do ar, fenômenos inibidos pelos **estabilizadores**), **corantes** (conferem uma coloração específica ao polímero) e **retardadores de chama** (a maioria dos polímeros é inflamável, quando na sua forma pura, e a sua resistência à inflamabilidade pode ser melhorada com a adição de **retardadores de chamas** à estrutura polimérica).

Borracha

A matéria-prima para a fabricação de borracha natural é o látex. O látex é extraído da *Hevea brasiliensis* (seringueira) e é obtido fazendo incisões na árvore, de modo que o líquido se acumula em recipientes, que devem ser removidos com frequência para evitar sua contaminação e putrefação. A borracha é obtida por um processo conhecido por coagulação, que ocorre quando se adicionam ácidos ao látex e a borracha se separa do líquido na forma de uma massa branca e pastosa, que é moída e calandrada (prensada em rolos) para a remoção de contaminantes e a secagem da mesma. A borracha tem sido utilizada desde tempos imemoriais pelos silvícolas das Américas para a impermeabilização de objetos e a fabricação de bolas utilizadas em jogos cerimoniais. Mesmo sendo conhecida pelos europeus, após os grandes descobrimentos, a borracha teve uso limitado: substituiu o miolo de pão para apagar traços de lápis. Em 1839, Charles Goodyear descobriu o processo de vulcanização, que tornava a borracha mais resistente. Vamos entender melhor esse processo no próximo tópico.

Borrachas sintéticas

A necessidade de conseguir um material com propriedades semelhantes às da borracha natural e eliminar as incertezas do mercado fornecedor dessa matéria-prima, instalado no Sudeste Asiático, foi a motivação que levou a Alemanha e os EUA, na década de 30, a uma corrida pela obtenção de borrachas sintéticas, tarefa que conseguiram realizar com relativo sucesso, antes que a Segunda Grande Guerra fosse deflagrada. As borrachas sintéticas, também conhecidas como elastômeros sintéticos, são mais resistentes e duráveis aos óleos, calor e luz do que as borrachas obtidas de matérias-primas naturais. Uma propriedade interessante da borracha sintética é a sua capacidade de ser deformada e retornar ao seu estado inicial, depois de cessada a força de solicitação mecânica aplicada ao material. Essa propriedade é denominada de elasticidade. Quem nunca se divertiu atirando projéteis de papel com aquelas borrachinhas amarelas de escritório? Esse fenômeno é conhecido por todos, mas como o mesmo se torna possível? Os elastômeros são amorfos e compostos por cadeias moleculares altamente espiraladas, torcidas e dobradas. A aplicação de uma carga (força de tração) desenrola e retifica (estica) as cadeias parcialmente, o que resulta, como efeito macroscópico, na dilatação do material na direção da aplicação da força. Cessando a aplicação da carga sobre o material, o mesmo readquire a sua forma inicial, o que significa dizer que as moléculas se enrolam novamente.

Uma observação deve ser feita em relação à deformação de um polímero elastomérico, como também são conhecidas as borrachas sintéticas: a etapa de deformação plástica (quando o material não retorna à sua condição inicial, ou seja, fica permanentemente deformado) deve ser retardada o máximo possível. Esse tipo de deformação ocorre, quando as cadeias moleculares de um elastômero deslizam umas sobre as outras. Para evitar que isto ocorra, ligações cruzadas (ligações que "ancoram" as moléculas umas às outras) devem ser efetuadas entre as cadeias poliméricas para restringir o movimento relativo entre elas.

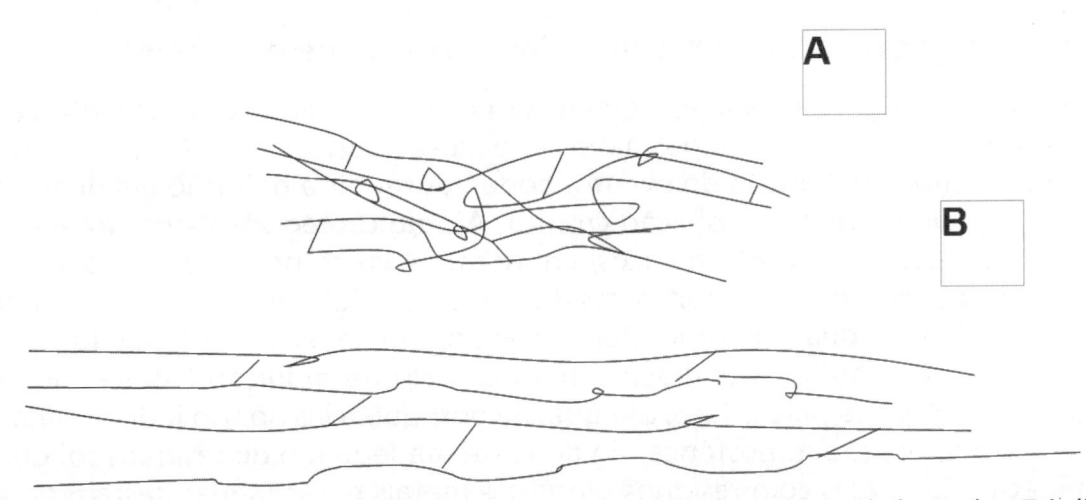

Figura 10.18. A vulcanização cria ligações entre as moléculas componentes da borracha. Tais ligações limitam os movimentos relativos das moléculas, o que torna o material mais resistente. (A) material em repouso. (B) material tensionado (repare as ligações cruzadas)

Os processos de vulcanização são utilizados em muitos elastômeros para a formação de ligações cruzadas. A vulcanização é uma reação química irreversível, realizada a altas temperaturas. Na maioria das vezes, a vulcanização consiste em adicionar compostos de enxofre ao elastômero aquecido, com a formação das já citadas ligações cruzadas entre as cadeias.

Grupos de elastômeros	Nome comercial	Aplicação
Poli-isopropeno natural	Natural Rubber	Pneus
Estireno-butadieno	Buna S	Pneus
Cloropreno	Neopreno	Correias, mangueiras, fios e cabos
Polissiloxano	Silicone	Vedação e tubos

Tabela 10.6. Tipos de borracha e seus usos.

Nanotecnologia e os materiais do futuro

Um nanômetro consiste num bilionésimo de metro ou num milionésimo de milímetro (10^{-9} m 10^{-6} mm) e essa será a escala da nova revolução tecnológica que se anuncia para o século XXI. As novas linhas de montagem nanométricas construirão objetos átomo por átomo. Para que essa tecnologia seja elaborada, é necessária a manipulação individual dos átomos, intermediada por nanomáquinas. A escala de construção das estruturas de armazenamento de informações está prestes a atingir o seu limite. A nanotecnologia poderá representar a expansão dessa fronteira com a obtenção de computadores moleculares capazes de armazenar trilhões de *bytes* em estruturas inimaginavelmente pequenas. Avanços no campo da Medicina também são esperados com a concepção de nanoestruturas, capazes de atuar de forma pontual na eliminação de células tumorais ou de microorganismos patogênicos sem causar efeitos deletérios sobre as células saudáveis. A nanotecnologia terá repercussão na confecção de novos materiais e procedimentos de recuperação das áreas degradadas pela poluição ambiental.

Materiais criados pelo homem e sua relação com o meio ambiente

Muitos materiais criados pelo homem são responsáveis pela grave poluição ambiental. Em função da natureza do material, porte do lançamento (descarte no meio ambiente) e tempo de duração do evento, podemos reunir a poluição em duas amplas categorias: poluição aguda e poluição crônica. **A poluição aguda** causa grande mobilização social pelos efeitos catastróficos, em geral de curto prazo, que produz (leia o próximo tópico). No entanto, muitos resíduos sólidos e efluentes líquidos, aparentemente inofensivos, podem comprometer a saúde do homem e a incolumidade do meio ambiente de forma muito mais drástica num cenário **de poluição crônica**, no qual a sociedade não desperta para o fato, até que as consequências do uso indiscriminado de agrotóxicos, da poluição atmosférica, do descarte inadequado de resíduos sólidos e da contaminação das águas com resíduos oleosos e metais pesados manifestem-se. A poluição ambiental é causada pela mobilização e pela transformação de matérias-primas em produtos acabados, que respondem à crescente demanda do mercado consumidor, ou seja, a questão da poluição ambiental tem relação com os padrões de consumo da nossa sociedade. Entretanto, poucas pessoas estão dispostas a abrir mão da comodidade e do conforto proporcionados pela tecnologia, mesmo que a mesma seja altamente poluidora. Sendo assim, como resolver essa questão? A solução passa pelo desenvolvimento de mecanismos para que a produção de bens não agrida os ecossistemas e não iniba, ao mesmo tempo, o processo acelerado de consumo de matérias-primas, bens e serviços. Na tentativa de reunir o melhor desses dois mundos (preservação e consumo), foi criado o conceito de **desenvolvimento sustentável**. Infelizmente, o tão anunciado "desenvolvimento sustentável" é mais uma esperança do que uma realidade. Talvez, o ser humano consiga superar esse dilema, porém, nada garante que a humanidade esteja isenta de enfrentar o destino de qualquer outra espécie: A extinção. O homem é apenas mais um parágrafo na imensa história evolutiva do planeta Terra. No reino dos animais "irracionais", o indivíduo se sacrifica pela espécie e a espécie nunca é mais importante do que o ecossistema. O homem foi a única criatura a subverter essa ordem - os recursos naturais talvez sejam suficientes para as nossas necessidades, contudo, não bastam para a nossa ambição.

Materiais artificiais e contaminação aguda dos ecossistemas

Em 1987, dois trabalhadores encontraram uma máquina numa clínica abandonada. Eles se lançaram à tarefa de desmontá-la em busca de metais ou outros materiais nobres. Conduziram o artefato a um ferro-velho, no qual obtiveram algum "lucro" com as peças, vendidas para um negociante de sucata. O comerciante reiniciou o trabalho de desmonte, continuando a tarefa de decomposição já iniciada pelos descobridores do equipamento (àquela altura dos fatos, já contaminados). O dono do ferro--velho, inadvertidamente, dá início a uma das maiores tragédias envolvendo material radiativo que o mundo testemunhou. A substância exposta era um pó que emitia uma luz azulada. Compartilhou o a descoberta com os seus amigos e familiares. Uma criança teve contato com o material e logo lhe conferiu uso, segundo a perspectiva infantil, espalhando, ingenuamente, o **césio 137** pelo corpo (na verdade, cloreto de césio). Quatro pessoas morreram em poucos dias, após o contato com o césio. Centenas apresentaram algum grau de contaminação. O volume do material contaminado e recolhido chegou à casa das toneladas. O assunto foi soterrado por caixões de chumbo, lajes de concreto e pelos escombros do esquecimento. Quase ninguém, com exceção das vítimas, se recorda daquele **dia 13 de setembro** (primeiro dia do acidente com o césio em Goiânia) ou, o que é mais lamentável ainda, quase ninguém se importa. O mais impressionante é que "qualquer semelhança com a realidade **não** é mera coincidência".

www.cnen.gov.br

Figura 10.19. Vista parcial da área de armazenamento do material contaminado oriundo das atividades de descontaminação dos objetos, casas e áreas que tiveram contato com o composto de césio. Foram geradas toneladas de material contaminado. O símbolo da presença de radiação no ambiente (acima dos níveis naturais, aceitáveis) está indicado na figura.

Você sabia?

Os raios X e a radiação

Os elementos radioativos como o **césio-137** e o **cobalto-60** têm grande aplicação tecnológica. Na Medicina, são utilizados em diagnóstico e tratamento de doenças e, na indústria, são empregados em ensaios não destrutivos de peças. A qualidade dos trabalhos de soldagem, por exemplo, pode ser determinada por meio destes ensaios. Os **raios X** também podem ser utilizados em diagnósticos médicos e ensaios de materiais, mas não devemos confundir a forma de produção dos raios X com as emissões radioativas oriundas dos elementos radioativos. Muita gente pensa que os aparelhos de raios X possuem substâncias radioativas em seu interior. Isso não é verdade. De fato, esses aparelhos só emitem radiação (raios X) quando estão em funcionamento, podendo ser resumido assim: Um filamento emite elétrons contra uma placa de tungstênio que serve como uma barreira para o feixe eletrônico. Os elétrons, em grande velocidade, são bruscamente parados, liberando a energia que armazenam na forma de raios X. **Se não houver alimentação** dos circuitos, o equipamento de raio X **não** produzirá nenhum tipo de radiação. Já as fontes radioativas, como as denominadas bombas de cobalto e césio, utilizadas nos aparelhos de radioterapia, por exemplo, emitem radiação constantemente, independentemente de uma fonte de alimentação externa. O que acontece, nesse caso, é que essas substâncias ficam encerradas ("ficam dentro") de cabeçotes de proteção construídos em aço e chumbo que podem ser movimentados de maneira que a radiação passe por um orifício e atinja o alvo previamente definido (um tecido do corpo humano, por exemplo). Observe que somente as **emissões radioativas** são liberadas pela máquina (as **substâncias radioativas** não são expostas em momento nenhum). Quando alguém é exposto à radiação, **não** fica radioativo. Mas, se uma pessoa entrar diretamente em contato com uma substância radioativa (**como o césio-137**), estará contaminado e representará risco para si e para outros indivíduos, até que medidas de controle sejam adotadas para a descontaminação das vítimas. Se você se interessou por esse assunto, consulte o interessante site do **CNEN** (Comissão Nacional de Energia Nuclear) e obtenha mais informações sobre o tema.

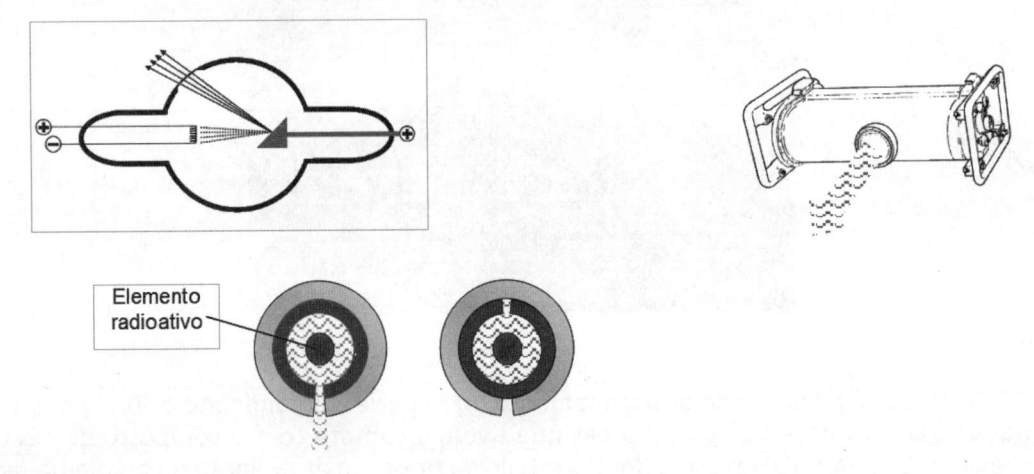

Figura 10.20. Na parte superior da figura, podemos ver a representação de um equipamento de raio X. Na parte inferior, a representação esquemática de um cabeçote do aparelho de radioterapia, onde a emissão de radiação ocorre somente quando há coincidência entre as aberturas interna e externa das paredes protetoras.

Escrevendo certo por linhas tortas

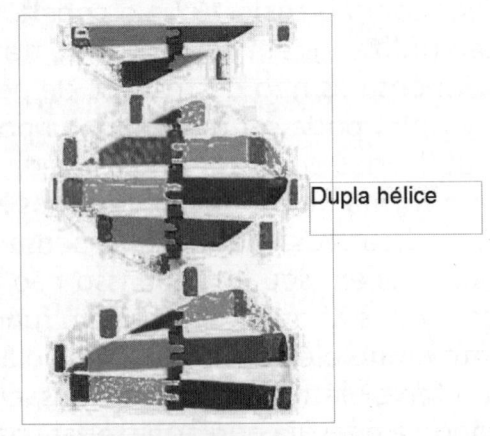

Figura 10.21. A dupla hélice do DNA guarda, codificada em uma sequência precisa de ligações químicas, os mistérios do "funcionamento" dos organismos. O pleno entendimento de sua estrutura e função, inclusive a origem, pode revelar muito sobre o passado do homem.

Sabemos que um computador necessita de um programa ("software") para que os circuitos ("hardware") possam operar. O "software" é um conjunto de instruções criadas por um programador e responsável pelo correto funcionamento de um sistema computacional. Essas instruções estão armazenadas em "chips" (circuitos integrados) e no disco rígido (HD), sendo este último constituído de superfícies revestidas de um óxido magnetizável e capaz de representar dados captados por uma cabeça leitora. Sabemos também que o funcionamento dos organismos é regido por uma série de reações metabólicas e que tais reações acontecem segundo um conjunto de instruções bem definidas e "obedecidas" por cada uma de suas células. Onde essas instruções são armazenadas? Nas moléculas de DNA (ácido desoxirribonucléico). Essas moléculas armazenam toda a informação ("software") necessária para comandar o funcionamento das células ("hardware"). As informações estão armazenadas nas ligações químicas dessas moléculas e qualquer alteração das referidas ligações corrompe ("estraga") as instruções originais contidas no DNA.

Continuando nossa analogia entre seres vivos e computadores, imagine que o disco rígido (HD) de um computador seja submetido a um campo magnético. O que acontece? As instruções (programas) organizadas no HD são perdidas e o computador funciona mal ou, simplesmente, não funciona. As moléculas de DNA estão organizadas em estruturas conhecidas como cromossomos que são, digamos, o "HD" dos seres vivos. No entanto, o agente capaz de destruir as informações retidas nos cromossomos não são os campos magnéticos, mas sim, as denominadas radiações ionizantes, as mesmas emitidas pelos aparelhos de raios X em funcionamento e por elementos radioativos, tais como o césio-137 e o cobalto-60. Substâncias químicas também podem afetar a estrutura de uma molécula de DNA com trágicos resultados como, por exemplo, o comprometimento do funcionamento e/ou graves alterações embrionárias dos organismos.

Bhopal, um dia negro

Outro exemplo, desta vez envolvendo substâncias químicas não radioativas, ocorreu em 2 de dezembro de 1984, em Bhopal, Índia. Trata-se de um dos piores acidentes industriais da História mundial. Em uma fábrica de pesticidas da empresa Union Carbide, uma explosão em um tanque - a explosão ocorreu por negligência na manutenção das instalações - liberou uma grande nuvem do gás isocianato de metila. A nuvem tóxica atingiu 600 mil pessoas, com um saldo assustador de 10.000 mortos em poucos dias. A ação aguda da contaminação em Bhopal é um bom lembrete do que o uso intensivo e perene de agrotóxicos pode causar à saúde humana a longo prazo, afinal o isocianato de metila é matéria-prima para a produção de pesticidas.

Abandone o tabagismo e outro péssimo hábito: Respirar

Estamos sujeitos a uma exposição constante a substâncias perigosas que causam desde a irritação das vias aéreas superiores até reações mutagênicas em nossos organismos, com resultados catastróficos como o câncer. Benzeno na gasolina, metais pesados na água, um *cocktail* de contaminantes no ar e agrotóxicos nos alimentos que ingerimos são algumas das ameaças a que estamos expostos todos os dias. E vamos ficar apenas com as ameaças químicas, deixando de lado os riscos biológicos, tais como as epidemias virais que assolam o mundo, o que tem relação com a degradação ambiental, aumento da população humana e precárias condições sócio-econômicas. De qualquer forma, como não podemos deixar de respirar, talvez seja a hora de repensar nossos hábitos e até mesmo a nossa condição de espécie dominante, e passar a reverenciar o grande mistério da vida, ao qual somos os recém-chegados e pródigos convidados.

Os homens, entre outros animais

No filme "2001, Uma Odisséia no Espaço", o diretor **Stanley Kubrick** brinca com a imagem de um hominídeo empunhando um pedaço de osso usado como maça (clava), que é lançado para o ar, transformando-se numa estação orbital de tecnologia avançada. Quando o primeiro humano percebeu que um pedaço de pedra ou osso poderia ser útil para amplificar o poder das mãos ou das mandíbulas nas atividades simples, tais como a captura, a coleta ou o preparo de alimentos, estava, na verdade, dando o primeiro passo para a conquista espacial efetivada milhares de anos depois. O que importa no gesto inaugural não foi o instrumento em si, mas o primeiro aceno da racionalidade humana e da sua capacidade transformadora da paisagem. Paisagem essa que se limitava ao alcance da visão e que foi inicialmente nossa limitada noção de espaço. Muito tempo depois, o Império Romano passou a ser a nossa noção de mundo e as grandes descobertas do século XV ampliaram sobremaneira essa percepção. Quando o primeiro homem disse, no interior de uma cápsula espacial em órbita, "A Terra é azul", inaugurou uma nova escala para a paisagem. Desde então, a "Terra azul" de **Yuri Gagarin** é a nossa noção de mundo. Mesmo sabendo que o nosso planeta é insignificante diante de uma estrela como o Sol e que esse mesmo Sol é um astro menor na periferia da nossa diminuta galáxia, diante das incomensuráveis dimensões do Universo, o homem continua chamando aquele passeio fugaz do astronauta russo de "Conquista do Espaço".

www.wikipedia.org

Figura 10.22. No final da década de 60, o homem chegava à Lua. Foi, sem dúvida, uma das maiores proezas tecnológicas da humanidade. No entanto, na escala do Universo, o nosso grande feito equivale a ir da sala ao banheiro no intervalo comercial.

Os arqueólogos do futuro talvez se divirtam com a nossa ingenuidade tecnológica - da qual tanto nos orgulhamos hoje – e também com o fato de como pudemos ser tão ineficientes na obtenção de matéria e energia: O motor de um carro converte apenas 20% da energia disponível do combustível, que alimenta os seus motores, em energia mecânica. Ou seja, 80% do dinheiro que você emprega em combustível se converte em calor inútil no motor do seu veículo. Da mesma forma, o homem primitivo considerava seus toscos machados de mãos, fabricados à base de pedras brutas, como artefatos de alta tecnologia. E eram, de fato, para a época na qual foram concebidos, da mesma forma que os satélites que transmitem imagens de **TV** ao vivo. A tecnologia muda, já a maneira de desenvolvê-la, não: Um ser humano nascido há 100.000 anos seria capaz de construir um foguete se instruído devidamente e nós, sem a devida iniciação, não seríamos capazes de fazer fogo, ou seja, a tecnologia é uma criação cultural, profundamente dependente das conquistas da linguagem e das formas de transmissão do conhecimento, sendo os dias atuais de profunda contradição nesse aspecto - de um lado, experimentos pedagógicos sofisticados e o uso da informática como meio de produção e difusão do saber; do outro, analfabetismo e exclusão digital. Uma nova era não irá iniciar-se a partir de novas revoluções tecnológicas e sim, a partir do compartilhamento dos patrimônios material, artístico e espiritual que acumulamos nestes milhares de anos. A nova revolução deve ser das consciências. Infelizmente, somos muito afeitos a hierarquias de poder e, assim sendo, a difusão do conhecimento e do saber poderia representar uma ameaça aos grupos dominantes. Por outro lado, negligenciar a existência de populações à margem das conquistas tecnológicas parece insustentável, principalmente quando essas populações não têm mais nada a perder.

As rupturas nesses cenários costumam ser violentas e desastrosas. Talvez, estejamos condenados sempre a um novo começo e quando as pedras voltarem a ser as mais nobres "matérias-primas" para a confecção de ferramentas, um "macaco estranho" arremessará um bloco contra o seu inimigo ou presa numa proeza tecnológica admirada pelos seus pares e jamais alcançada pelas demais criaturas, inaugurando novamente a "primeira" revolução tecnológica da História.

11. Curiosidades tecnológicas

O que você vai aprender neste capítulo?

O capítulo de encerramento do livro mostra que a tecnologia nasce em função da curiosidade, do destino, da imaginação, da obstinação, da inventividade e, até, da loucura. Aqui estão alguns desses exemplos, pelos quais as conquistas tecnológicas se originaram.

A tecnologia e a teimosia

A navegação utilizando como meio de propulsão a força muscular ou eólica (força dos ventos) predominou no mundo até o século XIX, quando, então, as primeiras experiências com propulsão a vapor foram efetivadas com sucesso As primeiras e precárias, diga-se de passagem, experiências com a propulsão a vapor de embarcações remontam ao final do século XVIII: Em 1783, um barco de 43 metros, projetado por Claude J. d`Abbans, navegou por um rio francês. Em 1807, Robert Fulton realizou uma façanha: Conduziu uma embarcação de 47 metros (batizada de Clermont), pelo rio Hudson (EUA) acima, deixando atônitas as testemunhas do fato. O Clermont era, em média, três vezes mais rápido do que as embarcações à vela. Então, surgiu a ideia de que navios a vapor poderiam atravessar o Atlântico, o que foi logo ridicularizado como um sonho de homens insanos. Ainda na primeira metade do século XIX, o sonho se tornou realidade e muitos navios atravessaram o Atlântico, impulsionados por máquinas a vapor.

Os primeiros navios a vapor eram equipados com rodas laterais que se mostravam a solução técnica preferida pelos construtores. O emprego de hélices parece tão óbvio, atualmente, que é difícil imaginar como seu uso foi adiado até o século XIX. De fato, a sua história na navegação começa em 1802, quando John Stevens construiu o primeiro barco acionado por hélices. À medida que a ideia de empregar hélices em embarcações era difundida entre os construtores, surgia a seguinte polêmica: Os navios dotados de hélices eram mais ou menos eficientes do que os navios dotados de rodas laterais? O cabo de guerra entre os navios seria o capítulo mais interessante dessa disputa. Em 1845, dois navios se confrontaram em uma célebre contenda. De um lado, o *Rattler*, navio de guerra de 888 toneladas, do outro lado, pesando 800 toneladas, o vapor *Alecto*. Os navios tinham máquinas de mesma potência, mas um deles, o *Rattler*, era dotado de hélices. O *Alecto*, com rodas laterais, foi rebocado, perdendo a disputa. Essa e outras demonstrações de superioridade elevaram as hélices ao seu, hoje, reconhecido posto. Aqui está uma demonstração de que as mudanças tecnológicas sofrem resistências em função de nossa tendência de nos apegarmos ao que já está estabelecido e consolidado, ou seja, se funciona, por que fazer diferente? Ainda bem que nem todos pensam assim, pois, caso contrário, o maquinário a vapor não teria substituído as velas como meio de propulsão e as hélices não seriam um dos pilares da navegação moderna.

Coleção biblioteca Life. Navios

Figura 10.23. À esquerda, o Rattler e à direita, o Alecto. A direção da fumaça indica o vencedor da disputa.

Imprudências tecnológicas

Um dos triunfos da tecnologia foi o submarino Nautilus, o primeiro da série de submarinos nucleares que o mundo conheceu. Hoje, o Nautilus é obsoleto se comparado com as sinistras máquinas de guerra submarina das marinha norte- americana e russa, mas, em 1955, ano em que o Nautilus foi posto em serviço, o submarino nuclear assombrou o mundo - com alguns quilos de urânio a bordo, a arma de guerra conseguiu percorrer milhares de quilômetros e sua capacidade de permanecer imerso sem vir à superfície era incomparavelmente maior do que a de outros submarinos que eram, na verdade, navios abaixo da superfície. Um submarino nuclear moderno pode superar 30 nós (quase 60 km/h), velocidade espantosa para uma máquina subaquática com as suas proporções, representando a síntese de toda a tecnologia desenvolvida pelo homem. O reator nuclear de um submarino é muito mais compacto do que a de uma usina nuclear e, por isso, o combustível nuclear utilizado deve ser muito mais enriquecido para poder produzir uma quantidade de energia capaz de suprir as demandas de eletricidade e a propulsão da belonave. Antes de fornecer dados acerca do uso de submarinos convencionais (em uso ainda hoje, como é o caso dos que estão em serviço na marinha brasileira, que busca o desenvolvimento de submarinos nucleares), vamos falar do Hunley, um famoso submarino utilizado na guerra civil americana! "Não é possível", diria o leitor. Realmente, apesar de raros registros (a fotografia já era uma realidade naquela época), a guerra civil americana também se desenrolou na água e com direito a navio de aço e tudo mais. Divergências irreconciliáveis entre os Estados do norte – onde predominava o capital industrial - e os Estados do sul – de economia agrária - redundaram na tentativa de separação por parte dos sulistas: os norte-americanos apreciam tanto uma contenda que, quando não encontram um adversário, lutam entre si. A Guerra Civil Americana (1861-1865) foi, em vários sentidos, uma guerra moderna (foi um conflito bem violento e seus mais de 500.000 mortos são um bom registro desse fato), na qual a humanidade testemunharia os fundamentos táticos e estratégicos das guerras mais recentes. Mas, vamos deixar a **História** e voltar para a **história** do Hunley, um "submarino" movido à manivela. Não, você não leu errado - movido à manivela. O Hunley (inventado por militares do sul) era movido por um eixo de manivelas acionado manualmente por sua tripulação. O eixo acionava uma pequena hélice que conferia baixa velocidade (abaixo de 10 km/h) ao submarino que media menos de 10 metros de comprimento. Em várias ocasiões, antes mesmo de causar qualquer dano ao inimigo, o Hunley afundou, matando vários integrantes de sua tripulação. A sua primeira e derradeira missão cumprida com êxito foi lançar uma mina (o submarino levava uma barra presa à sua proa – parte dianteira - que sustentava uma mina) contra um navio da União, o Housatonic, ancorado na baía de Charleston. O plano foi realizado com sucesso, mas o submarino também desapareceu nas águas negras da baía e apenas 5 homens sobreviveram ao ataque, todos tripulantes do Housatonic.

Com o advento dos motores a explosão, os submarinos ganharam um novo impulso. As primeiras tentativas de motorizar essas embarcações não foram satisfatórias por um motivo simples: Os motores também respiram e roubariam todo o oxigênio da tripulação em poucos instantes quando o submarino estivesse submerso. A solução foi a seguinte: Motores a gasolina (e depois a diesel, que se tornaram padrão para os submarinos convencionais) eram acionados, enquanto o submarino estivesse emerso (na superfície) carregando acumuladores de energia que seriam utilizados quando a embarcação estivesse imersa (sob as águas), fugindo ou a espreita de novos alvos.

Enfim, utilizando propulsão convencional ou nuclear, o submarinos modernos devem muito à ousada concepção de seus primeiros projetistas, que sonharam com uma arma de guerra subaquática e invisível aos olhos dos inimigos, até a invenção do SONAR, claro. Mas, essa é uma outra história!

Coleção biblioteca life. Navios

Figura 10.24. À esquerda, o submarino Nautilus. Repare que o Nautilus é "quadrado": Uma herança da Segunda Guerra, quando os submarinos não passavam de navios com capacidade de submersão, ou seja, apresentavam um desenho que favorecia sua navegação na superfície, onde permaneciam por longos períodos. O lendário Hunley é mostrado à direita.

O acaso e a mente alerta

O desenvolvimento científico e tecnológico está ligado à ideia de exaustivos cálculos e dedicada (às vezes, abnegada) pesquisa dos fenômenos naturais. Os cientistas e inventores, no entanto, não rejeitam o conhecimento obtido, por acaso, pela inspiração.

Em 1865, o químico *F. A. Kekulé v. Stradonitz* tentava encontrar uma explicação plausível para as reações envolvendo a substância química benzeno, mas, para isso, teria que determinar sua fórmula e estrutura. Ele tinha em mãos o seguinte quebra-cabeças: Seis átomos de carbono e seis átomos de hidrogênio, mas não conseguia reuni-los em uma estrutura estável.

O cientista, obcecado por esse enigma químico, dormiu e sonhou, repentinamente, com um réptil que engolia sua própria cauda. Subitamente acordou e viu a resposta diante de si: Os seis átomos de carbono em uma configuração circular (mais propriamente um hexágono, como conceituou Kekulé), formando um composto de seis átomos carbonos (um em cada vértice do hexágono) e seis átomos de hidrogênio, completando as ligações químicas. Essa descoberta, aparentemente simples, representou um enorme impulso para a química orgânica.

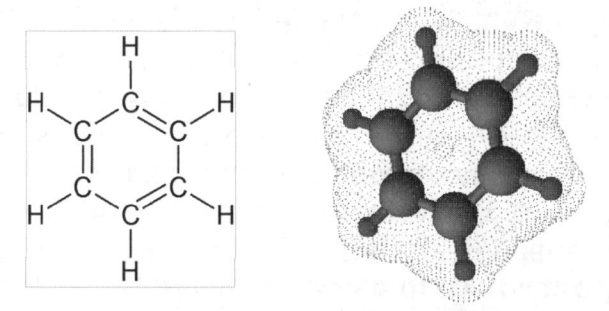

Figura 10.25. Estrutura da molécula de benzeno: Fórmula e representação tridimensional.

Um outro caso interessante se passou com um pesquisador britânico, *Alexander Fleming*, que estudava substâncias capazes de eliminar bactérias. Em 1928, estava trabalhando com culturas experimentais de estafilococos (bactérias), quando observou em uma das placas de Petri (pequeno recipiente de vidro) do laboratório a formação de mofo ou, mais propriamente, do fungo *Penicillium notatum.* Quase descartou a amostra sem maiores considerações. No entanto, resolveu observar com mais acuidade aquele aglomerado de micro-organismos e percebeu que as colônias de estafilococos tinham a aparência costumeira e a coloração típica amarelo-ouro. Próximas ao fungo, no entanto, as colônias estavam cristalinas e bem perto do fungo não havia nenhuma bactéria. Alguma coisa que o fungo exalava era letal para as bactérias, pensou. A substância foi batizada pelo próprio A. *Fleming* e a Medicina conheceria, futuramente, os grandes poderes do primeiro antibiótico, **a penicilina.** Sem exageros, os antibióticos podem ser considerados o marco zero da Medicina moderna. Acaso ou prontidão mental de uma mente moldada por anos de pesquisa? Uma frase de outro famoso pesquisador pode elucidar: "No campo da experimentação, o acaso favorece a mente alerta" (Louis Pasteur).

Coice letal

As armas de fogo são um capítulo à parte na História da humanidade. A descoberta da pólvora pelos chineses foi um passo decisivo para o desenvolvimento desses artefatos.

As primeiras tentativas de lançar projéteis com o uso de explosivos, realizadas pelos chineses, foram aperfeiçoadas por outros povos. Metais e pólvora. Bastou alguém somar 1 + 1 e a equação estava resolvida. Foram criados, então, os primeiros canhões de bronze. Embora a pólvora fosse utilizada na Europa desde o século XIV, só depois de 1500 as armas de fogo portáteis começaram a revelar o seu potencial. Quando foram difundidas no Ocidente, a primeira consequência foi aposentar, compulsoriamente, as armaduras que passaram à categoria de ornamentos cerimoniais ou utilizadas em torneios.

As armas de fogo são tragicamente simples e seus aperfeiçoamentos não foram arroubos de genialidade, mas resultado do senso de observação e da habilidade técnica de seus inventores. No início, as armas de fogo eram carregadas frontalmente, à maneira dos antigos canhões. A detonação era rudimentar e utilizava, quase sempre, o atrito de um pedaço de sílex contra uma superfície metálica, para produzir faíscas que detonavam uma pequena quantidade de pólvora armazenada em um estojo denominado caçoleta. O conteúdo de pólvora da caçoleta detonava um volume maior armazenado no cano, com o qual mantinha contato.

O processo de carga de uma arma era demasiadamente lento e, então, pensou-se em armazenar o conteúdo explosivo em uma cápsula para que o municiamento fosse agilizado. O primeiro grande avanço, portanto, foi o advento da ignição por percussão. Carregava-se a arma pela boca com pólvora e projétil, e posicionava-se, então, uma cápsula com composto detonante próxima ao percutor. Uma vez inflamado o detonante, todo o volume de pólvora que estava no cano explodia, lançando o projétil. Mais tarde, todo o conjunto formado pelo composto detonante, pólvora e projétil foi incorporado a um único dispositivo. Assim nascem as balas.

A bala tem o mesmo princípio de "funcionamento" de uma garrafa de espumante (o champagne é um bom exemplo). Uma garrafa de espumante expele com violência sua tampa, sendo o trabalho realizado pelos gases dissolvidos no líquido. Os gases exercem pressão sobre as paredes da garrafa e a base da tampa. Sendo a tampa o ponto que oferece menor resistência para a pressão exercida pelos gases, ela será projetada com bastante rapidez.

A munição funciona de forma similar, com um diferencial importante: As pressões envolvidas em um disparo de arma de fogo são muito... muito maiores. A expansão dos gases é obtida inflamando certa quantidade de pólvora, que explode com o auxílio de uma espoleta suscetível à detonação por choque mecânico.

A técnica da retrocarga com o uso de balas foi bem aceita, mas havia lugar para novos aperfeiçoamentos. Sistemas de recarga mais ágeis, acionados pelo atirador, foram desenvolvidos e difundidos. Os primeiros revólveres (não mudaram muito desde então), por exemplo, permitiam que a cada acionamento do gatilho, um novo cartucho fosse posicionado para o disparo. O gatilho girava o tambor, receptáculo das balas e acionava o percutor numa concatenada sequência de movimentos, possibilitada pela ação de um mecanismo muito bem concebido, mas não tão revolucionário quanto o das armas automáticas. Existem outros mecanismos de recarga manual, como é o exemplo das famosas carabinas de repetição, celebradas nas Winchesters (1873) - "a arma que conquistou o oeste" (opinião dos conquistadores, claro) - nas quais os cartuchos eram colocados por uma calha de municiamento lateral, alojando-se em um porta-munição tubular (por baixo do cano). A munição era disponibilizada para o disparo pela ação de uma alavanca (acionada pelo atirador) que expulsava o cartucho vazio e colocava um novo em posição. Em todos os casos, a energia para todo o processo de posicionamento do cartucho era proveniente das mãos do atirador. Mas, não tardariam novos e importantes avanços técnicos - o cenário estava maduro para o passo seguinte, qual seja, a automatização do municiamento.

Formas de aproveitar a energia do recuo de uma arma ("coice") foram pensadas desde o início, mas só se tornou tecnicamente viável com o carregamento pela culatra (região posterior da arma) e pelo aperfeiçoamento dos cartuchos metálicos. Em 1883, Hiram Maxim estabeleceu os princípios de funcionamento e carregamento das armas automáticas. O cano da arma era livre para recuar um pouco (nesse recuo, empurrava uma culatra móvel). Em certo ponto de sua trajetória, o movimento era travado, mas a culatra continuava movimentando-se para trás, por inércia, extraindo e ejetando o estojo deflagrado e contraindo uma mola, que armazenava energia para o próximo ato. A energia da mola era empregada para que todo o mecanismo retornasse à posição inicial, introduzindo em seu avanço, um novo cartucho na câmara e deixando a arma pronta para um novo ciclo de disparo. E assim, procedia a cada novo apertar do gatilho. A total automatização do processo exigia apenas que um novo cartucho fosse deflagrado automaticamente ao final do ciclo, o que perpetuava os disparos até que o atirador desapertasse o gatilho, calando a arma. Muitos modelos foram, então, desenvolvidos e adaptados para armas pequenas e o princípio de funcionamento é o mesmo, com algumas variações. O resto ficou por conta da indústria cultural que ofereceu o suporte ideológico para que o uso das armas de fogo fosse banalizado e, até, enaltecido. Pensando melhor, talvez o problema seja que a realidade já tenha superado a ficção.

A lei do oeste

Por questões táticas, os exércitos buscavam armas tão ou quase tão potentes quanto os pesados fuzis (armas de grande precisão e de longo alcance), mas um pouco mais portáteis e automáticas. O mundo via nascer o fuzil de assalto (invenção alemã). Os EUA e a antiga URSS também desenvolveram esse tipo de armamento. Os dois representantes mais conhecidos são o AK-47, comum no antigo bloco soviético, e o M-16, em uso pelo time ocidental. O precursor do M-16 foi o fuzil semiautomático Garand M-1, tendo sido grandemente utilizado na Segunda Guerra Mundial pelos combatentes norte-americanos. O M-16 entrou em cena no Vietnã. O AK-47 foi criado por M. Kalashnikov e é extremamente robusto e simples - qualquer criança (e elas eram realmente treinadas com esse fim na antiga URSS) pode desmontá-lo e, em seguida, montá-lo. O AK-47 deixou "rastros de ódio" em países africanos e no Oriente Médio, e é certo que entre as mais de 30.000 pessoas mortas por armas de fogo no Brasil todos os anos, muitas tenham sido vítimas de um fuzil automático. Em alguns lugares, ainda vigora a lei do oeste, com uma diferença: No empoeirado oeste era um tiro, talvez dois, por segundo (ainda que o cinema nos faça pensar de modo diferente). Os modernos e precisos fuzis de assalto, por outro lado, têm cadência de tiro acima de 600 disparos por minuto (10 tiros por segundo, pelo menos!) e um projétil atinge facilmente os 700 m/s (podendo atingir quase 1.000 m/s**, no caso da M-16). Outra diferença: No sanguinário velho oeste, costumava-se poupar mulheres e crianças.

Refletindo sobre o desenvolvimento tecnológico das armas de fogo, ficamos gratos pelo armamento nuclear não ser tão facilmente disponível e manipulável... ainda.

* O termo assalto, aqui referido, significa ação furtiva e ágil e não prática criminosa.
** 3.600 km\h.

O poder do pensamento

Com nenhum instrumento especial e sem grandes malabarismos matemáticos, podemos descobrir grandes segredos da natureza. Embora o exemplo a seguir não seja propriamente uma descoberta tecnológica, mostra de forma absolutamente evidente o poder da dedução na invenção do futuro. No século VI a.C., um homem, Eratóstenes, fez uma descoberta surpreendente. A partir de dados simples e valendo-se de muita criatividade, o matemático grego conseguiu determinar o tamanho da circunferência terrestre. Ele pressupôs que a Terra era redonda – ideia defendida por muitos de seus compatriotas - e relacionou a esse fato, outros dados de ordem prática. Ele sabia que em determinada hora do dia, na cidade de Siena (Egito), o Sol **não** projetava nenhuma sombra em um determinado poço. Sabia ainda que na cidade de Alexandria, a 800 km de distância do poço e, na mesma hora, uma haste de madeira projetava sobre o solo uma pequena sombra. O ângulo formado pelo raio oriundo do Sol e a haste era facilmente calculado e o resultado encontrado foi 7,2°. Acompanhe a explicação apoiando-se no esquema da **Figura 10.26**. Repare que as duas retas representando os raios solares são paralelos. Erastóstenes deduziu que os prolongamentos da haste e do poço iriam encontrar-se no centro do globo terrestre. Repare algo interessante na figura. As retas paralelas, representadas por raios solares, são cortadas por um segmento de reta (o prolongamento da haste em Alexandria), de modo que os ângulos (alternos internos) indicados na figura são iguais. Se você não acredita, trace duas retas paralelas e uma terceira interceptando as duas primeiras. Com um transferidor, meça os ângulos alternos internos e comprove o que o matemático grego já sabia, há vários séculos O raciocínio que o levou ao resultado fenomenal é simples. Como o ângulo formado (no centro da Terra) entre a projeção da haste e o raio solar incidente no poço é de 7,2° e corresponde a 800 km, podemos, com uma regra de três simples, determinar a distância necessária para cobrir a circunferência completa, ou seja, 360°. O resultado é 40.000 km, o que difere apenas em 10 % do valor atualmente aceito.

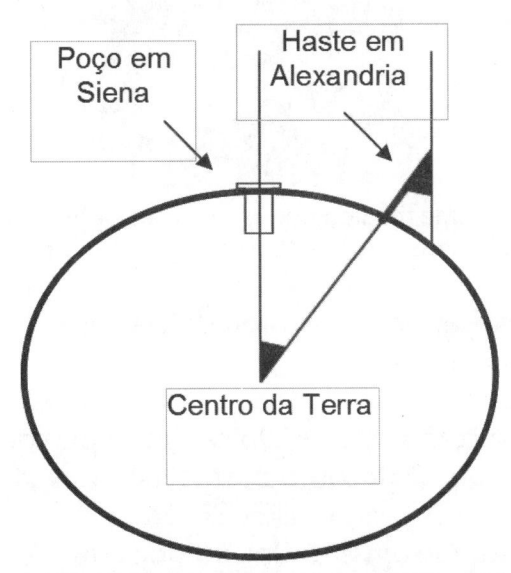

Figura 10.26. Na figura acima, as duas retas paralelas representam os raios solares.

O sistema métrico

Às vezes, algo se torna tão rotineiro e comum para nós que nos esquecemos de suas origens e passamos a lidar com o fenômeno de forma não questionadora. Este é o caso dos pesos e das medidas. A necessidade de definir padrões para medir e pesar objetos é de grande relevância para o comércio e o intercâmbio científico. Imagine como era difícil para os antigos efetuarem suas transações comerciais sem nenhuma referência de peso e como a técnica e a Ciência padeceram sem referências precisas de massa, tempo, espaço e todas as outras grandezas delas derivadas. O primeiro avanço significativo para sistematizar todas essas medidas foi dado em 1795, com a criação do sistema métrico decimal, que passou por aperfeiçoamentos e gerou o denominado Sistema Internacional de Unidades. Um exemplo interessante de como as coisas evoluíram foi o caso das medidas métricas. Os povos antigos adotavam partes do corpo como referência para executar medições espaciais. Pés, mãos e braços eram definidos como parâmetro de medida o que, invariavelmente, causava grande confusão, em função das variações anatômicas entre os indivíduos. Até hoje, termos como pé e polegada (vem de polegar) são utilizados, mas com tamanhos padronizados. Com a adoção do sistema métrico, o metro passou a ser definido como a décima milionésima parte da distância entre o equador e o polo, e essa medida foi transformada em uma barra de platina adotada como referência do metro. De qualquer maneira, o que não podemos esquecer é que o metro é uma medida arbitrária, ou seja, o metro poderia ter sido definido como maior ou menor que sua medida atual. O que importa, na verdade, é a sua aceitação em quase todo o mundo, o que torna o intercâmbio de informações muito mais fácil.

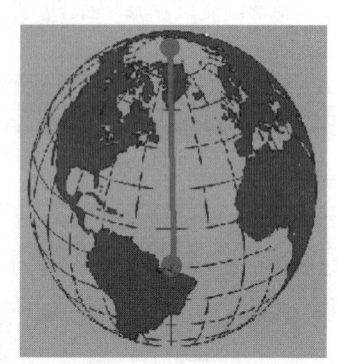

Figura 10.27. Tentando encontrar uma medida universal para a definição do metro, os estudiosos decidiram defini-lo como a décima milionésima parte da distância entre o equador e o polo.

Com o avanço da técnica, novas possibilidades surgiram para a definição do metro. Veja seu enunciado mais moderno:

O metro é definido como o comprimento do caminho percorrido pela luz no vácuo em 1/299.792.458 de um segundo. Veja como outras medidas são definidas.

Um outro exemplo, agora com a definição do segundo:

O segundo é a duração de 9.192.631.770 de períodos da radiação correspondente à transição entre dois níveis hiperfinos do estado fundamental do átomo de césio-133.

Instrumentos de medida

Em muitas situações de manutenção e reparo (sobretudo no caso do automóvel), faz-se necessário o uso de alguns instrumentos capazes de realizar medidas de precisão, impossíveis de ser obtidas por outros meios. Para essas tarefas, podemos contar com gabaritos, blocos padrão, relógios comparadores, micrômetros, paquímetros, lâminas de calibre etc. Mas, com um paquímetro e um jogo de lâminas de calibre, você realiza a maior parte dos trabalhos de medição em trabalhos de manutenção corriqueiros. As lâminas são apresentadas em jogos que variam entre 0,05 e 1 mm e são úteis nas tarefas de determinação da folga entre as peças. Seu uso é absolutamente simples, não cabendo maiores explicações. O paquímetro, no entanto, é mais complexo em termos de leitura, mas algumas dicas podem ajudá-lo.

Curiosidades tecnológicas | 271

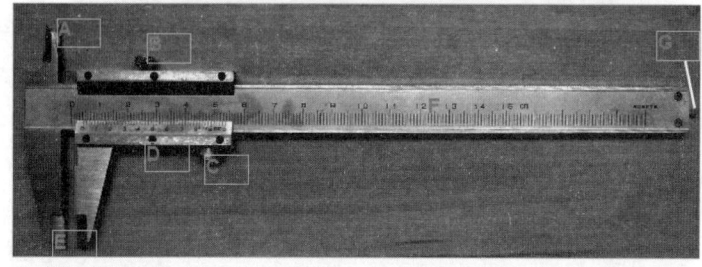

Figura 10.28. Um jogo de lâminas para calibrar (figura superior) é fácil de usar. O paquímetro exige algum treino no início, mas seu uso é simples também. Suas partes componentes são: A. Orelhas (uma é fixa e a outra é móvel); B. Parafuso de trava; C. Impulsor; D. Cursor (nônio ou vernier é a escala impressa no cursor); E. Bicos (um fixo e outro móvel); F. Escala em milímetros; G. Haste de profundidade.

A primeira providência para o uso do paquímetro é determinar a sua resolução, isto é, a menor medida que o mesmo é capaz de indicar. Para isso, utilize a seguinte fórmula:

Resolução = $\dfrac{UEF}{NDN}$

UEF- Unidade da escala fixa
NDN- Número de divisões do nônio

Um exemplo: Qual a resolução de um paquímetro com escala fixa em milímetros e nônio com 20 divisões? A resposta é 0,05 mm (1 mm/20).

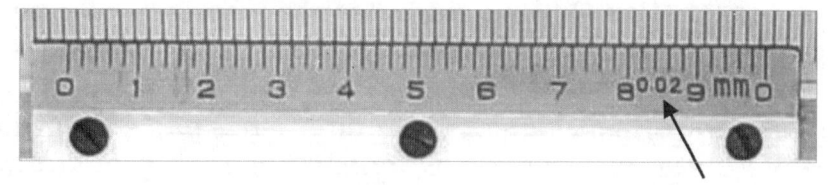

Figura 10.29. Nônio com 50 divisões. A unidade da escala fixa é o milímetro, de modo que a resolução desse paquímetro é de 0,02 mm (1 mm/50). A resolução está indicada no corpo do nônio, no caso deste paquímetro.

O zero do nônio é a referência para a leitura dos milímetros. Em seguida, você deve contar os traços do nônio entre o zero e o ponto em que ocorre a coincidência entre os traços do nônio e da escala principal. A soma dessas medidas fornece a leitura procurada. Veja o exemplo abaixo.

Figura 10.30. A leitura deste paquímetro é de 14,36 mm.

Na escala principal, a leitura é feita com o auxílio do zero da escala de vernier. No caso acima, temos a indicação de 14 mm e "alguma coisa". A partir de agora, você utilizará somente a escala do nônio. Contabilize os traços do nônio (a partir do zero) até o ponto em que haja coincidência entre os traços das escalas. Repare que a coincidência entre os traços ocorre três espaços após o 3 na escala do nônio. A parcela que você deve somar aos 14 mm é igual a 0,36 (cada traço do nônio corresponde a 0,02 mm).

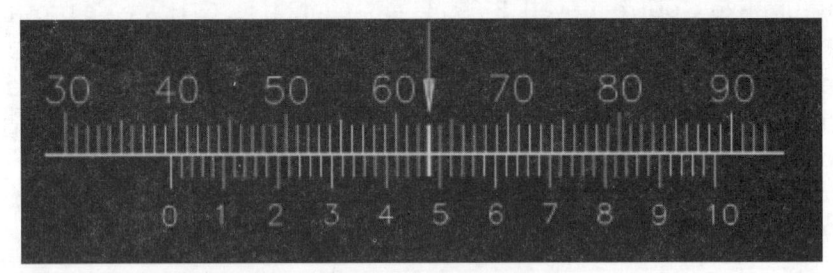

Figura 10.31. Execute a leitura. O resultado esperado é de 39,48 mm.

Tecnologia e educação

Em nosso país, discute-se o fenômeno da exclusão digital referente às limitações dos cidadãos relativas à interação com os recursos de informática. Acreditamos que a realidade pode ser muito pior. O Brasil enfrenta, na verdade, uma espécie de exclusão técnico-científica de uma forma ampla. Qual a solução para esse entrave preocupante? Muitos citariam prontamente a Educação. Mas, que educação? A média dos alunos que estudaram Matemática, Física e Química nos últimos anos não é capaz de traduzir essa informação em interpretações válidas dos fenômenos reais e muito menos em aplicações práticas que as referidas disciplinas deveriam elucidar. E vamos limitar-nos ao reino das ciências exatas. Não devemos atribuir a limitação do aluno ao professor ou a uma escola em particular, pois são meros executores da determinação do tipo de conteúdo a ser ministrado, sendo o referido conteúdo definido e fundado nas tendências e nos valores de toda a sociedade. O que o **discurso** prevalecente defende? Uma educação que vincule as demandas da sala de aula, com a realidade efetivamente vivenciada pelo aluno. Infelizmente, a **prática** aponta em outra direção: Os conteúdos explorados, geralmente regidos pelas tendências dos vestibulares, são alheios às experiências cotidianas do aluno, atolando-os no terreno pantanoso dos conceitos pré-concebidos e das fórmulas indigestas. Ninguém precisa sair da escola montando robôs ou construindo motores, mas seria conveniente perceber sentido no conteúdo aprendido e auferir daí, capacidade de entender e transformar a realidade. Com boa vontade e um pouco de criatividade, poderíamos construir mais do que experimentos de laboratório. Poderíamos construir os conceitos de cidadania e democracia.

Meio Ambiente e Tecnologia

Autor: Mário Jorge Pereira

272 páginas
1ª edição - 2010
Formato: 16 x 23
ISBN: 978-85-7393-963-7

Meio Ambiente e Tecnologia apresenta, primeiramente, as questões relacionadas ao Aquecimento Global: causas, consequências, o posicionamento da comunidade científica e as principais medidas adotadas pelas lideranças mundiais. Os detalhes da Conferência de Copenhague, a COP-15 e as alterações climáticas que afetam os Estados brasileiros.

Em seguida, a Geoengenharia, ideias radicais da ciência para reduzir o efeito estufa na Terra. Os impactos ambientais e soluções para aproveitamento dos resíduos urbanos. Sugestões dos especialistas sobre como deveria ser o desenvolvimento ideal para o nosso planeta. A nova geração de edificações autossustentáveis e os benefícios das cidades verdes.

As perspectivas futuras do petróleo na camada Pré-sal. O avanço nas pesquisas sobre os Biocombustíveis. As políticas que afetam o Etanol e sua importância estratégica. Produção e aplicação do Hidrogênio, considerado por muitos o combustível do futuro. Os projetos energéticos a partir de resíduos naturais orgânicos: Biomassa e Biogás...

À venda nas melhores livrarias.

EDITORA CIÊNCIA MODERNA

100 Questões Comentadas de TI (Tecnologia da Informação) para concursos

Autor: Welton Ricardo
176 páginas
1ª edição - 2010
Formato: 14 x 21
ISBN: 978-85-7393-984-2

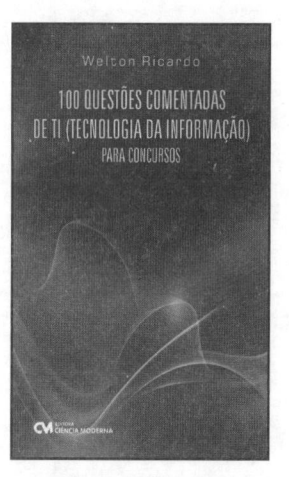

Este livro traz uma compilação de questões de concursos públicos com gabaritos oficiais e resoluções comentadas das principais bancas examinadoras (CESGRANRIO, UnB/CESPE, Fundação Carlos Chagas e ESAF).
São questões de provas voltadas especificamente para concursos públicos, cuja graduação exija curso de formação universitária superior na área de Tecnologia da Informação ou equivalente.
Uma das novidades é que são abordados tópicos emergentes, tais como: Gestão do Conhecimento, Modelagem de Processos e SOA. Além de questões sobre Data Warehouse, Estrutura de Dados, PMBOK e Pontos de Função.
Outra novidade é a disponibilização das fontes bibliográficas utilizadas nas respostas comentadas, objetivando facilitar a pesquisa, o entendimento e o aprofundamento teórico.

À venda nas melhores livrarias.

EDITORA CIÊNCIA MODERNA

Impressão e acabamento
Gráfica da Editora Ciência Moderna Ltda.
Tel: (21) 2201 - 6662